無機化学

基礎から学ぶ元素の世界

改訂版

長尾宏隆・大山　大　共著

Inorganic Chemistry
revised edition

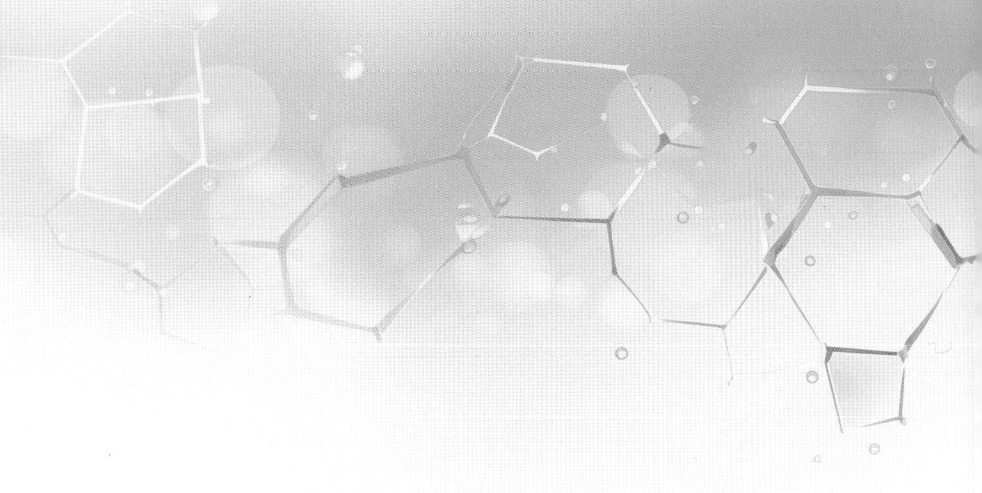

裳華房

Inorganic Chemistry

— Understanding Chemical Elements from Fundamentals —

revised edition

by

Hirotaka NAGAO

Dai OYAMA

SHOKABO

TOKYO

はじめに

本書は，理工学系の大学で化学を専門とする学生が基礎化学の履修を終えた後に，より専門性の高い基礎科目あるいは専門科目へつなげる科目として学ぶ無機化学の教科書または参考書として執筆したものである。また，化学を専門としない科学分野の学生でも無機化学の基礎概念の修得に役立つ参考書となる。専門科目へ続く無機化学の科目は，物理化学や有機化学と並び，必修あるいは準必修科目として学修することが多い。これらの無機化学の講義では，基礎となる原理や理論のみならず，周期表の全ての元素を対象とした多種多様な物質を取り扱うことになる。その結果，多くの物質の性質や反応に関する知識の羅列となりがちであり，これらすべてを分類・整理し，系統的に解説することは困難である。本書では，このような広範な内容の講義におけるエッセンスとなる項目についてまとめた。できる限り知識の記憶だけにとどまらないように，基礎となる考え方を元素の各論となる部分にも取り入れた。重要な化合物については，構造，性質，用途などを記載することで興味を喚起するよう心がけるとともに，重要な元素の多様性について電子状態や化学結合からも解説している。重要な事柄については，必要な箇所において繰り返し記述した。各章の最後には，基礎的知識の理解やこれらの応用に役立つような演習問題を設け，解答も丁寧に解説した。

初版刊行から 10 年が経過し，関連する事柄の進展と読者からの要望を考慮して改訂を行った。新たな章を設けることなく，重要になってきた事柄を加え，さらに側注の内容を充実させた。第 1 章では化学における無機化学の役割をまとめた。第 2 章から第 7 章では，原子構造，化学結合，構造化学および化学反応の基礎概念について，電子構造や電子配置を考えながら理解できるようにした。第 8 章から第 12 章では，周期表に沿って無機物質の性質や特性に着目し，できる限り最近の化学，生物学ならびに化学工業の動向もふまえてまとめたつもりである。さらに，第 13, 14 章では無機化合物が重要な役割を果たす金属錯体化学や生物無機化学についてまとめた。各章に側注を多く設けて，詳細な情報についても記載した。巻末の付録として無機化学命名法および物性値についてまとめた。

本書は，講義全体の流れを意識して全 14 章で構成した。これにより，各章とも 1 時限で必要最低限の内容を扱うことができる。また，時間数や単位数に応じて，側注の内容を自習として行ったり，あるいはより詳細な解説を行うことで様々なカリキュラムに対応できるよう配慮した。

最後に，本書の刊行にあたり裳華房の小島敏照氏に大変お世話になった。ここに厚く御礼申し上げる。

2024 年 10 月

著　　者

目　次

第1章　無機化学を学ぶために

第2章　原 子 の 構 造

第3章　電子配置と元素の周期性

第4章　化学結合の基礎概念

第5章　分子の形と結合理論

第6章　無機化合物の反応

第 7 章　分子の対称性と結晶構造

第 8 章　水素および酸素

第 9 章　s-ブロック元素 —1, 2 族元素—

第 10 章　p-ブロック元素 (1) —13, 14 族元素—

第 11 章　p-ブロック元素 (2) ―15～18 族元素―

第 12 章　d-および f-ブロック元素 ―遷移元素―

第 13 章　金属錯体化学

第 14 章　生物無機化学

付　録

Column コラム

Inorganic Chemistry

第1章 無機化学を学ぶために

この章で学ぶこと

化学では，化合物中の原子配列，原子間の電子状態や分子構造を調べることにより，化合物の性質や反応を明らかにする。周期表におけるほとんどすべての元素を扱う無機化学の役割はきわめて重要である。この章では，現代化学のなかでの無機化学の位置について理解し，無機化学の役割と重要性について学ぶ。

1.1 化 学

化学（chemistry）とは，“物質を対象とした学問”で，物質が原子や分子によりどのように組み立てられているかを明らかにし，その物質の示す性質や構造，原子や分子間で起こる変化（反応）を研究する分野である。物質は，単原子から，多数の原子からなる高分子や集合体まで，多様な大きさで存在する。物質中における原子の種類，配列や化学結合などを制御し，新たな機能をつくり出すことが現代の化学に寄せられる期待である。物質の変換は，化学結合の組み替えによりエネルギーを化学エネルギーとして蓄積し，また放出を行うエネルギー変換の一つである。自然科学における化学の役割は，物質に対する観念の変化に伴い変遷してきた。

1.1.1 物 質 観*1

物質観は，宗教や哲学と関連しながら変遷してきた。物理学の重要な発見により，物質を構成する最小単位として原子の存在が確認されたことによって，現在の物質観ができあがった。古くは，科学的な根拠に基づく考えでなく，単なる空想として，物質の極限の微粒子は丸く安定で不生不滅であると考えた微粒子構造説（インドの哲学の開祖カナーダ）や，物質は極限的微粒子（atomos）からなるとする原子論（ギリシャの哲学者デモクリトス）などの考えがあった。この時代では，万物の源となるものへの考え（元素観）として，インドの四大説（地，水，火，風），中国の五行説（木，火，土，金，水），ギリシャの四元素説（空気，水，土，火）*2 があげられる。

中世錬金術*3 時代には，元素の相互変換が可能であるという思想に

*1　紀元前（BC）4000 年頃まで石器時代，BC 1000 年頃まで青銅（銅とスズの合金）時代，その後鉄器時代となる。BC 500 年頃から物質を構成する成分に対する意識が明確になってきた。

カナーダ　Kanada

デモクリトス　Demokritos

*2　自然哲学者アリストテレスは物質を構成する成分に着目し，「アリストテレス的物質観」を完成した。

*3　金属の反応や冶金（やきん）の技術の発展に貢献した。

基づいて，卑金属を貴金属に変え，不老長寿の仙薬をつくることをめざしていた。この頃から，多くの重要な知見が得られている。元素観として三原質（水銀，硫黄，塩(しお)）が唱えられた。その後，実証科学の基礎を築くことになる近世化学の時代へ変遷していく*4。実験に基づいて元素を定めるとのボイルの考えから，ラボアジェが約30種を元素*5として，「物質は，それ以上簡単にはできない物質に到達する」という結論に至り，これが元素であると考えた。

ドルトン（19世紀初め）は，実験事実を総合的，合理的に理解した原子説により，元素の概念をより明確にした。メンデレーエフは，63種の元素を分類して周期表（1869年）を作成し，元素観を確立した。周期表の特色に基づいて未発見の元素の性質も予言した。19世紀終りから20世紀初めにおいて，物理学の重要な発見*6に基づいて，化学（科学）は本質的に変化した。原子は，物質の最小単位としてその存在が確認され，元素が原子構造，電子配置に基づいて理解され，**周期律**（periodic law）が確立した。

*4　17世紀には，いくつかの気体が発見され，トリチェリが大気圧（水銀柱）を示した。

ボイル　R. Boyle
ラボアジェ　A.-L. de Lavoisier

*5　光，熱，酸素，窒素，水素，硫黄，リン，炭素，塩化物イオン，フッ化物イオン，ホウ酸イオン，酸化カルシウム，酸化マグネシウム，酸化バリウム，酸化アルミニウム，酸化ケイ素，亜鉛，アンチモン，金，銀，コバルト，水銀，スズ，ビスマス，タングステン，鉄，銅，鉛，ニッケル，白金，ヒ素，マンガン，モリブデンである。酸化物が元素となっているのは，当時の実験方法ではこれ以上の分解が不可能であったからである。

ドルトン　J. Dalton

メンデレーエフ　D. I. Mendeleev

*6　トムソン　電子の発見
レントゲン　X線の発見
ベクレル　ウラン鉱石から放射線が出ることを発見
キュリー　放射性元素（ラジウム，ポロニウム，アクチニウム）の発見 など

1.1.2　現代化学

化学は，物質の構造，性質や反応について研究する科学分野である。我々の身の回りにおいて，すべてのものが物質により構成され，物質との関わりが重要であることは言うまでもない。物理学の原理や法則が一般化するに伴って，化学の現象も理解されるようになり，化学は体系化されてきた。19世紀初頭には，生命現象と密接に関連する物質を対象とした**有機化学**（organic chemistry）*7において，構造や性質などが明らかにされた。これらは，炭素を含む有機化合物に関する化学として発展を続けている。有機化学は，比較的早い時期から原子価や構造化学的な概念により体系化されてきた。一方，炭素化合物以外の化合物を**無機化合物**（inorganic compound）と呼び，これらを対象とした化学を**無機化学**（inorganic chemistry）と考えてきた。物質は分子，イオンや原子の集合体であり，これらを構成する原子間の化学結合や性質と電子状態の関連性を理解することができるようになってきた。無機化学，有機化学，**物理化学**（physical chemistry）*8を柱として，さらに最近では，学問領域の境界に位置する分野が発展し，新たな分野として認知されるものが増えてきた。生命現象や工業との関わりもより密接になり，化学の役割はますます重要となっている。

*7　19世紀初頭には，有機化学が急速に発展した。ウェーラーはシアン酸アンモニウムから尿酸を合成，パスツールは鏡像異性体を発見，ケクレはベンゼンの構造を推定した。

*8　20世紀に入り，量子論や量子力学の導入により，原子構造や電子状態について理論的にも説明されるようになってきた。

1.1.3　無機化学

無機化学では，周期表にあるすべての元素を取り扱うことになり，非

常に多くの物質が対象となる。これらの物質の化学形態や性質も多種多様であり，すべてを体系的に理解することはなかなか難しい。錬金術時代から，化学では化合物の発見や合成が重要であることは今も変わりはない。様々な部品を組み上げて新しい化合物を創製することは，材料や機能をつくり出す上で重要な課題である。無機化合物は多様な化学結合の組合せにより特異的な構造を有するが，物理化学的な手法の発展により詳細な構造が明らかになり，さらには量子力学による電子論的な解釈*9 も可能になってきた。無機化学においては，電子配置に基づいた周期律を基礎として，物質の構成要素から大まかな物性を理解することができる。化学結合論では，これらの性質を共有結合，イオン結合，金属結合などを駆使してできるだけ体系的に解釈するが，必ずしも万能ではない。より複雑な事象について明確な説明を行うために，量子力学を利用した電子論についての必要性が増している。

*9　2.4 節参照。

無機化学の広がりは，従来の鉱物，金属，無機材料*10 に加えて，電子材料，半導体，医療用材料などの**ファインケミカル**（fine chemical）*11 にも及んでいる。機械工学や電子工学分野で利用される材料のサイズは，マクロからミクロ，ナノへと変化し，分子サイズでの制御が要求されるようになっている*12。これらを対象とするため複合的な学問体系が生まれ，無機化学と有機化学，物理化学，**分析化学**（analytical chemistry），**生物化学**（biochemistry）を融合した分野，例えば**配位化学**（coordination chemistry）*13，**有機金属化学**（organometallic chemistry），**生物無機化学**（bioinorganic chemistry）なども盛んになってきた。

*10　硫酸やアンモニアなどの無機化合物，肥料，ガラス，セラミックス。

*11　特定の機能や特性を有する精密化学製品。

*12　単純な分子の大きさは 0.1 ～ 1 ナノメートル（nm = 10^{-9} m），分子集合体では 1 ～ 100 ナノメートル程度である。

*13　日本では，錯体化学（complex chemistry）が一般的である。

1.1.4　地球環境と無機化学

地球環境とは，地殻の表層部（地球表層部*14）から大気までで，生物を取り巻き，影響を与える場である。地球表層部では酸素，ケイ素が圧倒的な量を占め（表 1.1），アルミニウム，鉄，カルシウム，ナトリウムがこれらに続いて多い元素である。地球表層部は，物質形態により気圏，水圏，地圏（岩石圏）と呼ばれる*15。これらを構成する化合物のほとんどは無機化合物であり，無機化学においてはこれらすべてが対象となる。地球環境は生物の生命活動と関連し，人類が行う産業活動の影響が甚大である*16。

*14　地表より地下 16 km，地球全質量の 0.7 % である。

*15　重量組成：地圏 93.06 %，水圏 6.91 %，気圏 0.03 %

*16　原始大気は，ほとんど二酸化炭素であった。現在は，CO_2 濃度が 0.04 体積% である。現在の炭素は，そのほとんどが表層部に炭酸塩として存在する。

自然環境では，様々な変化に対して自浄作用が見られるが，負荷が大きい場合には少なからず影響が残り，蓄積する。このような中で，生物に対して悪い影響が残る場合に**環境問題**（environmental issues，environmental problems）として取り上げられる。例えば，酸性雨，オゾンホール，地球温暖化，生物多様性保護などがあげられる。環境や資源問

表 1.1　太陽系，地殻の元素分布

元素	太陽系の原子数[†1]	質量百分率%[†2]と順位	
H	27200×10^6	0.14	10
He	2180×10^6	—	—
O	20.1×10^6	46.8	1
Ne	3.76×10^6	—	—
C	12.1×10^6	0.02	17
N	2.98×10^6	0.002	32
Mg	1.08×10^6	2.10	8
Si	1.0×10^6	27.8	2
Fe	0.9×10^6	5.02	4
S	0.5×10^6	0.03	16

† 1　Si を 1.0×10^6 としたときの相対原子数
† 2　地殻における各元素の質量百分率（試料や調査法により値は若干異なる）

題から，物質を適切に循環させ，元素や化合物の追跡や変換を行うために無機化学は重要な学問領域の一つである。

1.2　無機化学に関連する事項

物質は，ある一定の組成で表すことのできる**純物質**（pure substance）や複数の物質が混ざり合った**混合物**（mixture）であり，固体，液体，または気体の状態で存在する。さらに，それらの中間的な状態が区別されて扱われる場合もある（液晶，アモルファス，超臨界流体，プラズマなど）。一つの元素だけからなるものを**単体**（simple substance）と呼ぶ。二成分以上の元素からなる化合物の性質は，原子間を結ぶ化学結合と深く関連している。

1.2.1　化学薬品

化学物質は多かれ少なかれ有害であり，有害性はその量に関係している。すなわち，安全と考えられている物質でも，過剰に摂取すれば体に有害な影響が現れる*17。化学物質を取り扱う場合には，環境や人体への影響に配慮して行う必要がある*18。化学物質はその性質などにより分類され，様々な法律により規制されている。取り扱う人や環境に対する影響から，労働安全衛生法，毒物及び劇物取扱法や PRTR 法（環境汚染物質排出移動登録）などによる規定を守って使用しなければならない。規制されている化学物質を扱う場合には，化学物質などの性状，注意などの情報を記載したデータシート（安全データシート Safety Data Sheet；SDS）*19 を必ず読む必要がある。火災や地震などの災害による被害を最小限にするために，危険物の使用や貯蔵を規定する消防法では，化学物質が性状により分類され，保管方法などが決められている*20。

*17　塩分の摂取は必要であるが，過剰に摂取すると生活習慣病となるため注意が必要である。
*18　本章コラム参照。
*19　化学物質に関する安全衛生情報として，国連の「国際化学物質安全性計画（IPCS）」が作成する国際化学物質安全性カード（ICSC）も入手できる。災害防止および人の健康や環境の保護を目的として「化学品の分類および表示に関する世界調和システム」（The Globally Harmonized System of Classification and Labelling of Chemicals：GHS）もある。
*20　第一類：酸化性固体，第二類：可燃性固体，第三類：自然発火性物質及び禁水性物質，第四類：引火性液体，第五類：自己反応性物質，第六類：酸化性液体

1.2.2　単　位

本書では，様々な量に対して**国際単位系**（**SI**；The International System of Units）〔SI はフランス語（Le Système International d'Unités）の略である〕を使用している[*21]。SI 単位は国際度量衡委員会（CIPM）により決められている。任意の量は，数値と単位の積として表すことができる。7 つの定数について厳密な数値を定めることで，その単位が定義される。これらの 7 つの定数が**定義定数**（defining constants）（表 1.2）となる。これにより，全ての定義が人工物を使った基準，物質の特性，測定の方法のいずれにも関連づけられないかたちで確立された。定義定数を用いて 7 つの**基本単位**（base units）（表 1.3）[*22] および**組立単位**（derived units）が導きだされる。それぞれの単位について桁数を示す接頭語（表 1.4）により表される。

組立単位には，基本単位を用いて表されるものと固有の名称をもつものがある。例えば，体積は基本単位のメートルを用いて，立方メートル（m^3）[*23] を用い，モル濃度は mol dm^{-3} となる。一方，力や圧力は，固有の名称をもつ単位[*24] であり，それぞれニュートン N（m kg s^{-2}）やパスカル Pa（N m^{-2} = m^{-1} kg s^{-2}）となる。

*21　メートル法系の単位として，CGS 単位系や重力単位系などがある。2018 年第 26 回国際度量衡総会で定義が大幅に改訂された（第 9 版）。

*22　定義定数により基本単位と組立単位は直接構築できるようになった。しかし，基本単位と組立単位の概念は保持されている。

*23　リットル L やミリリットル mL も用いることがある。1 L = 1 dm^3

*24　エネルギー：ジュール J（kg m^2 s^{-2}），電荷：クーロン C（A s），電位差：ボルト V（J A^{-1} s^{-1} = m^2 kg s^{-3} A^{-1}），電気抵抗：オーム Ω（V A^{-1} = m^2 kg s^{-3} A^{-2}），周波数：ヘルツ Hz（s^{-1}）

1.2.3　無機化学命名法

化合物の命名法は，対象とする化合物の増加と情報科学の発展に伴い変化している。ここでは，日本化学会の規定に基づいて，本書で必要な無機化合物について記載する。命名法は不定期に改訂されているため，詳細については専門書を参考にされたい。

現在使用されている化合物命名法は，大きく 2 種類に分けられる。一つは，国際純正・応用化学連合（IUPAC；International Union of Pure and Applied Chemistry）の規定した IUPAC 名であり，わかりやすく明確な名称を目標にしている。名称と構造の対応は多対 1 である。もう一

表 1.2　定義定数と定義される単位

定義定数	記号	数値	単位†
^{133}Cs 原子の摂動を受けない基底状態の超微細構造遷移周波数	$\Delta\nu_{Cs}$	9 192 631 770	Hz
真空中の光の速さ	c	299 792 458	m s^{-1}
プランク定数	h	$6.626\,070\,15 \times 10^{-34}$	J s
電気素量	e	$1.602\,176\,634 \times 10^{-19}$	C
ボルツマン定数	k	$1.380\,649 \times 10^{-23}$	J K^{-1}
アボガドロ定数	N_A	$6.022\,140\,76 \times 10^{23}$	mol^{-1}
周波数 540×10^{12} Hz の単色放射の視感効果度	K_{cd}	683	lm W^{-1}

†　単位記号は基本単位と関連付けられる：Hz（ヘルツ）= s^{-1}，J（ジュール）= kg m^2 s^{-2}，C（クーロン）= A s，lm（ルーメン）= cd sr[*25]，W（ワット）= kg m^2 s^{-3}

*25　sr（ステラジアン）：立体角の単位

表 1.3　基本単位[†1]

量	単位	記号	現在の定義	変遷
時間	秒	s	^{133}Cs 原子周波数 $\Delta\nu_{Cs}$ を Hz で表したときに 9 192 631 770 と定めることによって定義される。	地球の自転，地球の公転，^{133}Cs 原子の電子遷移で放出される電磁波の周期
長さ	メートル	m	真空中の光速 c を m s^{-1} で表したときに 299 792 458 と定めることによって定義される。	地球の子午線の長さ，^{86}Kr 原子のスペクトル線の波長，真空中の光の移動距離
質量	キログラム	kg	プランク定数 h を J s で表したときに 6.626 070 15 × 10^{-34} と定めることによって定義される。	一辺が 10 センチメートルの立方体の体積の最大密度における蒸留水の質量，国際キログラム原器
電流	アンペア	A	電気素量 e を C で表したときに 1.602 176 634 × 10^{-19} と定めることによって定義される。	電流–抵抗，電圧–抵抗[†2]，真空中の 2 本の直線状導体間に働く力に基づく電流
温度	ケルビン	K[†3]	ボルツマン定数 k を J K^{-1} で表したときに 1.380 649 × 10^{-23} と定めることによって定義される。	水の三重点
物質量	モル	mol	アボガドロ定数 N_A を mol^{-1} で表したときに 6.022 140 76 × 10^{23} と定めることによって定義される。	0.012 キログラム（kg）の ^{12}C の中に存在する原子の数に等しい要素粒子を含む系の物質量[†4]
光度	カンデラ	cd	周波数 540 × 10^{12} Hz の単色放射について視感効果度 K_{cd} を lm W^{-1} で表したときに 683 と定めることによって定義される。	光源としてろうそく，ペンタン灯（ガス灯），白金黒体炉，単色放射を放出する光源の光度

† 1　定義となる定数（定義定数）の数値を定めることにより，定義を明確化する。
† 2　電流，電圧，抵抗はオームの法則で関連づけられるので，このうちの二つを選んで基本的な基準とする。
† 3　セルシウス温度 t（℃）の数値は，熱力学温度 T（K）の数値から 273.15 を引く。
† 4　モルを用いるとき，要素粒子が指定されなければならないが，それは原子，分子，イオン，電子，その他の粒子またはこの種の粒子の特定の集合体であってよい。

つは，Chemical Abstracts [*26] の索引に用いられる Chemical Abstracts 索引名であり，同じ化学種が別名をもたないように規則をつくり，厳密に適用している。これらは，名称から化合物を確定する目的や，多くの化合物をオンラインで検索する目的に適した規則が定められてい

＊26　アメリカ化学会が発行している化学および関連分野の文献抄録誌である。

Column　グリーン・サスティナブル ケミストリー（green and sustainable chemistry，通称：グリーンケミストリー）

全世界的に環境問題は最大の関心事であり，様々な取り組みが行われてきた。環境保全の観点から，環境汚染を元から断ち，環境汚染の防止を優先するようになってきた。米国環境保護局は「人間の健康や環境に害のある原料，製品，副生成物の使用や生成を低減，使用を停止するために化学的技術で解決する手法」をグリーンケミストリーとし，日本ではより広い概念を含むものとして“グリーン・サスティナブル ケミストリー”を正式な名称としている。基本概念は「化学に関わるものは自らの社会的責任を自覚し，化学技術の革新を通して“人と環境の健康・安全”を目指し，持続可能な社会の実現に貢献する」である。“環境に優しい化学”として最近様々な分野において取り組みが行われている。化学者と化学産業界が安全に配慮し，生物を取り巻く環境負荷が少ない化成品や製造プロセスの開発を目指すことは，化学技術の開発において今後さらに重要になる。

る*27。日本化学会では，以前はIUPACの規則に従っていたが，1994年より，明快で矛盾がなく疑問の余地のない化合物名であればよいと改訂された。無機化学命名法は，1990年のIUPAC規則に基づいて，2000年に改訂が行われ，さらに2005年には大幅な改訂が行われた。

無機化学命名法では，組成命名法，置換命名法，付加命名法が重要である*28。

・**組成命名法**：化合物あるいは化学種の組成だけに基づく名称である。原子あるいは多原子イオンのような複合単位に倍数接頭語を付け並べる。化合物の全定比組成を示す。2つ以上の成分を有する場合には，電気的陽性および陰性の成分に形式上分離する。
・**置換命名法**：母体水素化物の水素原子を他の原子，原子団で置換する。主に，有機化合物に対して用いられる。
・**付加命名法**：分子の中心になる原子（中心原子）に，他の原子，原子団が配位子として配位する原理に基づく。配位化合物や鎖状・環状化合物に対して用いられる。

命名法は言語と同様に，構成規則により配列されている。構成単位としては，「元素名」，「母体化合物を示す名称（語尾）」，「倍数接頭語」，「置換基，原子団を示す接頭語」，「電荷を表す接尾語」，「特定置換基を示す接尾語」，「挿入語」，「位置記号」，「句読記号」，「構造，幾何，立体を示す記述語」である。巻末の付録1に主要な文法についてまとめた。

表1.4 SI倍数接頭語

倍数	接頭語	記号
10^{-24}	ヨクト（yocto）	y
10^{-21}	ゼプト（zepto）	z
10^{-18}	アト（atto）	a
10^{-15}	フェムト（femto）	f
10^{-12}	ピコ（pico）	p
10^{-9}	ナノ（nano）	n
10^{-6}	マイクロ（micro）	μ
10^{-3}	ミリ（milli）	m
10^{-2}	センチ（centi）	c
10^{-1}	デシ（deci）	d
10^{1}	デカ（deca）	da
10^{2}	ヘクト（hecto）	h
10^{3}	キロ（kilo）	k
10^{6}	メガ（mega）	M
10^{9}	ギガ（giga）	G
10^{12}	テラ（tera）	T
10^{15}	ペタ（peta）	P
10^{18}	エクサ（exa）	E
10^{21}	ゼタ（zetta）	Z
10^{24}	ヨタ（yotta）	Y

*27　CAS（Chemical Abstracts Service）データベースは，化学物質，文献，反応情報などが収録され，ネットワークにより検索できるようになっている。

*28　同じ化学式の化合物でも名称が異なる。例えば，PCl_3はそれぞれの命名法に従って，以下のように呼ばれる。
組成命名法：三塩化リン（phosphorus trichloride）
置換命名法：トリクロロホスファン（trichlorophosphane）
付加命名法：トリクロリドリン（trichloridophosphorus）

1.1　化学結合の種類とそれらの性質についてまとめよ。

1.2　元素の周期表の特徴をあげて，科学におけるそれらの有用性について考察せよ。

1.3　溶液中のある物質の体積モル濃度，質量モル濃度，質量分率について，基本単位を用いて記述せよ。

1.4　化学物質を取り扱う場合に注意すべき事柄について考察せよ。

1.5　グリーン・サステイナブル ケミストリーの観点から，最近では「脱炭素」ではなく「炭素循環」という用語の使用を推奨している。この理由について考察せよ。

Inorganic Chemistry

第2章 原子の構造

この章で学ぶこと

この章では，化学を学ぶ際の基礎となる構成単位 ― 原子 ― について解説する。20世紀初期に提案された原子モデルは今なお有用であるが，異なる元素が異なる性質を示す理由を説明したり，元素がもつ性質を予測するには不十分である。そこで，原子の構造をより深く理解するため，量子論を用いて原子中の電子の分布を描く。原子の電子構造は「軌道」で表されること，量子力学モデルは全元素の電子構造に適用できることを学ぶ。

2.1 原子の構成

原子 (atom) は，物質の基本となる構成要素である。原子は，**原子構成粒子** (subatomic particles) と呼ばれる，より小さい粒子からなる。原子構成粒子の発見や同定に貢献した重要な実験が，19世紀の終りから20世紀の初めにかけて数多く知られている。例えば，磁場および電場中での**陰極線** (cathode rays) の挙動に関するトムソンの実験[*1]により電子が発見され，電荷質量比[*2]が測定された。また，ミリカンの油滴実験により，電子がもつ電荷が明らかとなった。ベクレルの**放射能** (radioactivity)[*3]の発見，さらに金属箔による α 粒子[*4]の散乱について研究したラザフォードにより，原子は高密度で正電荷の**原子核** (nucleus) をもつことが示された。

トムソン　J. J. Thomson

＊1　昔のテレビやPCモニターのブラウン管にも利用されていた陰極線管 (CRT) を用いた実験。陰極 (カソード) から発する放射線が陰極線である。

＊2　電子の電荷と質量の比：1.76×10^{8} C g^{-1}

ミリカン　R. A. Millikan
ベクレル　H. Becquerel

＊3　自発的に放射線を放出する現象または性質のこと (6.4節参照)。

＊4　ヘリウムの原子核。正の電荷をもつ (6.4節参照)。

ラザフォード　E. Rutherford

2.1.1 原子の構成粒子：陽子，中性子および電子

ラザフォードの時代以降，物理学者は原子の詳細な構成について理解するようになった (クォークやレプトンなどの素粒子)[*5]。しかし化学者にとっては，化学的挙動に関連した3つの原子構成粒子，すなわち**陽子** (proton)，**中性子** (neutron) および**電子** (electron) に着目すれば十分である。

＊5　大型放射光施設などを利用した研究が行われている (本章コラム，6.4.3項参照)。

電子の電荷は -1.602×10^{-19} C，陽子の電荷は $+1.602 \times 10^{-19}$ C である。この 1.602×10^{-19} C という量を**電気素量** (electronic charge) という。原子および原子構成粒子の電荷は，クーロンよりむしろ電気素量を基準として表記することが多い。つまり，電子の電荷は -1，陽子の電荷は $+1$ となる。中性子は電荷をもたず，電気的に中性である。どの原子も，同数の電子と陽子をもつため，正味の電荷はない。

表 2.1 陽子，中性子および電子の比較

粒子	電荷	質量 (u)*6	質量 (g)
陽子	正 (+1)	1.0073	1.6726×10^{-24}
中性子	無 (0)	1.0087	1.6749×10^{-24}
電子	負 (−1)	5.4858×10^{-4}	9.1094×10^{-28}

陽子および中性子は，ともに原子の中心部分に存在し，ラザフォードが提案したように，その部分はきわめて小さい。原子の体積のほとんどは空間であり，そこには電子がある。電子は反対符号の荷電粒子間に働く静電引力により，原子核に存在する陽子と引きつけ合っている。

原子の質量はきわめて小さい。天然に存在する最も重い原子（ウラン）でも，その質量はおよそ 4×10^{-22} g しかない。このような小さな質量をグラム単位で表す代わりに**統一原子質量単位** (unified atomic mass unit) を用いる*6。陽子と中性子の質量は，いずれも電子の質量に比べてはるかに大きい（表 2.1）*7。

原子の大きさもきわめて小さい。ほとんどの原子は，直径が 1×10^{-10} m から 5×10^{-10} m (100 ～ 500 pm) の範囲にある。原子核の直径はほぼ 10^{-14} m であり，原子全体のほんのわずかな空間を占めるに過ぎない*8。小さな体積しかない原子核部分にほとんどの質量が集中するため，その密度は 10^{13} ～ 10^{14} g cm^{-3} ときわめて大きい。

*6 原子質量単位の記号は u または Da（ダルトン）である（1 u = 1 Da）。1 u = 1.66054×10^{-24} g

*7 陽子の質量は電子の 1836 倍なので，原子の質量のほとんどが原子核に集中していることになる。

*8 例えば，水素原子が野球グラウンドの大きさだと仮定すると，原子核は小さなビー玉程度の大きさになる。

2.1.2 原子番号，質量数および同位体

元素間における性質の相違は，それぞれの原子構成粒子の数の違いによる。それぞれの元素の原子には，固有の陽子数がある。実際，原子核中の陽子数は，元素の**原子番号** (atomic number) と呼ばれる。原子単独では正味の電荷をもたないため，陽子と同じ数の電子を含まねばならない*9。

ある元素の原子中には，異なる数の中性子が含まれることもある。自然界での炭素原子のほぼ 99 % は 6 個の中性子をもち，これを表記すると下のようになる（炭素 12 と読む）。

$$^{12}_{6}\mathrm{C}$$

これは，6 個の陽子と 6 個の中性子をもつことを示している。原子番号を左下に書き（これは省略されることが多い），左上には**質量数** (mass number；陽子と中性子の合計) を書く。中性子を 7 個（あるいは 8 個）もつ炭素原子も存在する。同一の原子番号をもつが質量数の異なる原子のそれぞれを**同位体** (isotope)*10 と呼ぶ (^{12}C, ^{13}C, ^{14}C など)。

*9 例えば，炭素は 6 個の陽子と 6 個の電子をもち，酸素は陽子と電子をそれぞれ 8 個ずつもつ。炭素の原子番号は 6，酸素は 8 となる。

*10 iso は「同じ」，tope は「位置」という意味で，周期表上で同じ位置にあることを示している。

2.2 量 子 化

前節で述べた原子モデルは，今なお原子を理解する上で最も基本とな

るものである。しかし，より詳細な原子構造を学ぶことで，化学の本質である物質の性質をより正確に理解することができる。そのために用いられるのが**量子論**（quantum theory）である。この理論は，原子中の電子の挙動の多くを説明できる。きわめて小さな世界において，電子は我々が通常生活する世界とは全く異なる振る舞いをする。原子中の**電子構造**（electronic structure）は，光の性質と密接に関連しており，光の記述が量子論によってどのように変わるのかを理解する必要がある。

プランク　M. Planck

金属片を高温に熱すると，そこから温度に依存した波長の光が発せられる（電磁放射）。20 世紀の初め，ドイツの物理学者プランクは，物体から発せられた電磁放射は加熱した物体中の振動している原子（振動子）に起因していると仮定した。すなわち，それぞれの振動子は固有の振動数（ν）をもっており，発した放射は次式で示す一定のエネルギーしかもたない。

$$E = nh\nu \quad (n\text{ は正の整数}) \tag{2.1}$$

プランクは，ある決まったエネルギー状態のみが許容されると考えた。これを**量子化**（quantization）という。式 2.1 中の比例定数 h を**プランク定数**（Planck's constant）という。振動子が高エネルギー状態（$E_{(高)}$）から低エネルギー状態（$E_{(低)}$）へと変化する際にエネルギーを放出する。このとき，2 つのエネルギー状態のエネルギー差は，

$$\Delta E = E_{(高)} - E_{(低)} = \Delta nh\nu \tag{2.2}$$

となる。特に，Δn の値が 1 のときは，隣接した 2 つのエネルギー差の変化に相当し，そのときの振動子のエネルギー変化と放出されたエネルギーは等しい（式 2.3）。

$$E = h\nu \tag{2.3}$$

この式を**プランクの式**（Planck's equation）という。

アインシュタイン　A. Einstein

数年後，アインシュタインは光が粒子性をもつという新しい概念とプランクの式（$E = h\nu$）を組み合わせることにより，光電効果を見事に説明した*11。アインシュタインは，質量のない粒子（**光子**；photon）をエネルギーの一群とみなし，それぞれの光子のエネルギーはプランクの式で定義される放射の振動数に比例すると考えた。

*11　光電効果とは，光が金属表面に当たると電子が飛び出す現象のこと。

2.3　ボーアモデル

2.3.1　輝線スペクトルと水素原子のボーアモデル

太陽光や高温の物体から放たれる光は，様々な波長をもつ連続スペクトルからなる。反対に，励起した原子からの光は，いくつかの異なる波長の光だけからなる。励起した原子から得られるスペクトルを**輝線スペクトル**（line spectrum）という。それぞれの元素は，固有の輝線スペク

トルを示す[*12]。輝線スペクトルを説明するため，デンマークの物理学者ボーアは，太陽の周りを惑星が回転しているのと同様に，電子が原子核の周りを円軌道を描きながら動くという，原子の惑星モデルを提案した（図 2.1）。しかし，このモデルを用いるには，古典物理学の法則を否定しなければならなかった[*13]。そこで，特定のエネルギー準位をもつ，いくつかの軌道が存在すると仮定した。電子がこれらのエネルギー準位のいずれかにある限り，この原子は安定となる。つまり，ボーアは電子構造を描写するのに量子化の概念を導入した。この量子仮説と古典物理学の運動の法則を組み合わせることにより，ボーアは水素原子の n 番目の軌道（エネルギー準位）中の 1 個の電子がもつエネルギーの式を導き出した（式 2.4）。

$$E_n = -\frac{R_\infty hc}{n^2} \tag{2.4}$$

ここで，E_n は電子のエネルギー（J/原子），R_∞ は**リュードベリ定数**（Rydberg constant；$1.097 \times 10^7\ \mathrm{m^{-1}}$），$h$ はプランク定数，c は真空中の光の速度（$2.998 \times 10^8\ \mathrm{m\ s^{-1}}$）である。記号 n は正の整数（1, 2, 3, …）であり，主量子数（2.4.2 項で詳述）という。

式 2.4 には以下のような重要な点がある（図 2.2）。

(1) 主量子数 n は，水素原子中の許容された軌道エネルギーを表す。

(2) 軌道中にある電子のエネルギーは負の値をとる[*14]。

(3) 最も低いエネルギー準位に電子をもつ原子の状態を**基底状態**（ground state）という。水素原子の場合，基底状態は $n = 1$ の準位である。より高いエネルギー（$n \geq 2$）をもつ水素原子の状態は**励起状態**（excited state）と呼ばれ，n の値が増加するにつれて，その状態のエネルギーはより高くなっていく。

*12　例えば，水素原子は可視光領域に 4 本の輝線スペクトルを示す。発光スペクトルに含まれる輝線は，元素の同定など化学分析に用いられる。

ボーア　N. Bohr

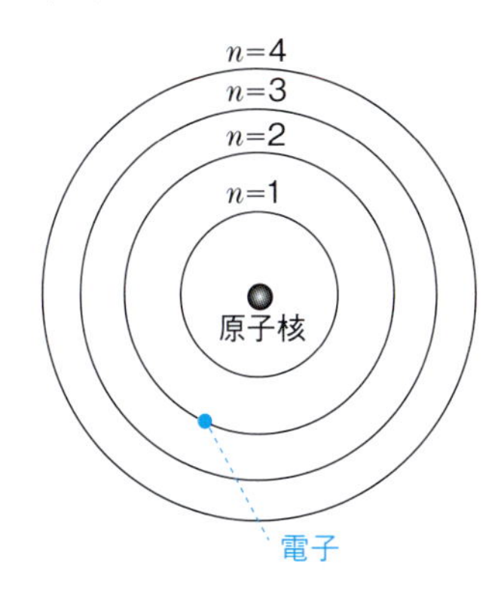

図 2.1　**ボーアが提案した原子の惑星モデル（n は主量子数）**

*13　古典物理学によれば，原子核がもつ正の電場中を動く電子は徐々にエネルギーを失い，最終的には原子核に衝突するはずである。もし古典物理学の法則をボーアの電子構造モデルにそのまま適用すれば，物質はすべて最終的に自己破壊してしまうだろう。

リュードベリ　J. R. Rydberg

*14　負電荷の電子は正電荷の原子核と引き合うので，引力のエネルギーは負の値となる。

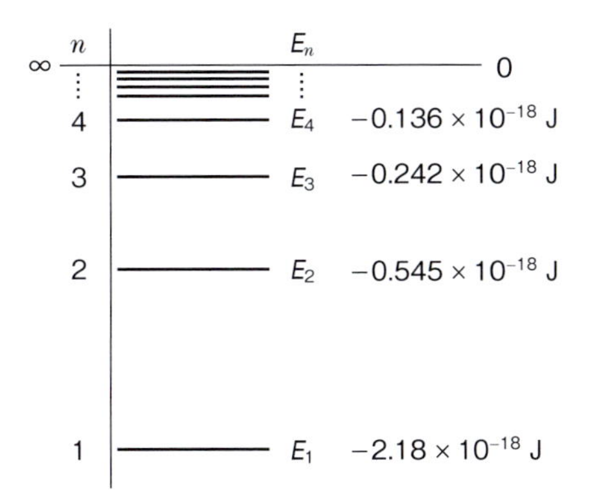

図 2.2　**ボーアモデルにおける水素原子のエネルギー準位**

ボーアは，n の値が増加するにつれて，原子核から電子までの距離が遠くなることも示した。すなわち，$n=1$ 軌道中の電子は原子核と最も近いところにあり，最も低い（最も負の）エネルギーをもつ。n がより大きな値になると，電子は原子核から遠ざかり，より高いエネルギーをとる。

2.3.2　ボーア理論と励起原子のスペクトル

ボーアの理論では，電子は固有の軌道とエネルギーをもつ。1 個の電子があるエネルギー準位から別の準位へ遷移するとき，エネルギーは吸収または放出される。これにより，ボーアは電子のエネルギーと水素原子の輝線スペクトルとを関連づけることに成功した。

電子が基底状態から励起状態へ遷移するためには，原子は外からエネルギーを吸収しなければならない。例えば，初期状態 (i) が $n=1$ で最終状態 (f) が $n=2$ のとき，これらの状態間のエネルギー差は次のように求めることができる（式 2.5）。

$$\Delta E = E_f - E_i = \left(-\frac{N_A R_\infty hc}{2^2}\right) - \left(-\frac{N_A R_\infty hc}{1^2}\right)$$

$$= 0.75\, N_A R_\infty hc = 984\ \mathrm{kJ\ mol^{-1}}\ (N_A \text{ はアボガドロ定数}) \quad (2.5)$$

つまり，最も低いエネルギー準位から二番目のエネルギー準位へ電子が遷移するには，1 mol あたり 984 kJ の入力が必要である（図 2.3）。式 2.5 より，たとえ $0.7\, N_A R_\infty hc$ とか $0.8\, N_A R_\infty hc$ のエネルギーが与えられても，これらの状態間の遷移は不可能である。固有の，そして厳密なエネルギー量を必要とすることが量子化における重要な点である。

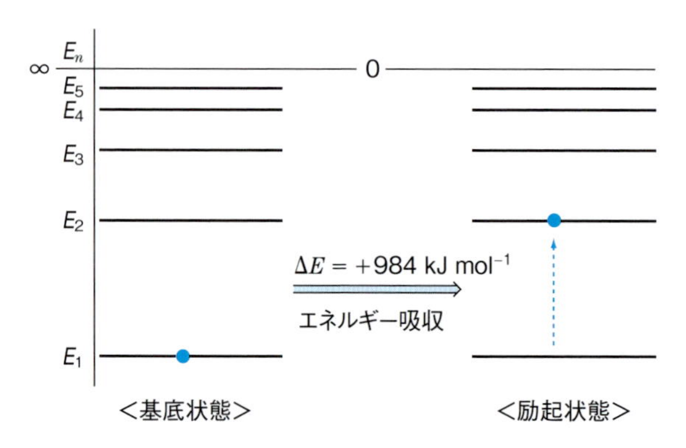

図 2.3　電子の基底状態から励起状態への遷移に伴って起こるエネルギー変化

これと逆の過程，すなわち電子が高いエネルギー状態から低い状態へと準位を下げるときには，エネルギーが放出される。例えば，$n = 2$ から $n = 1$ への遷移では，$\Delta E = -984\ \mathrm{kJ\ mol^{-1}}$，つまり $984\ \mathrm{kJ\ mol^{-1}}$ のエネルギーが放出される[*15]。

*15　負の値はエネルギーが生成することを意味する。

次に，ボーアモデルに従って，水素の固有輝線スペクトルの発光メカニズムを示そう。放電や加熱によりエネルギーが原子へ供給されると，原子中の電子は $n = 1$ の状態（基底状態）から $n = 2, 3,$ あるいはより高い状態（励起状態）へと励起する。エネルギーを吸収した後，励起電子はエネルギーを放出して，より低いエネルギー準位に戻る。固有のエネルギー準位のみが可能であるため，このとき放出されるエネルギーを固有のエネルギーと波長をもつ電磁放射の光子として観測できる。

励起した水素原子の輝線エネルギー（$\mathrm{kJ\ mol^{-1}}$）は，式 2.6 を用いて計算できる。

$$\Delta E = E_f - E_i = -N_\mathrm{A} R_\infty hc \left(\frac{1}{n_f^2} - \frac{1}{n_i^2} \right) \tag{2.6}$$

水素原子では，n が 2 以上の状態から $n = 1$ の状態への電子遷移に相当するのは紫外領域のエネルギーをもつ発光であり，これを**ライマン系列**（Lyman series）という。可視領域のエネルギーをもつ輝線は，$n = 3$ 以上の状態から $n = 2$ の状態への遷移に由来し，これを**バルマー系列**（Balmer series）という。他にも赤外領域に輝線を示すいくつかの系列がある（**図 2.4**）[*16]。

ライマン　T. Lyman

バルマー　J. Balmer

*16　電子遷移の系列の名称は発見者の名前にちなんで付けられている。例えば $n_f = 3$ のものをパッシェン系列という（図 2.4）。

パッシェン　F. Paschen

原子を描写するのに量子化という概念を導入したボーアモデルは，目に見えないもの（原子の構造）と見えるもの（水素原子の輝線スペクトル）を見事に結びつけた。しかし，ボーア理論は複数の電子をもつ多電子系には適用できない[*17]。多電子原子の電子構造を説明するためには，

*17　複数の電子を有する原子では，電子と原子核の相互作用のみならず，電子間の相互作用を考慮する必要がある。

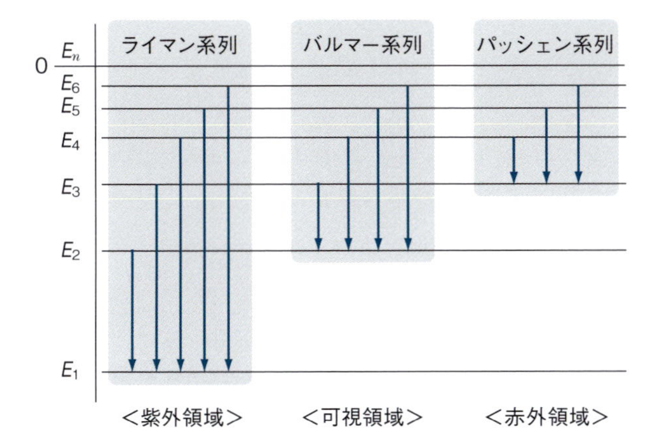

図 2.4　励起した水素原子中で起こる電子遷移の例

次に述べる量子力学モデルが必要となる。

2.4 量子力学と水素原子

2.4.1 電子構造における量子力学の導入

アインシュタインが明らかにした光電効果により，光（通常は波とみなす）は質量がないにもかかわらず，粒子の性質ももっていることが示された。この事実を元に，ド・ブロイは粒子と考えられている電子のような物体も波の性質を示すと考え，速度 v で動く質量 m の自由電子を，波長 λ と関連づけた（式2.7）*[18]。

ド・ブロイ　L. V. de Broglie

$$\lambda = \frac{h}{mv} \tag{2.7}$$

*18　この式が革新的なのは，電子の粒子性（質量と速度）と波の性質（波長）とをつないだ点にある。この式が正しいことは電子線回折実験により証明された（1927年）。

電子には二重性（波と粒子の両方の性質）がある。原子中の電子構造を示すモデルに電子の二重性が適用できることを，ハイゼンベルク，ボルンおよびシュレーディンガーが示した。

ハイゼンベルク　W. Heisenberg
ボルン　M. Born
シュレーディンガー　E. Schrödinger

前節で述べたボーアモデルでは，水素原子中の電子のエネルギーと場所（軌道）の両方を正確に記述することができる。しかしハイゼンベルクによれば，電子のような微小粒子においては，位置とエネルギーの両方を正確に決定するのは不可能である。つまり，位置またはエネルギーの一方を正確に決定しようとすると，他方が不正確になってしまう。これをハイゼンベルクの**不確定性原理**（uncertainty principle）という*[19]。

*19　不確定性原理を数学的に記述すると，$\Delta x \cdot m\Delta v \geq \frac{h}{4\pi}$ となる（Δx：位置の不確かさ，m：粒子の質量，Δv：速度の不確かさ）。

ボルンは，不確定性原理を原子中の電子配置を理解するのに適用した。これによると，原子中において電子のエネルギーを正確に知りたければ，その位置は不正確になってしまう。言い換えると，ある与えられた空間の中に与えられたエネルギーをもつ電子を見出す「確率」のみを示すことができる，ということになる。電子がもつエネルギーは原子の本質を理解する重要な鍵となるので，電子のおおよその位置さえ分かればよい。

原子中の電子の挙動に関する包括的な理論研究を行ったのがシュレーディンガーである。電子は波としても振る舞うというド・ブロイの仮説を基に，原子中の電子を記述する**量子力学**（**波動力学**）（quantum mechanics (wave mechanics)）*[20] を発展させた。このモデルでは，波の動きに関する数式を用いて**波動方程式**（wave equation）*[21] という一連の方程式を導く。

*20　シュレーディンガーは物質波の伝わり方を計算する方程式（シュレーディンガー方程式）を発見し，この方程式により水素原子の電子のエネルギーがとびとびであることを示した。

*21　波動方程式の一般形は $\hat{H}\Psi = E\Psi$ と表される。$\hat{H}$ はハミルトニアン（エネルギーの演算子，∧（ハット）は演算子であることを表す記号），E は電子の全エネルギー，Ψ（ギリシャ語でプサイ）は波動関数で，電子の波の性質を表す関数である。

ボーアモデルとは異なり，量子力学モデルは視覚化するのが難しく，数学的なアプローチが非常に複雑である。それにもかかわらず，このモデルが示す結果は重要で，現在では，原子構造を理解するためには量子力学の意味を理解することが必須となっている。水素原子は1つの原子

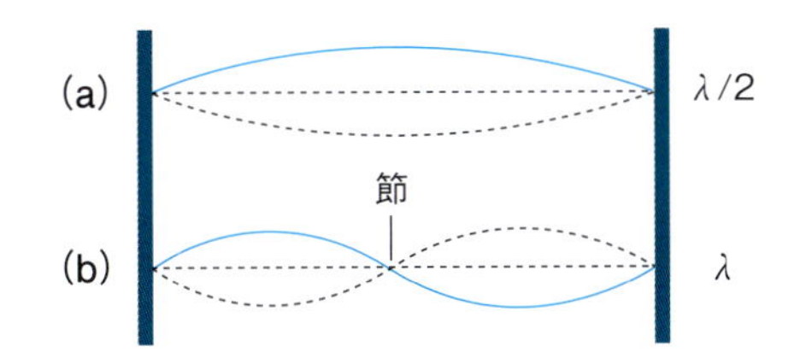

図 2.5　定常波の例　(a) 両端距離が $\lambda/2$ の場合，(b) 両端距離が λ の場合

核（陽子）と1つの電子からなる最も単純な原子である。電子の質量は陽子に比べてきわめて小さいため，静止した原子核を中心として電子が運動していると考えられる。この電子を波動と考えて，不連続なエネルギー準位を与えることが示される。量子力学に関して重要な点をまとめると，おおよそ以下のようになる。

(1) 原子中の電子は，定常波として記述される。ギターの弦のように，ひもの両端を固定してそれをはじくと，ひもは定常波として上下に振動する（図 2.5）。定常波には，振幅がゼロ（**節**（せつ）(node) という）の点が複数あると同時に，決まった振動のみが可能である。許容される振動の波長は $n(\lambda/2)$ となる（n は整数）。図 2.5 (a) に示した振動では，ひもの両端の長さが半波長 ($\lambda/2$) となっている。図 2.5 (b) では，ひもの長さが波長と完全に一致する ($2\times(\lambda/2)$)。つまり，定常波においては振動は量子化されており，その整数値 n は量子数に相当する。

(2) 電子を定常波として記述することで，電子構造を表すのに量子化の概念を導入できる。一次元振動するひもを表す数学には，1つの量子数 (n) が必要である。それ故，三次元空間中の電子を扱うシュレーディンガー方程式[*22]には3つの量子数 (n, l, m_l) が必要となる（いずれも整数）。これらの値は，任意ではなく決まった組合せのみ可能である（次項参照）。

(3) それぞれの波動関数 Ψ は[*23]，許容されたエネルギー値と関連づけられる。つまり電子は，ある決まったエネルギー値しかとらないので，エネルギーも量子化されている。

(4) 原子核を原点とする三次元空間中のある点での波動関数 Ψ の値は，波の振幅（高さ）を示す。この値は，大きさと正負の符号の両方をもつ[*24]。

(5) 波動関数の二乗 ($|\Psi|^2$)[*25]は，空間中で電子を見出す確率を表す。この確率を**電子密度** (electron density)（確率密度）と呼ぶ。

(6) シュレーディンガーの理論により，電子のエネルギーを正確に決定できる。また，不確定性原理から空間中の決まった領域内にある電子

*22　電子の運動を考える場合に座標として極座標 (r, θ, ϕ) を用いて記述すると便利である。直交座標 (x, y, z) との関係は以下のようである。

$$x = r\sin\theta\cos\phi$$
$$y = r\sin\theta\sin\phi$$
$$z = r\cos\theta$$

*23　シュレーディンガー方程式の解は波動関数 Ψ と呼ばれ，$\Psi(r, \theta, \phi)$ はそれぞれ r, θ, ϕ のみの関数である $R(r)$，$\Theta(\theta)$，$\Phi(\phi)$ の積で与えられる（2.5 節参照）。

*24　ギターの振動する弦にたとえると，正の振幅の点は伝播軸の上側にあり，負の振幅の点は下側にある。

*25　$|\Psi|^2 = \Psi\Psi^*$（Ψ^* は複素共役）。これはボルンの確率解釈といわれる。全空間について積分すれば1となる。

$$\int_{-\infty}^{\infty}\int_{-\infty}^{\infty}\int_{-\infty}^{\infty}\Psi\Psi^*\mathrm{d}\tau = 1$$

の確率を記述する。あるエネルギーをもつ電子の大部分が存在する空間領域のことを**軌道**（orbital）と呼ぶ[*26]。

*26　ボーアモデルでは線状の軌道を考えたが，ここでは雲のように広がった範囲を示している。

2.4.2　量子数と軌道

量子数は，電子がとり得るエネルギー状態と軌道を区別するのに用いられる。ここでは，3つの量子数とそれらが何を意味するのかについてまとめる。

(1) n，**主量子数**（principal quantum number）

($n = 1, 2, 3, \cdots$)

主量子数 n は，1から無限大までの整数値をとる。n の値は軌道のエネルギーを決定するのに主要な要素となる。また，n の値から軌道の大きさも決まる。すなわち，注目する原子の n の値が大きければ大きいほど，軌道のエネルギーおよび大きさは増大する[*27]。

*27　n の値は高校で学習する電子殻（K, L, M, …）と対応する。

(2) l，**方位量子数**（azimuthal quantum number）[*28]

*28　方位量子数は，軌道角運動量量子数とも呼ばれる。

($l = 0, 1, 2, 3, \cdots, n-1$)

同じ電子殻の軌道はさらに**副殻**（subshell）として分類され，それぞれの副殻は量子数 l の値により区別される。量子数 l は，0から最大で $n-1$ までの整数値をとる。方位量子数により軌道の形が定義される。すなわち，軌道の形は l の値に依存して異なる。

l の値は最大 $n-1$ なので，n の値によりそれぞれの電子殻において許容される副殻の数が決定される。$n = 1$ の電子殻では，l は0以外の値をとることができないため，副殻は1種類となる。$n = 2$ のときは，l は0または1となるため，2種類の副殻が存在する。

通常，副殻は記号により区別される。例えば，$l = 0$ の副殻には小文字のs，$l = 1$ にはp，$l = 2$ にはd，そして $l = 3$ にはfを充て，これらの軌道をそれぞれ「s軌道」「p軌道」「d軌道」「f軌道」という[*29]。

*29　歴史的に，s, p, d, f は原子スペクトルの吸収線を示す頭文字（sharp，principal，diffuse，fundamental）に由来する。f以降はアルファベット順に g, h, …となる。

(3) m_l，**磁気量子数**（magnetic quantum number）

($m_l = 0, \pm 1, \pm 2, \pm 3, \cdots, \pm l$)

磁気量子数 m_l は，磁場中に置かれた原子の軌道の方向を決定する量子数であり，副殻内の軌道が広がる方向と関連している。つまり，同じ副殻中の軌道は，エネルギーではなく空間的な軌道の配向が異なる。

m_l は0を含む $+l$ から $-l$ までの範囲の値をとり得る。例えば，$l = 2$ のとき，m_l は5つの値（$+2, +1, 0, -1, -2$）をとることが可能である。副殻中の m_l 値の数（$2l+1$ に等しい）は，副殻中の軌道の数を表す。

3つの量子数に許容される値を**表 2.2** にまとめた。この表にある量子数の組み合わせから，以下のことが分かる。

表 2.2　3 つの量子数と軌道のまとめ

主量子数 (n)	方位量子数 (l)	磁気量子数 (m_l)	副殻中の軌道の種類と数
1	0	0	1 s 軌道 (1 個)
2	0	0	2 s 軌道 (1 個)
	1	+1, 0, −1	2 p 軌道 (3 個)
3	0	0	3 s 軌道 (1 個)
	1	+1, 0, −1	3 p 軌道 (3 個)
	2	+2, +1, 0, −1, −2	3 d 軌道 (5 個)
4	0	0	4 s 軌道 (1 個)
	1	+1, 0, −1	4 p 軌道 (3 個)
	2	+2, +1, 0, −1, −2	4 d 軌道 (5 個)
	3	+3, +2, +1, 0, −1, −2, −3	4 f 軌道 (7 個)

- n は副殻の数を表す。
- $2l+1$ は副殻中の軌道の数を表す。またこの値は m_l 値の数と等しい。
- n^2 はその電子殻にある軌道の数を表す。

2.5　原子軌道の形

前節で，軌道の種類やその数について学んだ。次に，軌道の形を理解するために，それぞれの軌道の波動関数を吟味してみよう。波動関数の r のみの関数 $R(r)$ は動径波動関数[*30]，θ と ϕ を変数とする関数 $Y(\theta, \phi) = \Theta(\theta)\cdot\Phi(\phi)$ は角波動関数[*31] と呼ぶ。

*30　$R(r)$ は量子数 n と l により決まる。

*31　$Y(\theta, \phi)$ は量子数 l と m_l により決まる。

2.5.1　s 軌道

1 s 軌道は，量子数 $n = 1$ および $l = 0$ からなる。短い時間間隔で数千枚の 1 s 電子の写真を撮影し，それを合成すると図 2.6 (a) のようになるだろう。この電子の軌道は点描した雲と似ていることから**電子雲** (electron cloud) ともいう。図 2.6 (a) では，点の密度は原子核に近いほど高くなっている。これより，1 s 電子は原子核の近くで最もよく見出されると予想される。点の密度は原子核から遠ざかると減少していくことから，核から遠ざかるにつれて電子を見出す確率も下がる。また，1 s 軌道において電子を見出す確率は，原子核からの距離が同一であればその方向に依存しない。つまり，1 s 軌道の形は球状である。

中心からの距離と電子雲の濃さとの関係を，図 2.6 (b) に示す。これは，1 s 軌道中の電子の波動関数の二乗 ($|\Psi|^2$) と半径 r の球の表面積 ($4\pi r^2$) との積を，原子核からの距離の関数としてプロットしたものである。この図は，原子核から距離 r の薄い球殻中に電子を見出す確率を表しており，**動径分布曲線** (radial distribution plot) (表面密度曲線) という。この図から，1 s 軌道において原子核に電子が存在する確率はゼロであることが分かる。しかし，原子核から遠ざかるとその確率は急激

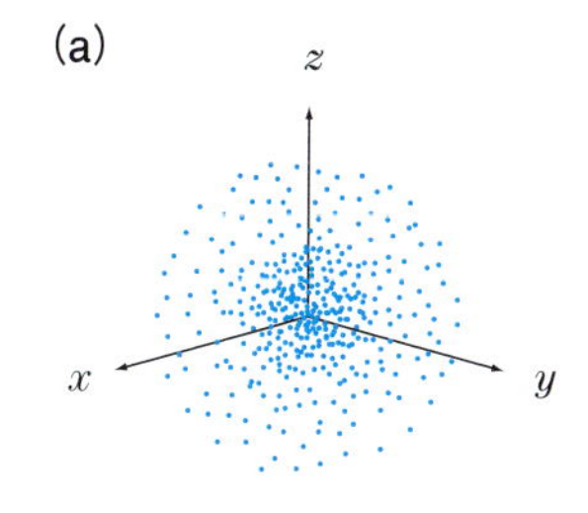

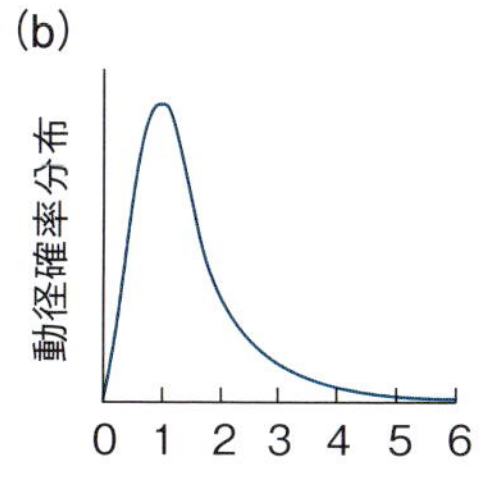

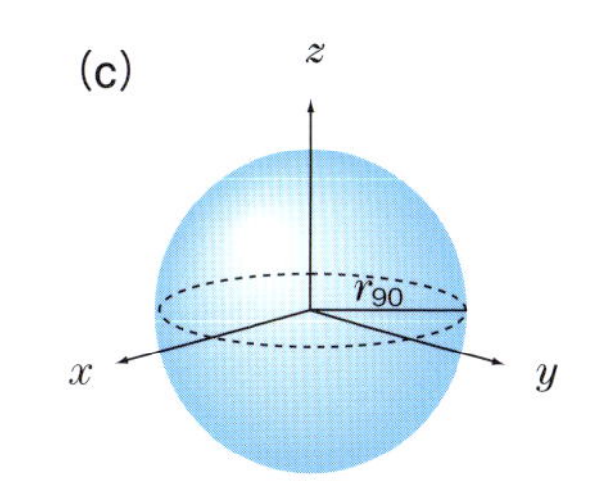

図 2.6　**1 s 軌道図　(a) 電子の点描図，(b) 水素原子の動径分布曲線，(c) 90 % の確率で電子が見出される範囲を示した境界面図**

に上昇し，核に近い距離（水素原子では 52.9 pm）で極大に達する[*32]。さらに距離が離れると，今度は急激に確率が下降していくが，どんなに離れた場所においてもその確率は決してゼロにはならない。したがって，電子が存在しない空間との間に境界線を引くことは原理的にできないため，電子を見出す確率が 90 %となるところで境界を引いて軌道図を描く（図 2.6 (c)）[*33]。

すべての s 軌道（1s, 2s, 3s, …）は球状であるが，その大きさは n とともに増大する（図 2.7）。つまり，2s 軌道は 1s 軌道より大きく，3s 軌道は 2s 軌道よりも大きい。また，2s 軌道は実際には 2 つの球からなっており，それらは**節面**（せつめん）(nodal surface)[*34] によって隔てられている（**球面節**；spherical node）。

＊32　この距離を**ボーア半径**（Bohr radius）という。

＊33　90 %というのは任意であり，他の値とすることもできるが，単に球の大きさが変わるだけである。

＊34　電子の存在確率がゼロとなる面。

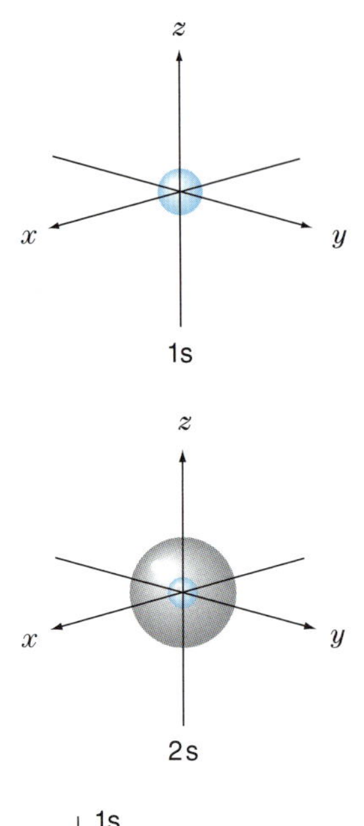

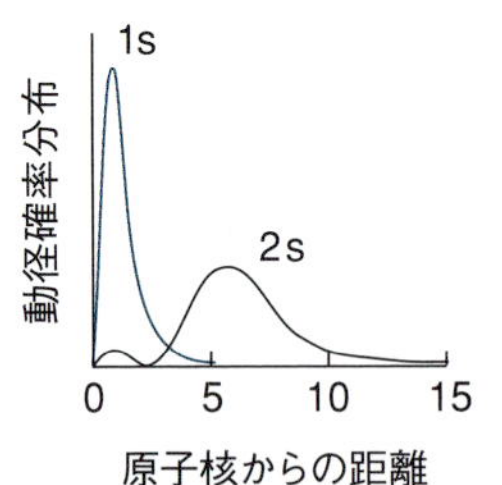

図 2.7　1s および 2s 原子軌道とそれぞれの動径分布曲線

2.5.2　p 軌道

$l = 1$（p 軌道）の原子軌道は，すべて同じ形をしている。s 軌道のときと同様に境界線を描くと，鉄アレイと似た形になる（図 2.8）。それぞれの軌道の中心には節面がある。この節面は，p 軌道の波動関数に基づいて生じるものである。つまり，原子核での波動関数（Ψ）はゼロであり，その前後では符号（位相）が逆転する。

p 副殻中には 3 つの p 軌道があり，原子核を通る**節平面**（nodal plane）をそれぞれ 1 つずつもつ。これら p 軌道は，直交座標上でその軌道が存在する軸に対応させて x, y, z の添字をつける（p_x, p_y, p_z）。

2.5.3　d 軌道

これまで見てきたように，l の値は原子核を通る節面の数と等しい[*35]。$l = 2$ である 5 つの d 軌道は 2 つの節面をもち，電子密度の高い部分は 4 つの領域に分かれる（図 2.9）。例えば，d_{xy} 軌道は xy 平面上にあり，2 つの節面は yz および zx 平面となる。他の 2 つの軌道（d_{yz}, d_{zx}）はそれぞれ yz 平面と zx 平面上にあり，互いに直交した節面を 2 つずつもつ。

残りの 2 つの d 軌道のうちの 1 つ，$d_{x^2-y^2}$ 軌道は節面が x および y 軸の中間にあり，そのため，電子密度の高い領域は x および y 軸に沿った方向にある。d_{z^2} 軌道は，z 軸方向に伸びた 2 つの電子密度の高い領域と，xy 平面上にドーナツ形をした電子密度の高い領域をもつ。この軌道は 2 つの円錐形の節面をもつ。

＊35　s 軌道（$l = 0$）は原子核を通る節面をもたず，p 軌道（$l = 1$）は核を通る節面を 1 つもつ。

2.5.4　f 軌道

$l = 3$ の f 軌道は 7 種類ある。原子核を通る 3 つの節面により，電子密度の高い領域は空間中 8 つに分かれ，その形は非常に複雑である。

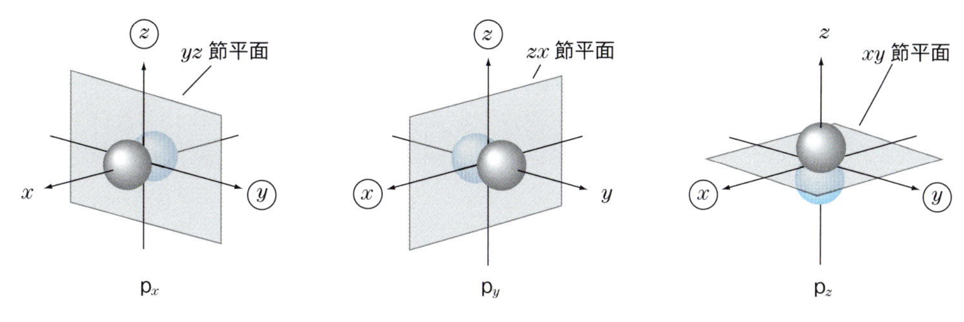

図 2.8　3 つの p 軌道と節面（節平面）

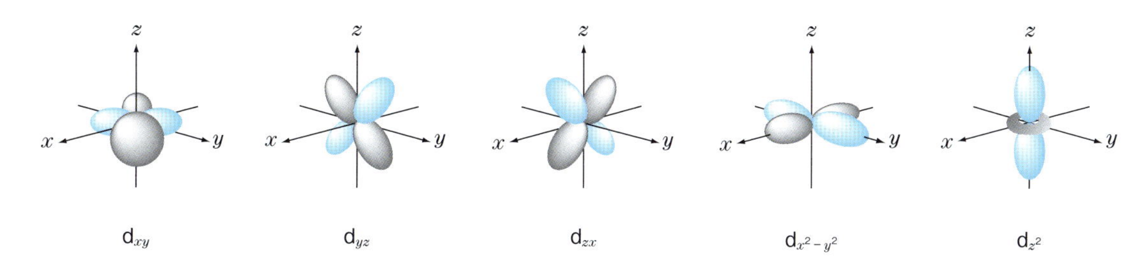

図 2.9　5 つの d 軌道

2.6　多電子原子と電子スピン

2.6.1　多電子原子

量子力学を用いると，水素原子と同じ軌道を用いて，複数の電子をもつ原子（多電子原子）の電子構造を記述することができる。多電子原子の場合には複数の電子が存在するため，軌道のエネルギーが水素原子と比べて大きく変化する。水素原子では，軌道エネルギーは主量子数 n にのみ依存する（図 2.10 (a)）。しかし，多電子原子では電子間の反発により，同一の主量子数でも異なる副殻間でエネルギーに違いが生じる（図 2.10 (b)）。

多電子原子においては，同じ n のとき軌道エネルギーは l の値が増大するにつれて大きくなるということが重要な点である。例えば，図 2.10 (b) を見ると，$n = 3$ をもつ軌道については，3 s ＜ 3 p ＜ 3 d の順にエネルギーが増大する[*36]。また，3 つの 2 p, 3 p 軌道や 5 つの 3 d 軌道のように，同じエネルギーをもつ軌道を“**縮重**（縮退）(degenerate) している”という。

＊36　軌道の厳密なエネルギーやその間隔は原子ごとに異なるため，図 2.10 (b) は定性的なエネルギー準位図であることに注意せよ。

2.6.2　電子スピン

多電子原子において，複数の電子がどの軌道にどのように入るのかを理解するには，電子がもつもう一つの性質を考える必要がある。

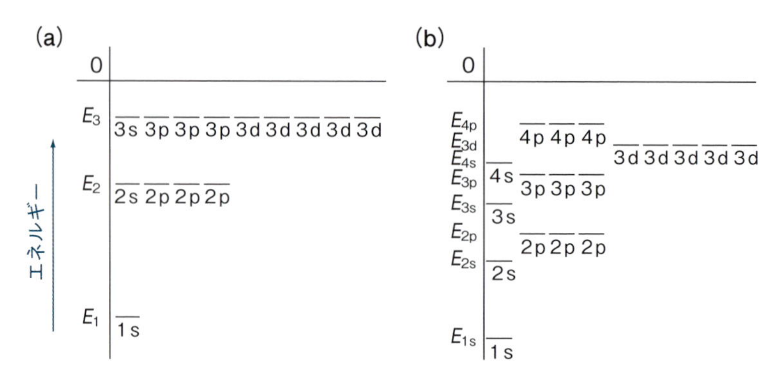

図 2.10　(a) 水素原子の軌道エネルギー準位図，(b) 多電子原子の軌道エネルギー準位図

多電子原子の輝線スペクトルを詳細に観察すると，非常に狭い間隔の二重線から成っている。これは，多電子原子ではより多くのエネルギー準位が存在することを意味する。電子には**電子スピン**（electron spin）という性質があり，それぞれの電子はまるで小さな球が自転しているかのように振る舞うと仮定すると，観察結果をうまく説明できる。これにより，既に学んだ量子数（n, l, m_l）に加えて新たな量子数が定義された。これを**スピン磁気量子数**（spin magnetic quantum number；m_s）という*37。m_s は2つの値（+1/2または−1/2）をとる*38。荷電粒子が回転すると磁場を生じる。それ故，2つの電子がそれぞれ反対方向に回転すると，図 2.11 に示すように互いに逆方向を向いた磁場を生み出す。これらの反対方向の磁場により，輝線が2本に分裂すると解釈される。

*37　下付の s はスピンを意味する。

*38　電子が回転する方向を区別すると考える。表記法として α と β や↑と↓なども用いられる。

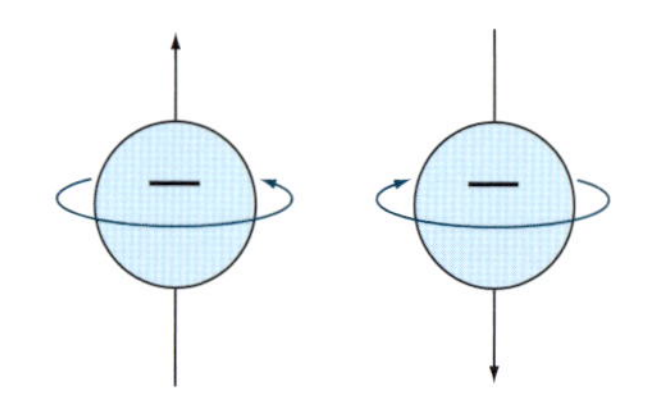

図 2.11　電子スピン
電子の自転の向きにより，二方向（上向きと下向き）に磁場が生じる。

電子スピンは，原子の電子構造を理解するのに非常に重要である。パウリは，多電子原子における電子の配置のしかたを決定する原理を見出した。**パウリの排他原理**（Pauli exclusion principle）によると，4つの量子数（n, l, m_l, m_s）で決まる1つの状態には，ただ1個の電子しか存在で

パウリ　W. Pauli

Column　原子を見る

19世紀初めにドルトンが原子説を唱えてから2世紀あまり，現代の我々は原子を見たり動かしたりすることができるようになった。さらに，数十個の原子や分子からなる極小の機械もつくりつつある。このような研究分野は「ナノテクノロジー」と呼ばれている。

スイスにあるIBMチューリヒ研究所のビーニッヒとローラーは，1986年に「走査型トンネル顕微鏡(STM)」の発明によりノーベル物理学賞を受賞した。

この顕微鏡は，鋭く尖った電極（単一の金属原子からなる探針）を金属表面上で動かすことで生じるトンネル電流を測定するものである。電流が常に一定となるように探針を動かすことにより，探針と対象物表面間の距離を原子レベルまで測定でき，表面の原子像を描きだす。

きない。すなわち，m_s の値は2つのみ（+1/2，−1/2）なので，同じ n，l および m_l をもつ1つの軌道には最大2個の電子しか収容できず，しかもそれらは互いに逆向きのスピンをもたねばならない。この制限により，元素の周期表の構造が理解できるようになる（第3章）。

2.1 以下の陽子および中性子をもつ同位体の元素記号ならびに質量数を示せ。
(a) 陽子数：7，中性子数：8　(b) 陽子数：17，中性子数：20
(c) 陽子数：19，中性子数：20　(d) 陽子数：26，中性子数：30

2.2 ネオンは 616 nm の波長の光を放つ。この光の振動数を求めよ。

2.3 656 nm の波長をもつ光子（赤色光）1個のエネルギーを求めよ。

2.4 すべての元素における原子スペクトルの中で，水素原子のスペクトルが最も単純なのはなぜか説明せよ。

2.5 水素原子において，$n = 4$ から $n = 3$ への遷移により放出される光子の波長を求めよ。

2.6 ド・ブロイの式は，動いているいかなる粒子も固有の波長をもつことを示唆している。150 km h^{-1} の速度で投げられた野球ボール（質量 150 g）の運動量（mv で定義される）および波長をそれぞれ求めよ。

2.7 ボーアモデルにおける軌道の概念と，量子力学モデルにおける軌道の概念の違いを説明せよ。

2.8 ある軌道を特定するのに必要な量子数はいくつあるか。また，その量子数はそれぞれ何というか。

2.9 次の主量子数をもつ原子には，いくつの軌道があるか。
(a) 1　(b) 3　(c) 5

2.10 方位量子数が次の値のとき，副殻を表す記号を示せ。
(a) 1　(b) 2　(c) 3

2.11 次の量子数の組合せに相当する軌道名を示せ。
(a) $n = 2,\ l = 0$　(b) $n = 3,\ l = 1$　(c) $n = 4,\ l = 2$

2.12 以下の量子数の組合せが可能かどうか判定し，正しくない場合にはその理由を説明せよ。
(a) $\{n, l, m_l, m_s\} = \{1, 0, -1, +1/2\}$
(b) $\{n, l, m_l, m_s\} = \{3, 2, -2, +1/2\}$
(c) $\{n, l, m_l, m_s\} = \{2, 1, 0, 0\}$
(d) $\{n, l, m_l, m_s\} = \{3, 3, 0, -1/2\}$

2.13 主量子数を n で表すと，それぞれの軌道には $(n-1)$ 個の節面が存在する。次の軌道にはいくつの節面があるか示せ。
(a) 2 p　(b) 4 s　(c) 3 d

第3章 電子配置と元素の周期性

この章で学ぶこと

この章では，第2章で学んだ量子力学モデルを基盤として，原子の電子配置について学ぶ。続いて，元素の物理的性質をいくつか取り上げ，これらの周期性について，周期表を元に概説する。周期表を縦（同族）または横（同周期）に俯瞰（ふかん）することにより，元素の物理的または化学的性質が原子の電子配置と密接に関連していることを理解する。

3.1 電子配置と周期表

様々な原子軌道へ電子が入る際の入り方を，原子の**電子配置**（electron configuration）という。最も安定な電子配置では，できる限り低いエネルギー状態をとり，これを基底状態という。パウリの排他原理（2.6.2項参照）により，1つの軌道には最大2個までしか電子は収容できないため，順次エネルギーの高い軌道に電子が入っていく。電子配置を表示するため，副殻に上付き数字を付して副殻に収容されている電子数を表す。例えば，リチウム原子の場合には，$1s^2\,2s^1$ と書く。また，これを軌道図を用いて書くこともある。すなわち，各軌道を"──"で，電子を矢印で表す方法である（表3.1）[*1]。上向き矢印は正のスピン磁気量子数（$m_s = +1/2$）を，下向き矢印は負のスピン磁気量子数（$m_s = -1/2$）を表す。これは非常に便利な表記法で，化学では m_s の値よりも「上向きスピン」「下向きスピン」として電子を扱うことが多い。

*1　すべての元素の電子配置は表紙裏の周期表に記載されている。

例えば，ヘリウム中の2個の電子により，第一電子殻（$n = 1$；K殻に相当）は完全に満たされる。これは非常に安定な配置で，ヘリウムが化学的に不活性となる要因である。また，ホウ素（B）の電子配置は $1s^2\,2s^2\,2p^1$ となる。最初の4つの電子で1s軌道と2s軌道は満たされるので，5番目の電子は2p軌道に入る。2p軌道は三重縮重しているので，どの軌道に入ってもよい。

3.1.1 フントの規則

炭素原子の電子構造（$1s^2\,2s^2\,2p^2$）において，6番目の電子は既に電子が1個入っている2p軌道に入るか，それとも磁気量子数 m_l が異なる別の2p軌道のいずれかに入るかの2つの電子配置が考えられる。電子

表 3.1 軽元素（H ～ Ca）の電子配置

元素	電子数	電子配置	軌道図														
			K殻	L殻				M殻									N殻
			$n=1$	$n=2$	$n=2$			$n=3$	$n=3$			$n=3$					$n=4$
			$l=0$	$l=0$	$l=1$			$l=0$	$l=1$			$l=2$					$l=0$
			$m_l=0$	$m_l=0$	$m_l=-1, 0, 1$			$m_l=0$	$m_l=-1, 0, 1$			$m_l=-2, -1, 0, 1, 2$					$m_l=0$
			1s	2s	2p			3s	3p			3d					4s
H	1	$1s^1$	↑	—	—	—	—	—	—	—	—	—	—	—	—	—	—
He	2	$1s^2$	↑↓	—	—	—	—	—	—	—	—	—	—	—	—	—	—
Li	3	[He] $2s^1$	↑↓	↑	—	—	—	—	—	—	—	—	—	—	—	—	—
Be	4	[He] $2s^2$	↑↓	↑↓	—	—	—	—	—	—	—	—	—	—	—	—	—
B	5	[He] $2s^2 2p^1$	↑↓	↑↓	↑	—	—	—	—	—	—	—	—	—	—	—	—
C	6	[He] $2s^2 2p^2$	↑↓	↑↓	↑	↑	—	—	—	—	—	—	—	—	—	—	—
N	7	[He] $2s^2 2p^3$	↑↓	↑↓	↑	↑	↑	—	—	—	—	—	—	—	—	—	—
O	8	[He] $2s^2 2p^4$	↑↓	↑↓	↑↓	↑	↑	—	—	—	—	—	—	—	—	—	—
F	9	[He] $2s^2 2p^5$	↑↓	↑↓	↑↓	↑↓	↑	—	—	—	—	—	—	—	—	—	—
Ne	10	[He] $2s^2 2p^6$	↑↓	↑↓	↑↓	↑↓	↑↓	—	—	—	—	—	—	—	—	—	—
Na	11	[Ne] $3s^1$	↑↓	↑↓	↑↓	↑↓	↑↓	↑	—	—	—	—	—	—	—	—	—
Mg	12	[Ne] $3s^2$	↑↓	↑↓	↑↓	↑↓	↑↓	↑↓	↑	—	—	—	—	—	—	—	—
Al	13	[Ne] $3s^2 3p^1$	↑↓	↑↓	↑↓	↑↓	↑↓	↑↓	↑	—	—	—	—	—	—	—	—
Si	14	[Ne] $3s^2 3p^2$	↑↓	↑↓	↑↓	↑↓	↑↓	↑↓	↑	↑	—	—	—	—	—	—	—
P	15	[Ne] $3s^2 3p^3$	↑↓	↑↓	↑↓	↑↓	↑↓	↑↓	↑	↑	↑	—	—	—	—	—	—
S	16	[Ne] $3s^2 3p^4$	↑↓	↑↓	↑↓	↑↓	↑↓	↑↓	↑↓	↑	↑	—	—	—	—	—	—
Cl	17	[Ne] $3s^2 3p^5$	↑↓	↑↓	↑↓	↑↓	↑↓	↑↓	↑↓	↑↓	↑	—	—	—	—	—	—
Ar	18	[Ne] $3s^2 3p^6$	↑↓	↑↓	↑↓	↑↓	↑↓	↑↓	↑↓	↑↓	↑↓	—	—	—	—	—	—
K	19	[Ar] $4s^1$	↑↓	↑↓	↑↓	↑↓	↑↓	↑↓	↑↓	↑↓	↑↓	—	—	—	—	—	↑
Ca	20	[Ar] $4s^2$	↑↓	↑↓	↑↓	↑↓	↑↓	↑↓	↑↓	↑↓	↑↓	—	—	—	—	—	↑↓

配置は**フントの規則**（Hund's rule）によって決定できる。フントの規則とは，「縮重した軌道において，同じスピンをもつ電子数が最大となるときが最もエネルギーが低くなる」というものである。つまり，同じ副殻に複数の電子が入る場合には，可能な限り別々の軌道に1個ずつ入り，これらの電子はすべて同じスピン磁気量子数をもつ*2。

フントの規則に従うと，炭素原子について最もエネルギーが低いのは，2つの電子が別々の2p軌道に同じスピンをもつ配置となる（表3.1）。したがって，基底状態の炭素原子には2つの不対電子が存在する。同様に窒素原子においては，3つの2p軌道に1個ずつ電子が収容される*3。酸素やフッ素については，2p軌道のいくつかが電子対をつくる。

フントの規則は，電子が互いに反発するという事実に基づいており，電子が異なる軌道を占有することにより，電子間反発を最小にしている。

フント　F. Hund

*2　このような電子を平行スピン配置という。

*3　これは，3つの電子が同じスピンをもつ唯一の入り方である。

3.1.2 構成原理

上述したように，最初の20元素について電子配置を組み上げたが，この方法に従って残りの元素の電子配置も組み上げることができる。この際に用いる原則を**構成原理**（Aufbau principle）という。電子はエネルギーの低い軌道から順に配置されるが，その際パウリの排他原理とフントの規則を組み合わせて配置される。

水素とヘリウム以外の元素の電子配置を表す際，**貴ガス殻**（noble-gas core）*4がよく用いられる。貴ガス殻とは，注目する元素より小さい原子番号のうち，最も近い貴ガス元素の電子配置を，その元素記号を括弧に入れて表記するものである。例えば，ナトリウムの電子配置は，

$$\mathrm{Na:[Ne]\,3s^1 \quad ([Ne] = 1s^2\,2s^2\,2p^6)}$$

と書くことができる。貴ガス殻の後に記述する電子を外殻電子という。外殻電子は化学結合に用いられる電子を含むことから**価電子**（valence electron）と呼ばれる。軽元素（原子番号30以下）においては，外殻電子のすべてが価電子となる*5。

リチウムとナトリウムの電子配置を比較することにより，これら2つの元素が化学的に似ている理由を理解できる。すなわち，両元素は最外殻の電子配置が同じであり，s軌道中に価電子を1個もつ。

周期表（periodic table）において，ナトリウムから始まる第3周期の最後は貴ガスのアルゴン（Ar）であり，その電子配置は $1s^2\,2s^2\,2p^6\,3s^2\,3p^6$ である。アルゴンに続く元素は原子番号19のカリウム（K）である。リチウムやナトリウムとの化学的性質の類似性から，カリウムの最外殻電子はs軌道にあることは疑いようがない。つまり，最も高いエネルギーをもつ電子は3d軌道ではなく4s軌道に入る*6。したがって，カリウムの電子配置は，

$$\mathrm{K:[Ar]\,4s^1}$$

となる。

3.1.3 遷移元素

4s軌道が満たされた後，次に電子が入るのは3d軌道となる。スカンジウム（Sc）から亜鉛（Zn）まで，5つの3d軌道が完全に満たされるまで電子が入る。そのため，第4周期は上2つの周期より10元素ぶん広がっている。これらの10元素は**遷移元素**（transition element）（または**遷移金属**（transition metal））と呼ばれる*7,8。電子は基本的にフントの規則に従って入っていくが，例外的な電子配置を示すものもある。例えば，クロム（Cr）の電子配置は予想では [Ar] $3d^4\,4s^2$ となるが，実際は [Ar] $3d^5\,4s^1$ である。同様に，銅（Cu）の電子配置は [Ar] $3d^9\,4s^2$ で

*4　以前は「希ガス」と表記されていた。

*5　一般に典型元素（3.1.4項参照）においては，完全に満たされたdまたはf副殻は価電子として考慮しない。また，遷移元素（3.1.3項参照）においては，完全に満たされたf副殻は価電子として考慮しない。

*6　この理由は，遮蔽により説明される（3.2節参照）。

*7　遷移元素とは，中性の原子あるいはイオンにおいて不完全なd副殻をもつ元素と定義されているため，正確には12族元素は遷移元素ではない。しかし，他の遷移元素と同様な性質を示すことが多いため，本書では12族を遷移元素に含める。

*8　遷移金属がイオン化する（電子を失う）際，その順序は電子が入る順序とは異なる。例えば，バナジウム（V）の基底状態の電子配置は V：[Ar] $3d^3\,4s^2$ であるが，V^{2+} イオンの電子配置は V^{2+}：[Ar] $3d^3\,4s^0$ となる。つまり，3d電子よりも先に4s電子を失うことに注意せよ。

はなく，[Ar] $3d^{10}$ $4s^1$ である。これらの例外は，主に 3 d と 4 s 軌道エネルギーが近接していることに起因する。特に，d 軌道の半分が充填された配置（クロムの場合）や，完全に d 軌道が充填された配置（銅の場合）をとることが多い。高周期遷移金属や f-ブロック金属（3.1.4 項参照）においても，このような例外が見られる。

すべての 3 d 軌道が 2 電子ずつ満たされると，それに続く電子は貴ガスのクリプトン（Kr）に達するまで，4 p 軌道に入る。このように，多電子原子において原子の副殻に電子が収容される順序を図 3.1 に示す[*9]。

第 6 周期の電子配置も第 5 周期までと同様に始まる。セシウム（Cs）および次のバリウム（Ba）の 6 s 軌道に電子が順に入る。ところが周期表はここで途切れ，続く元素（57 から 71）は表の下部に独立に配置され，4 f 軌道へ電子が入っていく。4 f 軌道は七重縮重しており[*10]，4 f 軌道を完全に満たすのに 14 個の電子が必要となる。4 f 軌道に関わる元素群を**ランタノイド元素**（lanthanoid element）という[*11, 12]。これらの元素は，周期表が広がり過ぎないように他の元素群の下に置かれる。4 f 軌道と 5 d 軌道のエネルギーは非常に近接しているため，ランタノイドの中には，その電子配置に 5 d 電子を含むものもある。例えば，ランタン（La）およびセリウム（Ce）は以下に示す電子配置をとる。

La：[Xe] $5d^1$ $6s^2$

Ce：[Xe] $4f^1$ $5d^1$ $6s^2$

ランタノイド系列の後，第 6 周期の遷移元素は 5 d 軌道を満たすことにより終了し，続いて 6 p 軌道に電子が収容され，貴ガス元素であるラドン（Rn）で第 6 周期が終了する。

周期表の最終周期は，7 s 軌道に電子が入ることで始まる。**アクチノイド元素**[*12]（actinoid element）においては，ウラン（U，92 番）とプルトニウム（Pu，94 番）が最もよく知られている。これらの元素群では 5 f 軌道に電子が収容される。アクチノイド元素は放射性であり，そのほとんどは自然界に存在しない。

*9　軌道エネルギーの相関図は，第 2 章の図 2.10 (b) を参照せよ。

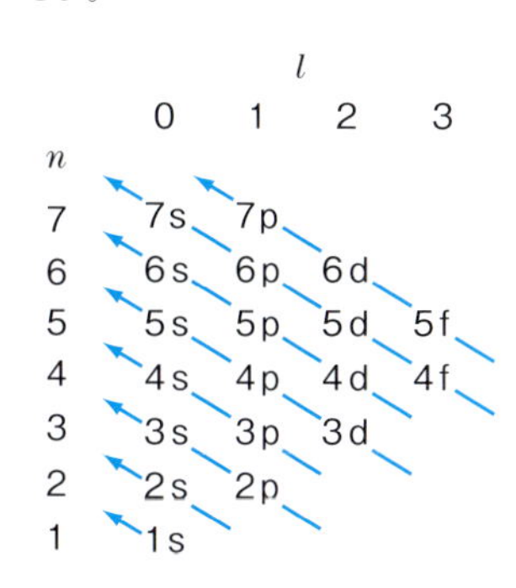

図 3.1　多電子原子において副殻が電子で満たされる順序

*10　これは 7 つの m_l 値（−3 〜 3）に相当する。

*11　ランタノイド元素の性質はすべて非常に似ているため，長い間これらの元素を分離することは不可能であった。

*12　以前は，ランタノイドやアクチノイドは，それぞれランタニド，アクチニドと呼ばれたが，語尾が…イドとなる語は陰イオンをさすので，ランタノイド，アクチノイドの方がよい。

3.1.4　周期表の構造

これまで見てきたように，元素の電子配置は周期表の位置と関連している。つまり，周期表では価電子配置が同じ元素が同じ族に並ぶ構造になっている。また，第 2 章で学んだように，それぞれの主量子数 n をもつ電子殻中の軌道の総数は n^2 と等しい。各軌道には 2 個ずつ電子が収容可能なので，各電子殻には $2n^2$ 個の電子が収容できる（2, 8, 18, 32, …）。

このように，周期表中の位置に基づいて，元素の電子配置を簡便に記

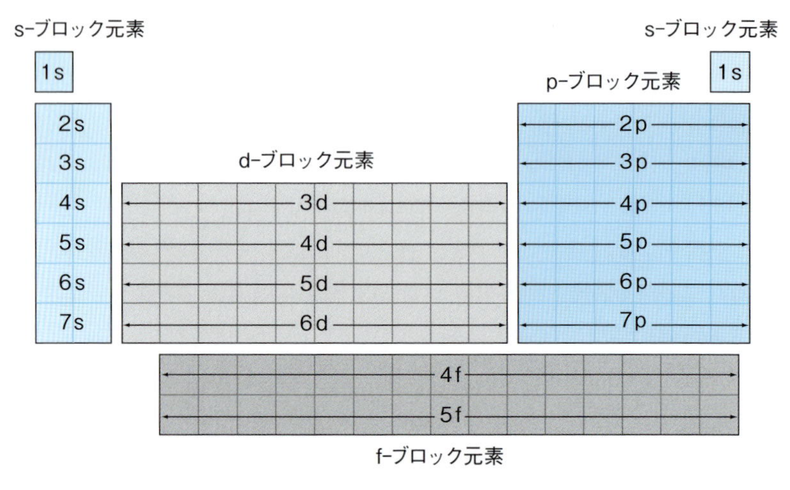

図 3.2　周期表における元素の分類　価電子が収容される副殻に基づいて分類される。

述することができる。その分類を図 3.2 に示す。図の左端 2 つの族にある元素は，アルカリ金属（1 族）およびアルカリ土類金属（2 族）と呼ばれ，s 軌道に価電子が収容される（**s-ブロック元素**；s-block element）[*13]。一方，右側の 6 つの族（13 ～ 18 族）にある元素は p 軌道に価電子が収容される（**p-ブロック元素**；p-block element）。周期表中のこれら s-ブロックおよび p-ブロック元素を**典型元素**（typical element）（または主要族元素 main group element）という[*14]。

図 3.2 の中央には，遷移元素からなる 10 の族がある（3 ～ 12 族）。これらは d 軌道に価電子が収容される元素群であり，**d-ブロック元素**（d-block element）という。さらに，周期表の主要部分の下側に，15 の元素を含む 2 つの周期がある。これらの元素は f 軌道に価電子が収容されるため，**f-ブロック元素**（f-block element）といわれる。

*13　水素はアルカリ金属に含めない。また，ベリリウムとマグネシウムは非金属的な性質も示すので，アルカリ土類金属に含めないことが多い（9.4 節参照）。

*14　現在の定義では，水素を除く 1 族，2 族，および 13 族から 18 族までの元素が主要族元素，18 族を除く，各主要族元素の 1 番目と 2 番目の元素が典型元素となる。本書では，従来の定義に従って分類した。

3.2　遮蔽と有効核電荷

3.2.1　遮蔽効果

第 2 章で，多電子原子の 2 p 軌道は 2 s 軌道より高エネルギー準位にあることを説明した（図 2.10 (b)）。これは主に，電子間の反発に起因する。2 s および 2 p 軌道は 1 s 軌道より大きく，原子核からより遠くにある。つまり，外殻電子は内殻電子により原子核からの引力が小さくなる。これを**遮蔽**（screening, shielding）という。この遮蔽効果により，原子核（陽子）と外殻電子との間の静電的引力（クーロン引力）が減少する。

次に，2 s 軌道と 2 p 軌道では，どちらが原子核の近くに存在するのだろう。2 s 軌道は，2 p 軌道よりも内側に入り込んでいる（**貫入**（penetration）という）。一般に，同じ主量子数 n では，方位量子数 l が小さいほど，その原子軌道はより貫入しやすい。電子の安定性は原子核と電子との引力の強さによって決まることから，副殻の安定性は s ＞ p ＞ d ＞ f ＞ … の順となる。したがって，2 s 電子のエネルギーは 2 p 電子より低くなる＊15。

＊15　水素原子の場合は電子が 1 個なので遮蔽効果は生じない。よって，副殻が異なっても主量子数が同じであればエネルギーは同一となる（図 2.10（a））。

3.2.2　有効核電荷

多電子原子中のどの電子も，原子核の正電荷（引力）および他の電子の負電荷（斥力）の両方の影響を受ける。リチウム原子を例に考えてみよう。上述したように，2 s 軌道の大部分は 1 s 軌道の外側にある（図 3.3）。それ故，2 s 軌道の電子は 1 s 電子 2 個の電荷（−2）により，原子核の ＋3 電荷から部分的に遮蔽され，2 s 電子が受ける正味の電荷は減少する。

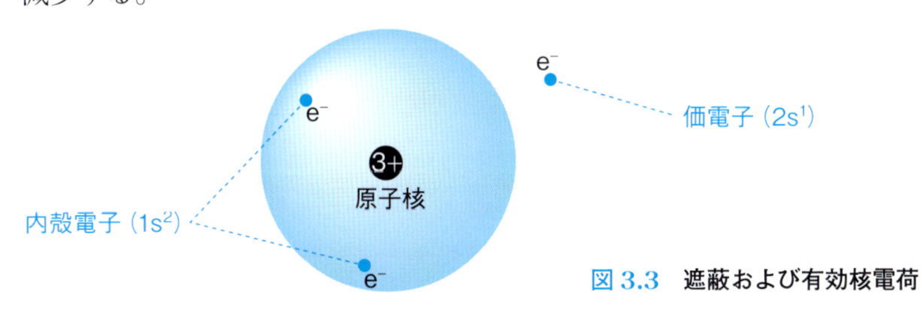

図 3.3　遮蔽および有効核電荷

このように，電子が受ける正味の電荷を**有効核電荷**（effective nuclear charge）として定義する。ある原子中の特定の電子が受ける有効核電荷は，式 3.1 のように表される。

$$Z_{\mathrm{eff}} = Z - \sigma \tag{3.1}$$

ここで，Z_{eff} は有効核電荷，Z は実際の核電荷（＝原子番号），そして σ は遮蔽定数と呼ばれ，他の電子により遮蔽された電荷である＊16。リチウムにおいては，2 個の 1 s 電子が核電荷から効果的に価電子を遮蔽している（σ は 2 に近い）。その結果，リチウムの価電子の有効核電荷は＋1 よりわずかに大きいだけとなる（$Z_{\mathrm{eff}} = 1.28$）。このように，内殻電子は外殻電子を核電荷から効果的に遮蔽するが，外殻電子どうしは核電荷からの遮蔽をほとんど無視できる。よって，ベリリウムの外殻電子の有効核電荷は，リチウムのそれより大きくなる。結果として，ベリリウムの最外殻電子はリチウムのそれよりしっかりと保持される。このように，第 2 周期の元素を左から右に進むと，内殻（1 s）電子数は不変であるが，核電荷は増加する。加わる電子は外殻電子（価電子）となるが，外殻電子の遮蔽効果は小さいため，原子番号が増加するにつれ有効核電荷は大きくなる。

一般に，すべての電子殻において，方位量子数 l が小さいほど有効核

＊16　σ のとりうる値は，$0 < \sigma < Z$ である。σ の概算値は，以下のスレーターの規則を用いて見積ることができる。
(1) 軌道をグループに分ける：
[1s]，[2s, 2p]，[3s, 3p]，[3d]，[4s, 4p]，[4d]，[4f]，…。
注目する電子が属するグループより右側（外側）にある電子は遮蔽に寄与しない。
(2) [ns, np] の電子に対する遮蔽定数
・同じグループの電子：0.35
　（ただし，1 s は 0.30）
・$n-1$ のグループの電子：0.85
・$n-2$ 以下のグループの電子：1.00
(3) [nd]，[nf] の電子に対する遮蔽定数
・同じグループの電子：0.35
・左側（内側）すべてのグループの電子：1.00
よって，リチウムの 2 s 電子が受ける有効核電荷は
$$3 - (0.85 \times 2) = 1.30$$
となり，より厳密な計算で得られた値（1.28）とほぼ一致する。

電荷が大きくなり，エネルギー準位が低くなる。遮蔽および有効核電荷の考え方により，様々な化学現象を説明することができる[*17]。

*17　例えば，ランタノイド元素の原子半径は，原子番号の増加に従い徐々に減少する。また，一般的な酸化数は＋Ⅲ価である（12.4.1 項参照）。

3.3　物理的性質の周期性

3.3.1　原子半径

第 2 章で，原子軌道は定まった境界線をもたないことを述べた。それでは，原子の大きさはどのように定義するのだろう。ここで，原子半径を定義するための方法をいくつか示す。一つの方法としては，接している分子または原子中の直接結合していない原子間の距離である。この方法で決定される原子半径は**ファンデルワールス半径**（van der Waals radius）と呼ばれる。ファンデルワールス半径は，ある原子が別の原子と結合しないときの原子半径を表している。

もう一つの方法は，**共有結合半径**（covalent radius）（または結合原子半径）と呼ばれ，次のように定義する。

（1）非金属：結合した 2 つの原子間距離の半分

（2）金属：金属結晶中の互いに隣接した 2 つの原子間距離の半分

例えば，ヨウ素（I_2）の I 原子間距離は 266 pm なので，I の共有結合半径は 266 pm の半分である 133 pm となる（図 3.4）。このようにして，各元素の原子半径が定義される[*18]。共有結合半径はファンデルワールス半径よりも常に小さくなる。

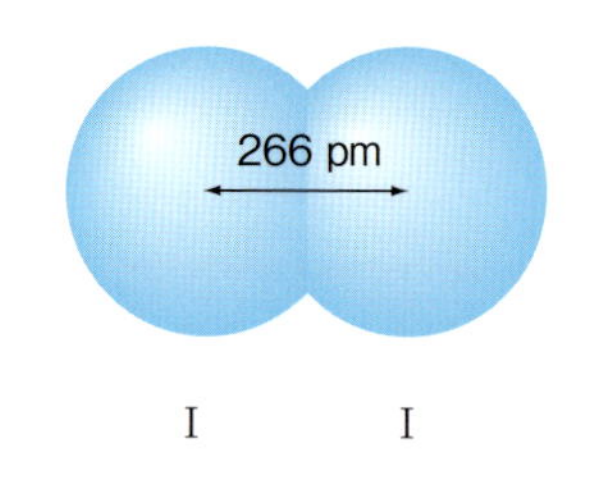

図 3.4　ヨウ素の共有結合半径

*18　貴ガスは単原子分子として存在するため，18 族元素についての正確なデータはない。

図 3.5 に，第 1 ～第 4 周期元素の原子番号と原子半径（共有結合半径）の関係を示す。原子半径は，同周期の元素ではそれぞれのアルカリ金属にピークがある。典型元素の原子半径についての周期性は以下の通りである。

（1）同族元素について，周期表の下に進むほど（高周期になるほど）原子半径は増大する。

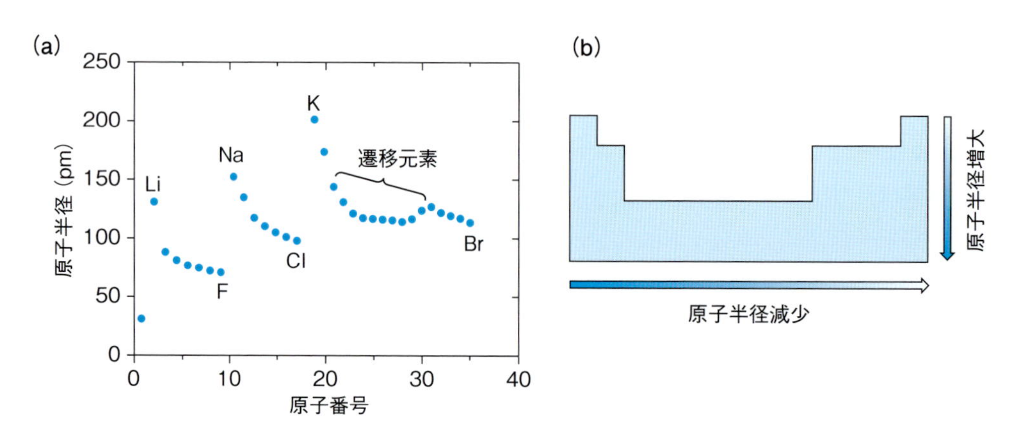

図 3.5　(a) 原子半径と原子番号との関係，(b) 周期表中の原子半径変化の傾向

(2) 同周期元素について，右に進むほど原子半径は減少する。

同族元素で見られる傾向は，原子軌道の大きさを反映している。原子半径は主に原子核から最も遠い電子（価電子）により決まる。高周期元素ほど，価電子が入る軌道の主量子数 n が増大する。結果的に，価電子はより大きい軌道を占有するため，より大きな原子となる。一方，同一周期にみられる原子半径の傾向は少し複雑である。前項で述べたように，原子の外殻電子の有効核電荷は，周期表を右に進むにつれてより大きくなっていく。そのため，連続的に原子半径は小さくなっていく。同じ傾向がすべての典型元素において見られる。一方，遷移元素の場合には，有効核電荷がほぼ一定となるため，原子半径の変化は典型元素と比較してそれほど大きくない。

3.3.2 イオン半径

原子が陽イオンや陰イオンになると，その半径はどうなるのだろう。原子半径に周期性があるように，イオン半径にも周期性が見られる。例として，Na 原子と Na^+ との相違について考えてみよう。これらの電子配置は次の通りである。

$$\mathrm{Na:[Ne]\,3s^1}$$
$$\mathrm{Na^+:[Ne]}$$

ナトリウム原子は，ネオン貴ガス殻およびその外殻に 3 s 電子を 1 個もつ。3 s 電子は外殻電子であり，さらに内殻電子により核電荷から遮蔽されるため，ナトリウム原子の大きさに大きく寄与する。一方，ナトリウムイオンは外殻の 3 s 電子を失い，ネオンの貴ガス殻のみとなる。ナトリウムイオンの方が原子価殻の主量子数が小さく，かつ有効核電荷が大きくなる。その結果，ナトリウムイオンはナトリウム原子よりもはるかに小さくなる（表 3.2）。この傾向は，すべての陽イオンについて当てはまり，陽イオンは対応する原子よりもはるかに小さい。

次に，陰イオンについて考えてみる。例として，F と F^- の違いを見

表 3.2　原子ならびにそれらの陽イオン，陰イオン半径（pm）†

	1	2	13	16	17
2	Li：132 Li^+：90	Be：89 Be^{2+}：59	B：82 B^{3+}：25	O：73 O^{2-}：126	F：72 F^-：119
3	Na：154 Na^+：116	Mg：136 Mg^{2+}：86	Al：118 Al^{3+}：68	S：102 S^{2-}：170	Cl：99 Cl^-：167
4	K：203 K^+：152	Ca：174 Ca^{2+}：114	Ga：126 Ga^{3+}：76	Se：117 Se^{2-}：184	Br：114 Br^-：182
5	Rb：216 Rb^+：166	Sr：191 Sr^{2+}：132	In：144 In^{3+}：94	Te：136 Te^{2-}：207	I：133 I^-：206

† B^{3+}のみ 4 配位。その他のイオンは 6 配位。

てみよう。これらの電子配置は次の通りである。

$$\mathrm{F}:[\mathrm{He}]\,2\mathrm{s}^2\,2\mathrm{p}^5$$

$$\mathrm{F}^-:[\mathrm{He}]\,2\mathrm{s}^2\,2\mathrm{p}^6=[\mathrm{Ne}]$$

フッ化物イオンは外殻電子にもう 1 電子加わっているが，核電荷を増大させる陽子数は変わっていない。よって，有効核電荷が減少することに加え，過剰の電子により外殻電子間の反発が増大し，結果的にフッ化物イオンはフッ素原子より大きくなる。この傾向は，すべての陰イオンについて当てはまり，陰イオンは対応する原子よりもはるかに大きい（表 3.2）。また，等電子イオン*19 を比較すると，陽イオンは陰イオンより小さくなることが分かる。上で述べた等電子イオン（Na^+ と F^-）では，Na^+ の方が小さい。両イオンとも電子数は同一だが，陽子数が異なる（Na = 11，F = 9）。Na^+ の有効核電荷の方が大きいため，イオン半径は小さくなる。

*19　同じ電子数をもつイオンのこと。

3.4　イオン化エネルギー

原子またはイオンの**イオン化エネルギー**（ionization energy；I）とは，気体状態において原子またはイオンから電子を 1 個取り除くのに必要なエネルギーである。電子を取り除くには，必ずエネルギーが必要なので，イオン化エネルギーは常に正の値をとる。1 つ目の電子を取り除くのに必要なエネルギーを第一イオン化エネルギー（I_1）という。例えば，ナトリウムの第一イオン化エネルギーは式 3.2 で表される。

$$\mathrm{Na(g)} \longrightarrow \mathrm{Na^+(g)} + \mathrm{e^-} \qquad I_1 = 496\ \mathrm{kJ\ mol^{-1}} \qquad (3.2)$$ *20

2 つ目の電子を除くのに要するエネルギーを第二イオン化エネルギー（I_2）という。ナトリウムの第二イオン化エネルギーは式 3.3 のように表される*21。

$$\mathrm{Na^+(g)} \longrightarrow \mathrm{Na^{2+}(g)} + \mathrm{e^-} \qquad I_2 = 4562\ \mathrm{kJ\ mol^{-1}} \qquad (3.3)$$

*20　化学種の後にある文字 g は気体であることを表す。

*21　第二イオン化エネルギーとは，2 個の電子を同時に取り除くのに必要なエネルギーではないことに注意せよ。

3.4.1　第一イオン化エネルギーの周期性

カルシウムまでの元素の第一イオン化エネルギーを図 3.6 に示す。イオン化エネルギーの周期性は，各周期とも貴ガスでピークを迎える。これまでに学んだ電子配置および有効核電荷に基づくと，この傾向はどのように説明できるだろうか。主量子数（n）は，高周期ほど増大する。高周期になるにつれ，外殻電子は原子核の正電荷から離れるため，内殻電子ほどしっかりとは保持されない。その結果，高周期となるに従ってイオン化エネルギーは低くなる。

次に，同一周期の元素におけるイオン化エネルギーの傾向を考えてみる。例えば，第 2 周期の両端にある 2 つの元素，リチウムとフッ素からそ

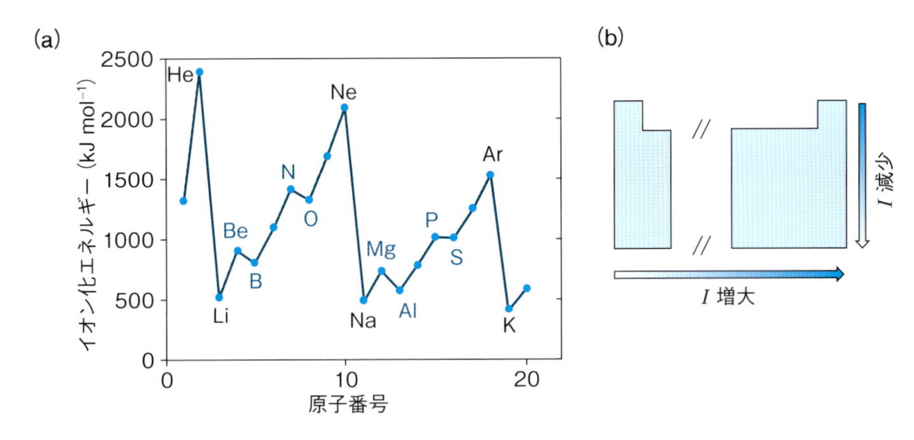

図 3.6　**(a) 第一イオン化エネルギーと原子番号との関係，(b) 周期表中のイオン化エネルギー変化の傾向**

れぞれ電子 1 個を取り除くのにどちらがエネルギーを要するだろうか*22。フッ素中の外殻電子は，リチウムより有効核電荷の影響を大きく受ける*23。結果的に，フッ素の方がリチウムよりイオン化エネルギーが高くなる。同様の傾向が他の典型元素にも当てはまる。つまり，同一周期では右側へ進むにつれて，大まかにイオン化エネルギーは増大する。

第二イオン化エネルギー (I_2) や，それ以降の高次イオン化エネルギー ($I_3, I_4, \cdots$) については注意が必要である*24。すなわち，外殻電子を取り除くのと内殻電子を取り除くのとでは，要するエネルギーが大きく異なるため，取り除く電子の電子配置に気をつけねばならない。このことは，次項とも関連している。

*22　Li の外殻電子配置は $2s^1$，F は $2s^2\,2p^5$ である。

*23　Li および F の遮蔽定数は，それぞれ 1.72，3.90 である。

*24　例えば，Na の I_2 (4562 kJ mol^{-1}) は I_1 (496 kJ mol^{-1}) に比べてはるかに大きな値であるが，Mg の I_1 と I_2 は 2 倍程度の差しかない ($I_1 = 738$，$I_2 = 1451$ kJ mol^{-1})。それ故，Na^{2+} は存在できないのに対して Mg^{2+} は安定に存在できる。

3.4.2　第一イオン化エネルギーにおける周期性への電子配置の影響

図 3.6 を注意深く観察すると，第一イオン化エネルギーにおける周期性に例外があることに気づく。例えば，ホウ素はベリリウムの右隣にあるにもかかわらず，ベリリウムよりイオン化エネルギーが低い*25。このような例外は，s-ブロックから p-ブロックへと変わる際に見られる。2 s 軌道は 2 p 軌道よりも原子核に近い領域に貫入している*26。その結果，2 s 軌道の電子は，2 p 軌道の電子を核電荷から遮蔽するため，2 p 軌道の電子は取り除きやすくなる。第 3 周期のマグネシウムとアルミニウムの関係も同様である*27。

もう一つの例外が窒素と酸素の間で見られる。酸素は窒素の右隣にあるが，イオン化エネルギーは低い*28。この例外は，電子が同じ軌道を占有しなければならないときに，これらの電子間の反発によって生じるものである。

*25　Be：879 kJ mol^{-1}
B：801 kJ mol^{-1}

*26　高周期元素ほど貫入が起こりやすい。これを不活性電子対効果という（10.1.1 項参照）。

*27　Mg：738 kJ mol^{-1}
Al：578 kJ mol^{-1}

*28　N：1402 kJ mol^{-1}，
O：1314 kJ mol^{-1}

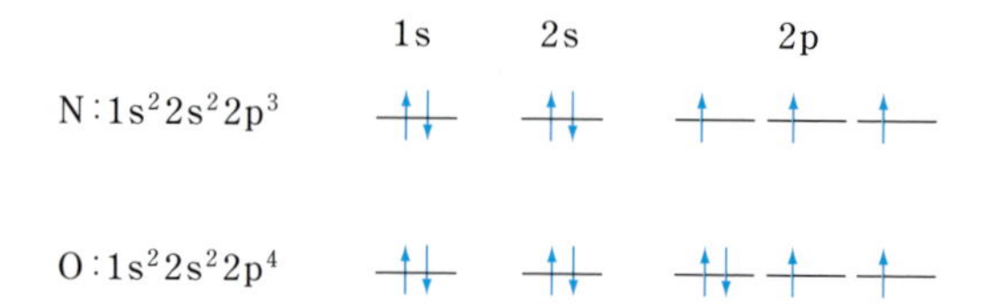

窒素は３つのp軌道に３個の電子を有するが，酸素は４電子となる。窒素においては，２p軌道はちょうど半分だけ満たされた配置（半占軌道という）となり，これは安定な状態である。それに対して，酸素２p軌道の４番目の電子は別の電子と対をつくらねばならず，結果的に静電反発により電子を取り除きやすくなる。第３周期のリンと硫黄の関係も同様である*29。

*29　P：1012 kJ mol^{-1}
S：1000 kJ mol^{-1}

3.5　電子親和力および金属性

周期性を示す他の性質として，**電子親和力**（electron affinity；E_{ea}）と金属性がある。電子親和力は，電子１個の付加しやすさを示す指標である。化学結合は，電子の移動や共有と深く関わるため，電子親和力は化学結合を考えるうえで非常に重要である。同様に金属性についても，周期表中において金属が占める割合が高いため重要である*30。この２つの性質の周期性についてそれぞれ見ていこう。

*30　全元素中，約８割が金属元素である。

3.5.1　電子親和力

原子またはイオンの電子親和力は，気体状態の原子またはイオンが電子１個を得るときに生じるエネルギー変化の符号を逆にしたものとして定義される。電子親和力はたいてい正の値を示す。なぜなら，原子やイオンが電子を得ると，原子核との間に働くクーロン引力により，エネルギーが放出されるからである。例えば，塩素の電子親和力は次の式で表される。

$$\mathrm{Cl(g)} + \mathrm{e^-} \longrightarrow \mathrm{Cl^-(g)} \qquad \Delta E = -349\ \mathrm{kJ\ mol^{-1}}$$
$$E_{ea} = -\Delta E = 349\ \mathrm{kJ\ mol^{-1}} \qquad (3.4)$$

典型元素の電子親和力を図 3.7 に示す。図から分かるように，電子親和力の傾向はこれまでに見てきた他の性質における傾向ほど規則的ではない。例えば，高周期元素ほど，電子親和力はより小さい値になると予想される。なぜなら，電子はより大きい主量子数 $\boldsymbol{n}$ をもつ軌道に入ることで，原子核からの距離が離れていくためである。この傾向は，１族元素には当てはまるが，他の族には当てはまらない。

ところが，同一周期を右に進むと，より規則的な傾向が見て取れる。これまで学んだ周期性に基づき，電子がナトリウムか塩素に取り込まれ

1	2	13	14	15	16	17	18
H 73							He <0
Li 60	Be <0	B 27	C 122	N −7	O 141	F 328	Ne <0
Na 53	Mg <0	Al 43	Si 134	P 72	S 200	Cl 349	Ar <0
K 48	Ca <0	Ga 29	Ge 116	As 78	Se 195	Br 325	Kr <0
Rb 47	Sr <0	In 29	Sn 116	Sb 103	Te 190	I 295	Xe <0

図 3.7　典型元素の電子親和力 (kJ mol^{-1})

るとき，どちらがよりエネルギーを放出すると考えられるだろう。ナトリウムの外殻電子配置は $3s^1$，塩素のそれは $3s^2\ 3p^5$ である。塩素に電子を 1 個与えると貴ガス配置になるが，ナトリウムはそうはならない。また，塩素中の最外殻電子はナトリウムより有効核電荷の影響を受ける。これらのことから，塩素の方がより大きな電子親和力をもつこととなる。典型元素において，電子親和力は同一周期を右に進むにつれて，より大きな値（より発熱）となる。それ故，ハロゲン（17 族）は最も大きな電子親和力をもつ。しかし，窒素およびその同族元素（15 族）はこの傾向に従わない[*31]。電子が 1 個加わると，半占された p 軌道にもう 1 個の電子が入って対をつくらざるを得ない。その結果，同じ軌道中の電子間反発により，1 つ前の元素に比べて電子親和力が非常に小さくなる。

*31　これらの元素の最外殻電子配置は ns^2np^3 である。

3.5.2　金 属 性

金属は熱や電気をよく通す。また，金属は展性や延性を示し，化学反応で電子を失う傾向が強い[*32]。反対に，非金属は多様な物理的性質を示す。室温で固体として存在する元素もあれば，気体となる元素もある。また，熱や電気の不導体であることが多く，化学反応では電子を得る傾向が強い。周期表の同一周期を右に進むと，イオン化エネルギーが増大し，電子親和力も大きくなる。このことは，周期表の左側にある元素は，右側にある元素より電子を失いやすいことを意味している。結果的に，周期表の右側に進むにつれ元素の金属性は減少する。

*32　それ故，金属元素は電気的に陽性となりやすい。

一方，同じ族を下に進むと，イオン化エネルギーは減少することから，化学反応において電子を失いやすくなる。結果的に，周期表を下に進むにつれ金属性は増大する。

これらの傾向により，周期表中の金属および非金属の位置が説明できる。金属は周期表の左側および中央部分に見られ，非金属は右上に見られる。金属から非金属（またはその逆）への化学的な振る舞いは，第 3 周期（Na ～ Cl）または 15 族元素（N ～ Bi）において最も著しく変化する。

Column　元素の名前：ニッポン？　ニホン？

メンデレーエフが周期表をつくった1869年当時，知られていた元素は全部で63個であった。それ以降，次々と新たな元素が発見され，現時点（2024年）で固有の名前をもつ元素数は118にのぼる。新たに発見された元素名はIUPAC（国際純正・応用化学連合）で決定される。元素名は神話や天体，鉱物，場所，元素の性質や科学者名等から命名される。

2016年，ついに元素名に「日本」の名前が正式に登録された。それが原子番号113番の「ニホニウム（Nh）」である。この元素は2004年に日本の研究チームが発見し，2012年に合成が確認された。しかし，これは日本に由来する初めての元素名ではない。第二次大戦前，「ニッポニウム（Np）」という元素名が43番元素として周期表に掲載されていたことがある。イギリス・ロンドンに留学していた日本人，小川正孝（のちに東北大学総長）が発見したものである。その後，43番元素はテクネチウムであることが判明したため，ニッポニウムは幻の元素となった（後年の研究により，ニッポニウムは75番のレニウムと同一元素であることが確認された）。原子番号93番以降はすべて人工的につくられており，発見者の出身地にちなんだ名前が付けられる場合も多いことを考慮すると，日本に関係する名前が再び登録される日がくるかもしれない。

演習問題

3.1　以下の原子の電子配置を書け。

(a) Ca ($Z = 20$)　　(b) Co ($Z = 27$)

3.2　ネオンと同じ電子配置となるイオンを，以下からすべて選べ。

Na^+，K^+，Mg^{2+}，Ca^{2+}，O^{2-}，F^-，Cl^-，Br^-

3.3　以下のイオンの電子配置を書け。

(a) Mn^{3+}，Mn^{4+}　　(b) Fe^{2+}，Fe^{3+}

3.4　以下の元素を，s-ブロック元素，p-ブロック元素，d-ブロック元素，f-ブロック元素に分類せよ。

(a) Nd ($Z = 60$)　(b) P ($Z = 15$)　(c) Au ($Z = 79$)　(d) Ba ($Z = 56$)

3.5　以下の化学種を半径が大きい順に並べ，その理由を説明せよ。

(a) O，P，S　　(b) Na，Na^+，K

3.6　以下の元素を第一イオン化エネルギーの増加する順に並べ，その理由を説明せよ。

(a) Ar，Mg，P　　(b) Ca，Cs，Ne

3.7　3つの貴ガス（He，Ne，Ar）において，原子番号が増加するに従ってイオン化エネルギーが減少する理由を説明せよ。

3.8　以下の説明に当てはまる元素をそれぞれ選択せよ（1つだけとは限らない）。

＜ Li，Ne，Cl，Mo，Au ＞

(a) 最外殻に1個のs電子をもつ元素

(b) 原子よりも安定な1価イオンの方が大きい元素

(c) 満たされたd軌道を複数もつ元素

(d) 半分だけ満たされたd軌道をもつ元素

(e) 最外殻に2個のs電子をもつ元素

3.9　以下の軌道をエネルギーの小さい順に並べよ。

3 d，4 s，4 f，5 p，6 s

3.10　以下の基底状態の原子およびイオンにおいて，不対電子はそれぞれいくつあるか。

(a) N　(b) O　(c) P^{3-}　(d) Br

3.11　Rb ($Z = 37$) と Kr ($Z = 36$) で，第二イオン化エネルギーの値が大きい元素はどちらか。その理由を説明せよ。

3.12　スズ (14 族) は Sn^{2+} と Sn^{4+} を生じるが，マグネシウム (2 族) は Mg^{2+} のみを生じる。

(a) Sn^{2+}，Sn^{4+} および Mg^{2+} の電子配置を書け。

(b) それぞれのイオンと同じ電子配置をもつ中性原子があれば，その元素記号を示せ。

3.13　ネオンおよびアルゴンの遮蔽定数は，それぞれ 4.24，11.24 である。

(a) 両原子の最外殻 s 電子の有効核電荷を求めよ。

(b) Ne より Ar の遮蔽定数が大きい理由を説明せよ。

3.14　以下の組合せで，電子親和力がより大きい元素を選べ。

(a) Na と Rb　(b) C と N　(c) Li と F

3.15　以下の元素を，金属性が増大する順に並べよ。

Si，Cl，Na，Rb

Inorganic Chemistry

第4章 化学結合の基礎概念

この章で学ぶこと

化学結合は化学の中核をなすことから，結合理論を理解することは非常に重要である。化学結合には，イオン結合，共有結合，金属結合などがある。この章では，ルイス理論と呼ばれる結合理論を用いて，化学結合の中で最も重要な共有結合の考え方を学ぶ。ルイス理論を用いると，どのような原子の組合せが安定な分子を形成するのか予測できる。最後に，凝集体についても簡単に触れる。

4.1 化学結合の種類

2つの原子またはイオンが互いにつながっているとき，そこには必ず**化学結合** (chemical bond) が存在する。化学結合は，大きく以下の3種類に分類される[*1]。

イオン結合 (ionic bond) は，反対の電荷をもつイオン間に存在する静電的な力に起因する。

共有結合 (covalent bond) は，2つの原子間で電子を共有することで生じる。共有結合は，非金属元素どうしの相互作用に基づく，最も重要な化学結合である。

金属結合 (metallic bond) は，金，鉄，アルミニウムのような金属に見られる。金属がもつ様々な特徴を理解するため，金属結合は量子力学的な考え方で説明される (4.8節参照)。

*1　この他にも，配位結合や水素結合がある。配位結合は4.6.2項で，水素結合は8.5節で説明する。なお，2013年に新たに「ハロゲン結合」がIUPACによって定義された。これは，ハロゲン原子が求電子サイトとして働き，アミンなどの求核サイトとの間に働く非共有結合性の相互作用である。

4.1.1 ルイス記号

価電子は化学結合に関与する電子であり，ほとんどの原子では最外殻に存在する。米国の化学者ルイスは，原子中の価電子を点 (•) で表し，結合が生成する際にそれを利用するという簡便な方法を考案した (**ルイス理論** Lewis theory)。これを**ルイス記号** (Lewis symbol) と呼ぶ[*2]。第2周期元素の電子配置とルイス記号を**表 4.1** に示す。

ルイス　G. N. Lewis

*2　高校化学では「電子式」という名称を用いている。

表 4.1　第2周期元素の電子配置とルイス記号

元素	電子配置	ルイス記号
Li	[He] $2s^1$	Li·
Be	[He] $2s^2$	·Be·
B	[He] $2s^2 2p^1$	·Ḃ·
C	[He] $2s^2 2p^2$	·Ċ̣·
N	[He] $2s^2 2p^3$	·Ṇ̇:
O	[He] $2s^2 2p^4$	:Ọ̇:
F	[He] $2s^2 2p^5$	·F̤̈:
Ne	[He] $2s^2 2p^6$	:N̤̈e:

4.1.2 オクテット則

原子は，周期表中で最も近い貴ガスと同じ電子数になろう (すなわち安定化しよう) として，電子を獲得したり失ったり，あるいは共有したりする。ヘリウム以外の貴ガスはすべて価電子を8個もつので，多くの原子は価電子が8個になるまで反応する。これが**オクテット則**（octet rule；**八隅子則**）といわれる規則である。すなわちオクテット則とは，原子が8個の価電子に囲まれるまで電子を獲得したり失ったり，あるいは共有したりする傾向のことである*3。

電子のオクテットは，原子中の2つの副殻（s および p 軌道）から構成されている。ルイス記号を用いると，オクテットは表4.1の Ne のように，原子の周囲に4対の価電子が付くと考えればよい。オクテット則には少なからず例外があるが，多くの重要な概念を理解するのに有用である。

*3 オクテット則は典型元素に限定されることに注意せよ。

4.2 イオン結合

ルイス理論は，主に共有結合を扱う際に用いられるが，イオン結合にも適用できる。ルイス理論では，価電子を表す“•”を金属から非金属へ動かすことによりイオン結合を表現し，生じた陽イオンと陰イオンからなる結晶格子が形成される*4。

*4 結晶格子ならびに結晶生成に伴う熱の出入りについては，7.4.5項を参照のこと。

ルイス記号を用いたイオン結合の表し方を理解するために，カリウムと塩素の組合せについて考えてみよう。カリウムと塩素が結合すると，カリウムから塩素に価電子が移動する（式4.1）*5。

*5 K は電子を1個失うと［Ar］電子配置になり，オクテット則を満足する。

$$\mathrm{K\cdot} + \mathrm{\cdot\ddot{\underset{..}{Cl}}:} \longrightarrow \mathrm{K^+}\left[\mathrm{:\ddot{\underset{..}{Cl}}:}\right]^- \tag{4.1}$$

カリウムは電子を1個失って正に帯電するのに対し，塩素は電子を1個受け取って負に帯電する。正電荷と負電荷は互いに引きつけ合い，その結果 KCl という化合物が生じる。

ルイス理論を用いると，イオン性化合物の正しい組成を予想できる。例えば，ナトリウムと硫黄との間に形成されるイオン性化合物について考えてみよう。ナトリウムはオクテットを達成するために価電子1個を放出するのに対し，硫黄はオクテットになるために2電子受け取らねばならない。その結果，ナトリウムと硫黄から形成される化合物は，硫黄原子1個に対して2個のナトリウム原子を必要とする。

$$2\,\mathrm{Na^+}\left[\mathrm{:\ddot{\underset{..}{S}}:}\right]^{2-}$$

ルイス理論から，組成式は Na_2S だと予想される。実際の化合物も，この組成である。

4.3 共有結合

大多数の化学物質は，イオン性物質の特徴をもたない。そのため，原子間での結合は，イオン結合とは異なるモデルが必要となる。ルイスは，原子が他の原子との間で電子を共有することにより，貴ガス電子配置になると考えた。4.1 節で述べたように，電子対を共有することにより形成される化学結合を共有結合という。

4.3.1　単結合

水素分子 (H_2) における水素間の結合は，最も単純な共有結合の例である（式 4.2）[*6]。

*6　式 4.2 の水素分子のように，ルイス記号を用いて表された構造を「ルイス構造」という。

$$\mathrm{H\cdot} + \mathrm{\cdot H} \longrightarrow \mathrm{H{:}H} \quad (\mathrm{H{-}H}) \qquad (4.2)$$

2 つの水素原子が互いに近接すると，それらの間に静電相互作用が生じる。2 つの正に帯電した原子核どうし，2 つの負に帯電した電子どうしはそれぞれ互いに反発し，逆に核と電子は互いに引き合う。H_2 分子は安定に存在するので，引力が斥力に勝っているはずである。分子を安定に保持する引力については第 5 章で詳しく扱うが，共有結合中の共有電子対は，本質的には原子を結合させる「接着剤」のような役割を果たしている。水素分子のように，1 組の電子対の共有により 1 本の共有結合が形成するとき，これを**単結合** (single bond) という。

4.3.2　多重結合

多くの分子において，それぞれの原子は複数の電子対を共有することにより，オクテットを完成させる。2 組の電子対を共有すると，そこには 2 本の線が引かれ，これは**二重結合** (double bond) を表す。例えば二酸化炭素では，4 個の価電子をもつ炭素と 6 個の価電子をもつ酸素との間に結合が生じる（式 4.3）。

$$\mathrm{\ddot{\underset{..}{O}}{:}} + \mathrm{{:}C{:}} + \mathrm{{:}\ddot{\underset{..}{O}}} \longrightarrow \mathrm{\ddot{O}{::}C{::}\ddot{O}} \quad (\mathrm{\ddot{\underset{..}{O}}{=}C{=}\ddot{\underset{..}{O}}}) \qquad (4.3)$$

三重結合 (triple bond) は，一酸化炭素分子のように 3 組の電子対を共有することに相当する（式 4.4）。

$$\mathrm{{:}C{:}} + \mathrm{{:}\ddot{\underset{..}{O}}} \longrightarrow \mathrm{{:}C{:::}O{:}} \quad (\mathrm{{:}C{\equiv}O{:}}) \qquad (4.4)$$

一酸化炭素分子では 3 組の電子対を共有し，それぞれの原子はオクテット則を満足している。

分子の性質は，そのルイス構造と一致する。例えば，窒素分子は非常に安定な窒素ー窒素結合に基づく，反応性がきわめて低い二原子分子である。N_2 分子中の 2 つの窒素原子は，わずかに 110 pm しか離れていないことが分かっている。この短い N–N 結合距離は，原子間の三重結合の結果である。窒素ー窒素間に単結合または二重結合をもつ多くの物質の研究結果から，窒素間の平均距離は共有している電子対の数により変わることが分かる。

$$N \equiv N \qquad N=N \qquad N-N$$
$$110\ pm \qquad 130\ pm \qquad 148\ pm$$

このように，共有している電子対の数が増えると，結合原子間の距離は近くなる（4.7 節参照）。

4.4　電気陰性度と結合の極性

電子を“•”で表す方法は，きわめて単純化したものである。そのため本質的な限界があり，適切に補正する必要がある。共有結合において，二原子間で 2 つの“•”を共有すると，2 つの電子は等しく共有されてしまう。ここにルイス構造の一つの限界がある。例として，フッ化水素のルイス構造を考えてみよう。

H:F̤̈:

水素およびフッ素原子間に存在する 2 つの共有電子は，水素とフッ素との間に等しく共有されているように見える。しかし，実際はそうではなく，HF 分子の水素側がわずかに正に帯電し，フッ素側がわずかに負に帯電している。

$$\overset{\delta+}{H}-\overset{\delta-}{F}$$

$\delta+$（デルタ）は部分的な正電荷を，$\delta-$は部分的な負電荷を表す。

このように説明すると，フッ化水素分子はイオン結合であるように思えるが，決してそうではなく，非等価に電子を共有しているのである。フッ化水素中の実際の電子密度は，水素原子上よりもフッ素原子上の方が高い。このような結合は，分子内に正極と負極をもつことから「極性をもつ」といい，純粋な共有結合とイオン結合の中間的な性質を示すため，**極性共有結合**（polar covalent bond）と呼ばれる。

4.4.1　電気陰性度

化学結合において，原子が自身へ電子を引き寄せる能力を**電気陰性度**（electronegativity；EN）という。フッ化水素分子においては，フッ素は電子密度がより高いことから，水素よりも電気陰性となる。

電気陰性度は，米国の化学者ポーリングにより数値化された。ポーリングは，HF のような異核二原子分子の結合エネルギー*7 を，H_2 や F_2 のような等核二原子分子の結合エネルギーと比較した。H_2 および F_2 の結合エネルギーはそれぞれ 436 kJ mol^{-1} と 155 kJ mol^{-1} である。ポーリングは，もし HF 結合が純粋に共有性であれば（つまり電子が等しく

ポーリング　L. Pauling

*7　結合を切断するのに要するエネルギー：4.7.1 項参照。

H 2.2																
Li 1.0	Be 1.6											B 2.0	C 2.6	N 3.0	O 3.4	F 4.0
Na 0.9	Mg 1.3											Al 1.6	Si 1.9	P 2.2	S 2.6	Cl 3.2
K 0.8	Ca 1.0	Sc 1.4	Ti 1.5	V 1.6	Cr 1.7	Mn 1.6	Fe 1.8	Co 1.9	Ni 1.9	Cu 1.9	Zn 1.7	Ga 1.6	Ge 1.8	As 2.0	Se 2.4	Br 2.8
Rb 0.8	Sr 1.0	Y 1.2	Zr 1.3	Nb 1.6	Mo 2.2	Tc 1.9	Ru 2.2	Rh 2.3	Pd 2.2	Ag 1.9	Cd 1.7	In 1.8	Sn 2.0	Sb 2.1	Te 2.1	I 2.7
Cs 0.8	Ba 0.9	La 1.1	Hf 1.3	Ta 1.5	W 2.4	Re 1.9	Os 2.2	Ir 2.2	Pt 2.3	Au 2.5	Hg 2.0	Tl 2.0	Pb 2.3	Bi 2.0	Po 2.0	At 2.2
Fr 0.7	Ra 0.9	Ac 1.1														

図 4.1　元素の電気陰性度（ポーリングの値）

共有されているならば），HF の結合エネルギーは単純に H_2 および F_2 の平均値（296 kJ mol^{-1}）になるはずである，と推論した。しかし，実験的に求めた HF の結合エネルギーは 565 kJ mol^{-1} である。この結合エネルギーの差は，結合のイオン性によるものである[*8]。多くの結合エネルギーの比較と，フッ素（周期表中で最も電気陰性な元素）に 4.0 という値を与えることで，ポーリングは各元素に対して図 4.1 のような電気陰性度の値を割りあてた。

典型元素について，図 4.1 から分かる電気陰性度の周期性は次の通りである。

(1) 電気陰性度は，周期表の同一周期を右に進むほど増大する。

(2) 電気陰性度は，同族では高周期元素ほど減少する。

(3) フッ素が最も電気陰性な元素である。

(4) フランシウム Fr が最も電気陰性の低い（最も電気陽性な）元素である[*9]。

電気陰性度の周期性は，これまでに学んだ他の性質の傾向と一致している。一般に，電気陰性度の大きさは原子サイズと逆の関係にあり，原子が大きくなると，自身へ電子を引きつける能力が低下する。

*8　つまり，共有結合に加えてイオン結合の寄与があることを意味する。

*9　電気陽性な元素は金属性を示す（3.5.2 項参照）。

4.4.2　結合の極性，双極子モーメントおよびイオン性百分率

化学結合中の極性は，2 つの結合原子間の電気陰性度の差（ΔEN）に依存する。電気陰性度の差が大きいほど，その結合の極性は高くなる。金属と非金属との間で見られるように，結合中の 2 つの元素間の電気陰性度の差が大きい場合，金属からの電子はほぼ完全に非金属元素の方へ移動するため，その結合はイオン性となる（NaCl など）。一方，2 つの元素間の電気陰性度の差が中間的な場合，その結合は極性共有性となる（HCl など）。

このように，結合原子間の電気陰性度の差に基づき，化学結合を大まかに無極性共有結合，極性共有結合，およびイオン結合に分類しておくと便利である（表 4.2）。

表 4.2　電気陰性度差と結合タイプの関係

電気陰性度差（ΔEN）	結合タイプ	例
小（0–0.4）	無極性共有結合	Cl_2
中（0.4–2.0）	極性共有結合	HCl
大（> 2.0）	イオン結合	NaCl

正および負電荷が分離しているときには，必ず**双極子モーメント**（dipole moment；μ）が生じる。等しい大きさで反対の電荷 q をもち，距離が r だけ離れている 2 つの粒子により生じる双極子モーメントは次の式で与えられる*10。

$$\mu = qr \tag{4.5}$$

電荷の分離量が大きいほど，そして電荷間の距離が長いほど，双極子モーメントは大きくなる。表 4.3 に，代表的な分子の構成原子の電気陰性度の差と双極子モーメントをまとめた。双極子モーメントの大きさにより，結合の極性を定量化できる。

ある結合中の電子が一方の原子からもう一方へ完全に移動すると仮定したときの双極子モーメントと，実際の双極子モーメントを比較することにより，電子がどちらへどの程度移動しているのかを知ることができる。これを**イオン性百分率**（percent ionic character）といい，次のように定義される。

$$\text{イオン性百分率} = \frac{\text{測定した結合の双極子モーメント}}{\text{電子が完全に移動したときの双極子モーメント}} \times 100\ \%$$

電子がある原子からもう一方の原子へ完全に移動する結合は，100 % イオン性となる。一般に，イオン性百分率は電気陰性度の差が大きくなるに従って増加する。通常，イオン性が 50 % より大きい結合をイオン結合とみなす。

極性分子は双極子モーメントをもつため，電場と相互作用する。例えば，水が真下に向かって流れているところに帯電棒を近づけると，生じた電場により水の流れが曲がる*11。

*10　双極子モーメントは SI 単位では C m であるが，D（デバイ）も用いられる。
　$1\ \mathrm{D} = 3.34 \times 10^{-30}\ \mathrm{C\ m}$

表 4.3　気相中の分子の電気陰性度差（ΔEN）と双極子モーメント

分子	ΔEN	双極子モーメント（D）
Cl_2	0	0
ClF	0.8	0.89
HF	1.8	1.83
LiF	3.0	6.33

*11　水の双極子モーメントは 1.85 D である。一方，ヘキサンのような無極性の液体では，帯電棒を近づけても真下に向かって流れ続ける。

4.5　共鳴と形式電荷

三原子以上からなる化合物をルイス構造で表す際，いくつかの可能性が生じることがある。その中から最も適切なルイス構造を決定するのに，以下に述べる二つの概念が必要となる。

4.5.1 共　鳴

ルイス記号を用いて分子を表す際，複数のルイス構造で表せる場合がある。例えば，O_3（オゾン）のルイス構造を考えてみよう。下のように，1 本の単結合と 1 本の二重結合をもつ 2 つのルイス構造で表せる。

$$\ddot{\text{O}} = \ddot{\text{O}} - \ddot{\text{O}}\text{:} \qquad \text{:}\ddot{\text{O}} - \ddot{\text{O}} = \ddot{\text{O}}$$

このように，同一の分子を複数のルイス構造で表せる場合，その分子はすべてのルイス構造の平均として存在している。O_3 の 2 つのルイス構造からは，この分子は二種類の結合（単結合と二重結合）を含むと予想される。しかし，O_3 の構造を実験的に調べてみると，両結合は等価で，しかも単結合と二重結合の中間の長さと強度をもつことが分かる。ルイス理論ではこのことを説明するのに，両構造（極限構造）を両矢印で結び，**共鳴構造**（resonance structure）として表す。

$$\ddot{\text{O}} = \ddot{\text{O}} - \ddot{\text{O}}\text{:} \longleftrightarrow \text{:}\ddot{\text{O}} - \ddot{\text{O}} = \ddot{\text{O}}$$

実際の分子構造は，2 つの極限構造の中間的なものであり，**共鳴混成体**（resonance hybrid）と呼ばれる。共鳴混成体の構造は 2 つの極限構造の中間となる（図 4.2）。

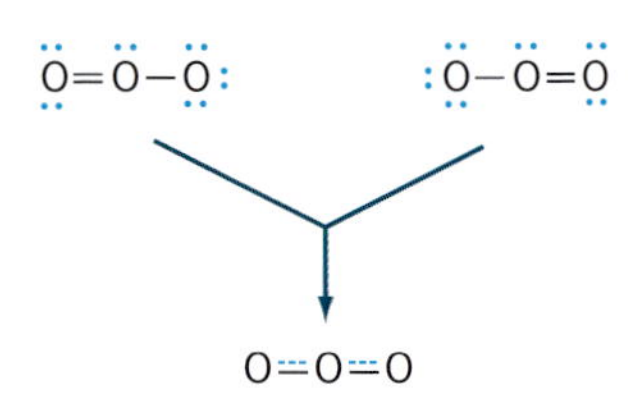

図 4.2　オゾンの共鳴混成体の構造

オゾンの共鳴混成体では，寄与する構造はみな等価なルイス構造である。この場合には，真の構造はそれぞれの極限構造の相加平均となる。しかし，非等価な極限構造が存在する場合もある。複数の非等価な極限構造が存在すると，分子の真の構造は，それぞれの極限構造の加重平均で表される。

4.5.2 形式電荷

形式電荷（formal charge）は，ルイス構造中のそれぞれの原子に割り当てた仮想的な電荷であり，原子における電気陰性度の影響を完全に無視して見積もられた電荷のことである*12。

*12　金属錯体のような複雑な化合物において，それぞれの原子の酸化数を仮想的に割り当てたものを「形式酸化数」と呼ぶことがある。この場合，対象となる原子の電子密度は必ずしも反映されない。形式電荷はルイス構造に依存するのに対し，形式酸化数はルイス構造とは無関係である。

形式電荷は，ルイス構造を構成している原子の価電子数から「所有している」電子の数を引くことにより，簡単に計算できる。ルイス構造中のある原子は，非共有電子そして結合電子の半分を合わせた数を「所有している」と考えることができる。

$$\text{形式電荷} = \text{価電子数} - \{\text{非共有電子数} + 1/2\,(\text{結合電子数})\}$$

したがって，HF 中の水素およびフッ素の形式電荷は，それぞれ以下のようになる。

$$\text{形式電荷（水素）} = 1 - (0 + 1/2 \times 2) = 0$$
$$\text{形式電荷（フッ素）} = 7 - (6 + 1/2 \times 2) = 0$$

HF は極性分子であるが，HF における水素とフッ素の形式電荷は，電気陰性度の差を無視するのでともにゼロとなる。

形式電荷の概念を用いることにより，複数の可能性がある骨格構造または極限構造の安定性を予想できる。一般に，形式電荷には次の規則がある。

(1) 中性分子中の形式電荷の総和はゼロになる。
(2) イオン中の形式電荷の総和は，そのイオンの電荷と等しい。
(3) それぞれの原子上の形式電荷は，その絶対値が小さい方がよい。
(4) 形式電荷がある場合，最も電気陰性な原子上に負の形式電荷がある方がよい。

分子の中央にある原子は結合電子をより多くもち，また，**非共有電子対**（unshared electron pair）（**孤立電子対**（lone pair）ともいう）がより少ない傾向にあることから，より正の形式電荷をもつことになる*13。結果的に，安定な骨格構造では中央部に最も電気陽性な原子がくることが多い。

*13　オゾンの形式電荷は

O=O−O
(0) (+1) (−1)

となり，中央の酸素原子が正の形式電荷をもつ。

4.6　オクテット則の例外

オクテット則には，次のような例外がある。

(1) 奇数電子をもつ分子やイオン
(2) 原子周りに 8 個未満の電子しかない安定な分子やイオン
(3) 原子周りに 8 個より多い電子をもつ安定な分子やイオン

以下，これらの例外について説明する。

4.6.1　奇数電子の化学種

ルイス構造で奇数電子をもつ分子やイオンは，**フリーラジカル**（free radical）（または単に**ラジカル**）と呼ばれる（本章コラム参照）。例えば，NO（一酸化窒素）のルイス構造は次のようになり，合計 11 個の電子をもつ。

:Ṅ::Ö:　　または　　:Ṅ=Ö:

窒素原子はオクテットになっていないので，このルイス構造はオクテット則を満足しない。一般に，このような分子は不安定（反応活性）である。実際，NO は空気中の酸素と反応して NO_2（二酸化窒素）となるが*14，この NO_2 もまた下に示すような奇数電子の共鳴構造をもつ分子である。

*14　$2NO + O_2 \rightarrow 2NO_2$

Ö=Ṅ−Ö:　⟷　:Ö−Ṅ=Ö

NO_2 は水と反応してすべての原子がオクテットを満たし，結果として安定な硝酸となる*15。

*15　$3\,NO_2 + H_2O \rightarrow 2\,HNO_3 + NO$

4.6.2　オクテット不足の化学種

二つ目の例外は，分子またはイオン中のいずれかの原子周りの価電子が 8 個より少ないものである。このような化学種は比較的少なく，主に 13 族元素のホウ素やアルミニウムの化合物で見られる。例として，三フッ化ホウ素 (BF_3) をみてみよう。BF_3 のルイス構造は左のようになる。ホウ素原子の周りには 6 個の電子しか存在しない。このルイス構造において，B および F 原子上の形式電荷はともにゼロである。一方，二重結合によりホウ素をオクテットにすることもできる。

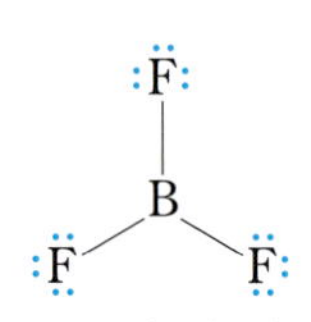

B : $1s^2\,2s^2\,2p^1$
F : $1s^2\,2s^2\,2p^5$

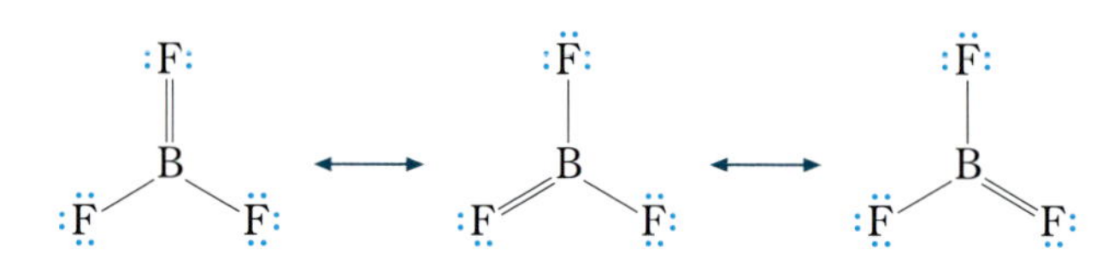

この場合には，ホウ素上の形式電荷が -1，二重結合をもつフッ素上の形式電荷が $+1$ となり，フッ素がもつ高い電気陰性度と一致しない。つまり，形式電荷からは，この構造は適切でないことが示唆され，BF_3 中のホウ素原子は 6 個の価電子で安定すると解釈できる。BF_3 の化学的挙動は，この解釈を支持している。すなわち，BF_3 は非共有電子対をもつ分子と反応し，新たな結合を形成する*16。このように，結合に関与する 2 個の電子が，いずれも一方の原子から供与される共有結合を**配位結合** (coordinate bond) という。例えば，BF_3 はアンモニアと反応し，N–B 間に配位結合をもつ NH_3BF_3 が生成する。

*16　つまり，BF_3 はルイス酸である (6.1.1 項，10.1.2 項参照)。

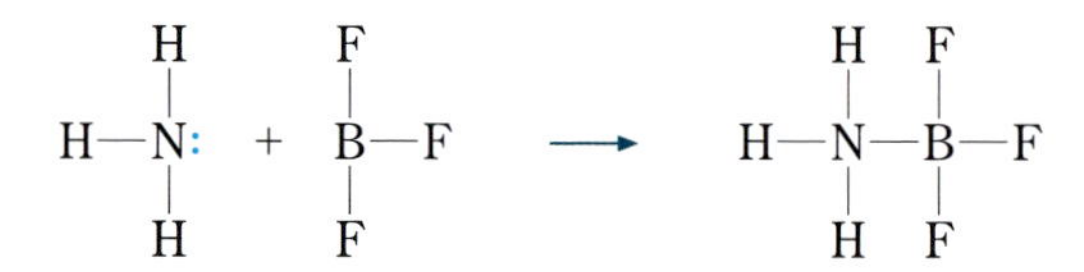

この安定な化合物では，ホウ素はオクテットを満たす。このタイプの反応は，6.1 節でルイスの酸塩基を学ぶ際に詳しく扱う。

4.6.3　オクテットを超える化学種 (拡張原子価殻)

第三の，そして最も多い例外は，いずれかの原子の原子価殻中に，8 個より多くの電子を含む分子やイオンである。例えば左に示すように，五塩化リン (PCl_5) のルイス構造は，中心のリン原子が「拡張した」原子価殻となり，その周囲に 10 個の電子を置かざるを得ない。ところが，中心原子として第 2 周期の原子をもつ対応する分子 (例えば NCl_5) は存在しない。第 2 周期の元素は，結合に用いることのできる軌道は 2 s と

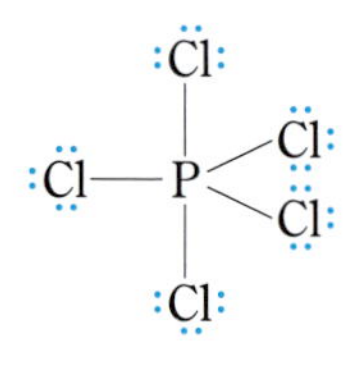

2p軌道のみである。これらの軌道は最大8電子までしか収容できないので，第2周期元素の周囲にはオクテット以上の電子は決して見られない。しかし，第3周期以降の典型元素は，ns，npに加えて，空のnd軌道を結合に用いることができる。三塩化リン（PCl_3）のように，第3周期の元素でもオクテットを満足するものもあるが，さらなる電子を収容するのに空のd軌道を用いる結果，オクテットを超えるものも存在する*17。

原子価殻に8個より多い電子を収容するには，原子の大きさも重要である。中心原子が大きくなるにつれ，拡張原子価殻をもつ分子やイオンの数は増加する。また，取り囲む原子の大きさも重要である。できるだけ小さく，かつできるだけ電気陰性な原子（F, Cl, Oなど）と結合するときに，拡張原子価殻が見られることが多い。

*17 この考え方は，第5章で述べる原子価結合理論を用いて説明しているが，分子軌道計算からはd軌道は結合にほとんど関与していないという結果も得られていることから，別の考え方（例えば，多中心多電子結合）で説明される場合もある。

4.7 結合の性質

共有結合の性質，特に結合の強さを理解するには，注目している結合の結合エネルギーおよび結合長が重要な指標となる。本節では，最初に結合エネルギーの概念，次に代表的な結合の平均結合長について述べる。

4.7.1 結合エネルギー

化学結合の**結合エネルギー**（bond energy）*18は，気相中において1 molの結合を切るのに要するエネルギーのことである。例えば，ヨウ化水素（HI）中のH–I結合の結合エネルギーは299 kJ mol^{-1}である。

$$HI(g) \longrightarrow H(g) + I(g) \qquad \Delta H = 299\ kJ\ mol^{-1} \qquad (4.6)$$

一方，HFの結合エネルギーは565 kJ mol^{-1}である。

$$HF(g) \longrightarrow H(g) + F(g) \qquad \Delta H = 565\ kJ\ mol^{-1} \qquad (4.7)$$

H–F結合はH–I結合より強い。なぜなら，結合を切るのにHF結合の方がより大きなエネルギーを必要とするからである。より強い結合をもつ化合物は，弱い結合をもつ化合物に比べて化学的に安定であり，それ故，化学反応性が低い。N_2分子中の三重結合の結合エネルギーは非常に大きい（式4.8）。

$$N_2(g) \longrightarrow 2\,N(g) \qquad \Delta H = 946\ kJ\ mol^{-1} \qquad (4.8)$$

この結合は非常に強くて安定な結合であり，それ故，窒素は不活性な分子である*19。

多原子分子における特定の結合の結合エネルギーは，決定するのが難しくなる。C–H結合について考えてみると，CH_4では1つのC–H結合を切るのに必要なエネルギーは432 kJ mol^{-1}である。しかし，他の分子中のC–H結合エネルギーは様々な値をとる*20。

*18 結合エンタルピーまたは**結合解離エネルギー**（bond dissociation energy）ともいう。

*19 窒素の安定性については11.1.1項参照のこと。

*20 例えば，C_2H_6中のC–H結合エネルギーは414 kJ mol^{-1}，C_2H_2中のC–H結合エネルギーは547 kJ mol^{-1}など。

表 4.4　主な結合の平均結合エネルギーおよび結合長†

結合	結合エネルギー (kJ mol^{-1})	結合長 (pm)	結合	結合エネルギー (kJ mol^{-1})	結合長 (pm)
H−H	436	74	C=N	613	132
H−C	412	114	C≡N	890	114
H−N	388	111	C−O	360	143
H−O	463	103	C=O	743	124
H−S	338	141	C≡O	1076	113
H−F	565	92	C−Cl	338	176
H−Cl	431	127	N−N	163	148
H−Br	366	141	N=N	409	130
H−I	299	161	N≡N	946	110
C−C	348	154	N−O	157	140
C=C	612	134	N=O	607	122
C≡C	838	120	O−O	146	132
C−N	305	151	O=O	497	121

†　二原子分子については，平均値ではなく測定値を示している。

多くの化合物の結合について，結合エネルギーの平均をとることで，化学結合の平均結合エネルギーが求められる。表 4.4 に，多くの化合物の平均から得られる代表的な結合エネルギー値を示す。結合エネルギーは，その結合に含まれる原子の種類だけでなく，結合のタイプ（単，二重または三重結合）にも依存する。一般に，特定の二原子間において，三重結合は二重結合よりも強く，二重結合は単結合よりも強い*21。

*21　表 4.4 中の C≡C，C=C，C−C 結合および N≡N，N=N，N−N 結合を比較せよ。

4.7.2　結 合 長

前項で平均結合エネルギーをまとめたように，多くの化合物中の特定の二原子間における結合の長さを，平均**結合長**（bond length）としてまとめることができる（表 4.4）。結合エネルギーと同様に，結合長はその結合に含まれる原子の種類だけでなく，結合のタイプ（単，二重または三重結合）にも依存する。一般に，特定の二原子間において，三重結合は二重結合より短く，二重結合は単結合より短い*21。ほとんどの場合において，結合が長くなればその結合は弱くなる。

4.8　凝 集 体

固体や液体においては，原子，分子やイオン間に**凝集力**（cohesive force）が働く。凝集力が各成分の熱振動より強く働くことで凝集体としての性質を示す。ここでは凝集体のうち，金属，ガラス，および液晶について説明する。

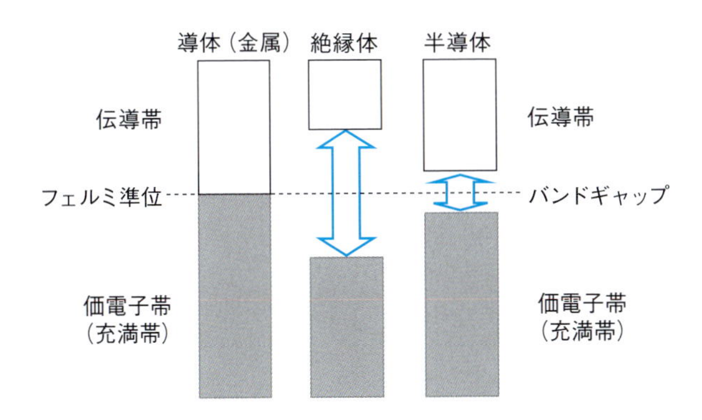

図 4.3 バンド構造（グレーは電子あり，白は電子なし）
左：金属結晶，中：絶縁体，右：半導体

4.8.1 バンド理論と金属結晶

金属結晶は，展延性や熱・電気伝導性などの特徴をもつ。金属原子間は金属結合により結びつけられ，金属結合の特徴を理解する必要がある。金属結晶中の電子構造を説明するために，量子力学を用いた**バンド理論**（band theory）が有用である（図 4.3 左）。結晶中では，電子のとるエネルギーはバンド状のエネルギー準位になる。各原子の同じ軌道のエネルギー準位は，構成する金属原子の数だけあり，これが**エネルギーバンド**（energy band）を形成する。電子が占有している最もエネルギーの高い軌道は，収容可能な電子数より少ない数の電子しか占有していない。したがって，部分的に空きのあるエネルギー準位となり，室温でも容易に原子間を電子が移動する。電子が占める最高のエネルギー準位を**フェルミ準位**（Fermi level）と呼ぶ。また，移動する電子を伝導電子，電子の移動に使われるバンドを**伝導帯**（conduction band；伝導バンド）と呼ぶ*22。伝導帯より低いエネルギーバンドは，**価電子帯**（valence band；価電子バンド）あるいは**充満帯**（filled band；充満バンド）と呼び，電子が完全に詰まっている。伝導帯と価電子帯の間隔を**バンドギャップ**（band gap）と呼ぶ。伝導電子が熱や電気エネルギーを運ぶため，金属には熱・電気伝導性がある。金属光沢も，伝導帯のエネルギー準位と光の相互作用による。

絶縁体（insulator）や**半導体**（semiconductor）の性質も，バンド理論により説明できる。これらは，バンドギャップの大きさが異なる*23。絶縁体では，バンドギャップが大きく価電子帯から伝導帯への電子の移動が起こらないため，電気伝導性が低い（図 4.3 中）。一方，半導体ではバンドギャップが小さく，価電子帯から伝導帯へ電子が移動できる（図 4.3 右）。この際に価電子帯では**正孔**（hole；ホール）ができ，これが正の電荷を有する粒子のように振る舞い，価電子帯の中を動く。伝導

*22 例えば，マグネシウムでは 3 s と 3 p 軌道がつくるバンドが重なり伝導帯となる。

*23 ダイヤモンドのバンドギャップ：529 kJ mol^{-1}，ケイ素のバンドギャップ：107 kJ mol^{-1}

帯に移動した伝導電子と価電子帯の正孔がそれぞれ自由に動くことで，半導体は電気伝導性を示す*24。

*24

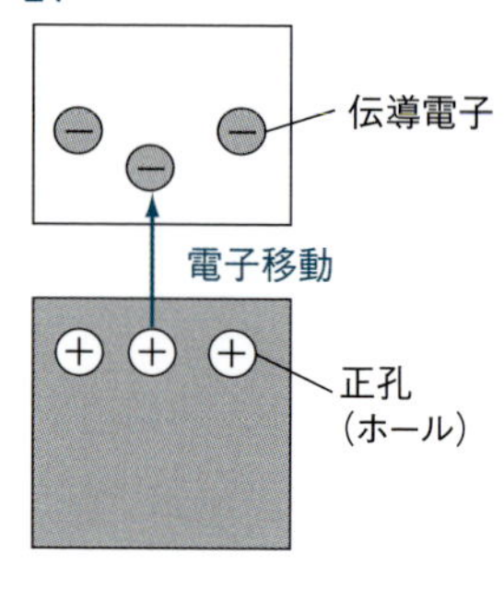

4.8.2　ガラスと液晶

ガラスは固体と液体の中間的な構造である。この状態を**非晶質**（non-crystalline）あるいは**アモルファス**（amorphous）という。結晶状態の物質を融解すると分子や原子の運動が激しくなる。これを急冷することにより，結晶状に配列する前に凍結された状態になる。このようにしてつくられた非晶質物質には結晶のような方向性がなく，結晶間の境界となる**粒界**（grain boundary）がないため，均質で等方的な材料となる。結晶ではX線回折が一定のパターンを示すが*25，ガラスでは明確な回折が観測されない。

結晶状態から液体状態へ変化する際に，構成粒子の配列の方向性を維持しつつ，流動性が現れる状態を**液晶**（liquid crystal）という*26。この状態になる構成粒子の構造は，棒状や円盤状のものである。棒状の粒子が結晶となるときには，長軸を揃えて配列する。温度が上昇して少しだけ熱運動が大きくなると，長軸方向の運動が大きくなるが，これ以外の運動については粒子同士が妨げとなり，液体のような完全に自由な運動ができない状態となる。液晶はその構造的な特徴により分類される*27。このような構造配列は電場，磁場，圧力や温度などから影響を受け，配列による異方性を利用した光学材料となる。

*25　第 7 章コラム参照。

*26　中間相，準結晶とも呼ばれる。これと類似の中間相にプラスチック・クリスタル（柔粘性結晶）もある。

*27　一次元秩序の液晶（層状構造）：スメクチック，異方性の液晶（層状構造でない）：ネマチック

Column　自然界のフリーラジカル

奇数電子をもつ化合物をフリーラジカルという。フリーラジカルは反応性が非常に高く，他の分子との間で電子 1 個をやり取りすることができる。そのため，多くのフリーラジカルは他の分子から容易に電子を引き抜く優れた酸化剤であり，生物や大気中の物質と反応することが知られている。

人体中では，フリーラジカルは代謝の副生成物として発生し，細胞膜等を形成する脂質分子を酸化する。この酸化により，脂質分子の構造が変化して細胞膜は損傷を受ける。これに対処するため，人体中にはビタミン類や抗酸化酵素等から構成される抗酸化ネットワークが存在しており，フリーラジカルが脂質分子を酸化するのを防いでいる。

フリーラジカルは大気中にも多数存在する。例えば，自動車の排気ガス中には少量の NO が含まれる。類似のフリーラジカルである NO_2 は，土壌中の硝酸塩から自然に発生することが知られている。これらのフリーラジカルは，植物や人体だけでなく環境に対しても有害であるが，その一方で，NO は神経伝達や血圧制御等の役割を担う重要な分子でもある（11.1.2 項参照）。

演習問題

4.1 以下の原子またはイオンのルイス記号を書き，それぞれの価電子数を答えよ。

(a) Xe　(b) Cl　(c) Sr^{2+}　(d) Cl^-

4.2 以下の分子またはイオンがもつ価電子数を答えよ。

(a) CN　(b) N_2^+　(c) CO　(d) CS^+

4.3 以下の二原子分子またはイオンのルイス構造を書け。

(a) F_2　(b) HI　(c) NO^+　(d) SO

4.4 ある二原子間の結合が共有結合かイオン結合かを予測するのに，電気陰性度をどのように用いればよいか説明せよ。

4.5 以下の元素の組合せからなる化合物について，極性共有結合をもつものと，イオン結合をもつものを選べ。

(a) C と S　(b) Al と Cl　(c) C と O　(d) Ca と O

4.6 HCl 分子の結合長は 127 pm である。以下の問いに答えよ。

(a) この分子の双極子モーメント（単位：D）を求めよ。ただし，H および Cl 上の電荷はそれぞれ，+1 と −1（電気素量は 1.602×10^{-19} C）である。

(b) 実験から求めた HCl 分子の双極子モーメントは 1.08 D であった。HCl のイオン性百分率を求めよ。

4.7 炭酸イオン（CO_3^{2-}）の共鳴構造をすべて書け。

4.8 二硫化炭素中の原子配列は，CSS と SCS のどちらであると予想されるか。

4.9 NCO^- イオンの共鳴構造をすべて書き，形式電荷を用いてどの構造の寄与が最も大きいか予想せよ。

4.10 SF_4 は安定な分子として存在するのに対し，OF_4 分子は存在しない。中心元素の周期の違いに注意して，その理由を説明せよ。

4.11 15 族元素が中心原子である分子（NOF_3 および POF_3）のルイス構造を書け。さらに，これらの分子中の結合にどのような違いが見られるか説明せよ。

4.12 以下の化学種中の硫黄原子の周りにある電子数を答えよ。

(a) SF_4O　(b) SF_2O　(c) SO_3　(d) SF_5^-

4.13 3つの窒素酸化物イオン（NO_2^-, NO^+, NO_3^-）について，以下の問いに答えよ。

(a) 窒素−酸素結合長が長くなる順に並べよ。

(b) 窒素−酸素結合エネルギーが増大する順に並べよ。

4.14 一般に，バンドギャップが 3 eV 未満のときを半導体，それ以上のときを絶縁体という。ダイヤモンドおよびケイ素のバンドギャップがそれぞれ 529 kJ mol^{-1}，107 kJ mol^{-1} のとき，これらの物質は半導体となるか，それとも絶縁体となるか。ただし，1 eV = 1.60×10^{-19} J である。

第5章 分子の形と結合理論

 この章で学ぶこと

第4章で，分子の構成や共有結合を理解するのにルイス構造が便利であることを学んだ。しかし，ルイス構造からは分子全体の形に関する情報は何も得られない。この章では，二次元のルイス構造と三次元の分子形との関係を学ぶ。最初に，VSEPR理論を用いて分子形とその重要性を説明する。次に，二つの結合理論（原子価結合理論および分子軌道理論）を学ぶ。これらの理論により，共有結合の性質をより詳しく理解することができる。

5.1 分子の形：VSEPR理論

化合物の物理的・化学的性質は，その構造と密接に関連しているため，分子やイオンの三次元構造を予測することは非常に重要である。

原子価殻電子対反発（valence shell electron-pair repulsion；VSEPR）理論は，共有結合からなる分子や多原子イオンの形を予測するのに便利である。この理論は，「ある元素の原子価結合と非共有電子対は互いに反発するため，できるだけ離れたところに存在する」という考え方に基づく。VSEPRは典型元素からなる分子やイオンの構造を予測するのに有用である。

5.1.1 単結合のみをもつ中心原子

中心原子の周りのすべての電子対が単結合となる分子やイオンに対して，最も単純なVSEPR理論が適用される。表5.1に，中心原子をAとする一般式 AX_n の分子またはイオンにおいて予測される幾何構造を示す。

表5.1 VSEPRから予測される幾何構造[*1]

一般式	AX_2	AX_3	AX_4	AX_5	AX_6
構造	直線	三角形	四面体	三方両錐	八面体
結合角	180°	120°	109.5°	90°および120°	90°
分子の例	BeF_2	BF_3	CH_4	PF_5	SF_6

＊1 構造の英語名
直線：linear
三角形：triangle
四面体：tetrahedron
三方両錐：trigonal bipyramid
八面体：octahedron

5.1.2 単結合および非共有電子対をもつ中心原子

次に，非共有電子対が幾何構造に与える影響を考えてみよう。VSEPRは，「分子」ではなく「電子対」の幾何を予測するものである。電子対の幾何とは，中心原子の周りのすべての価電子対により決まる幾何のこと

である。したがって，中心原子上の非共有電子対は，たとえ分子やイオンの形を表す際に含まれなくても，実際は特定の空間領域を占有する。加えて，非共有電子対は**結合電子対** (bond pair) より大きな空間領域を占めるため，非共有電子対の大きな空間によって結合電子対が圧迫されるようになる。相対的な反発の強さは次の順となる。

非共有電子対間 ＞ 非共有電子対と結合電子対間 ＞ 結合電子対間

非共有電子対と結合電子対それぞれに必要な空間領域の違いにより，一連の分子の**結合角** (bond angle) が変化する。例えば，同じ 4 電子対をもつ分子において，CH_4，NH_3，そして H_2O の H–A–H (A = C, N, O) 結合角は，中心原子上の非共有電子対の数が増えるに従って小さくなる (CH_4：109.5°，NH_3：106.7°，H_2O：104.5°；**図 5.1 (a)**)。

中心原子が 5 つまたは 6 つの電子対をもち，そのうちのいくつかが非共有電子対の場合にはより複雑になる。**三方両錐**構造には，非等価な 2 組の位置がある。三角形平面の位置は，中心原子周りに仮想した球の赤道面にあることから，これを**エクアトリアル** (equatorial) 位と呼ぶ*2。また，北極および南極の位置を**アキシアル** (axial) 位と呼ぶ*3。非共有

*2 それぞれのエクアトリアル原子間の結合角は 120° である。

*3 それぞれのアキシアル原子と 3 つのエクアトリアル原子との結合角は 90° である。

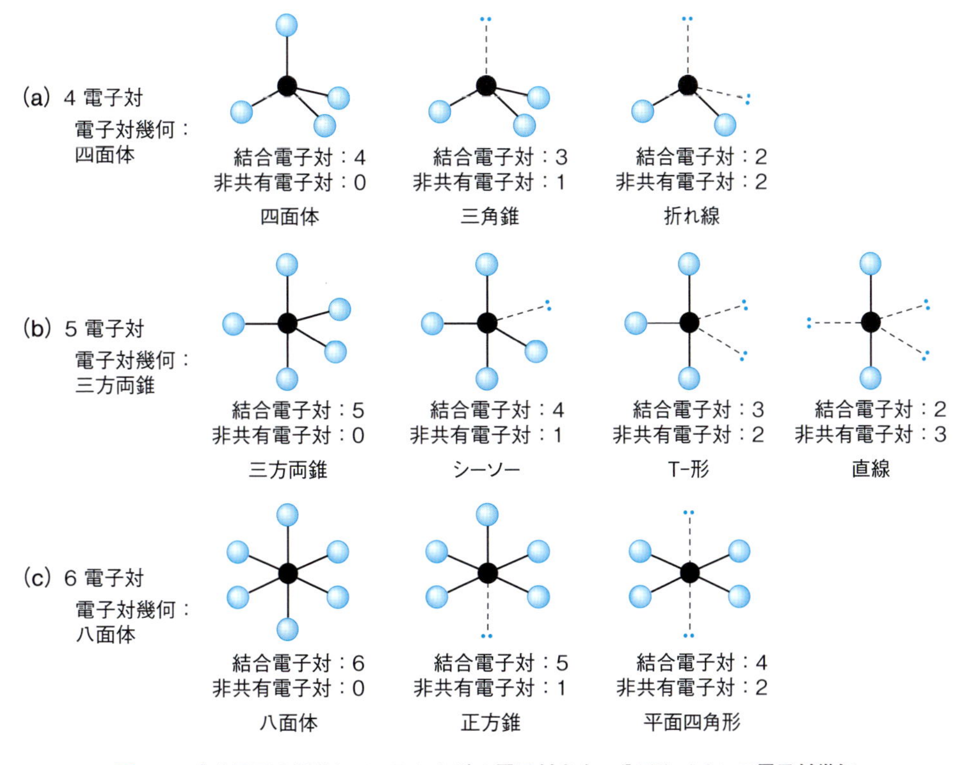

図 5.1 中心原子の周りに 4，5 および 6 電子対をもつ分子やイオンの電子対幾何
(a) 4 電子対 (四面体)，(b) 5 電子対 (三方両錐)，(c) 6 電子対 (八面体)

電子対は，結合電子対より大きな空間領域を必要とすることから，アキシアル位よりもエクアトリアル位を好む。図 5.1 (b) は，0, 1, 2, および 3 組の非共有電子対を含む合計 5 組の電子対をもつ化学種である。例えば，SF_4 は非共有電子対を 1 組もつため**シーソー** (seesaw) 形に，ClF_3 は 2 組の非共有電子対をもつので **T-形** (T-shape) に，XeF_2 は 3 組の非共有電子対をもつので**直線**になる。

図 5.1 (c) は，0, 1, および 2 組の非共有電子対を含む合計 6 組の電子対をもつ化学種である。BrF_5 のように非共有電子対を 1 組含む分子は**正方錐** (square pyramidal)，非共有電子対が 2 組あるときには互いにできるだけ離れた位置をとるため XeF_4 は**平面四角形** (square planar) 分子となる。

5.1.3　多重結合をもつ分子の幾何構造

二重および三重結合は単結合より多くの電子対をもつが，全体の分子形にはほとんど影響がない。多重結合中のすべての電子対は，2 つの原子間で共有されるため同じ空間領域を占める。したがって，二重結合中の 2 組の電子対（または三重結合中の 3 組の電子対）は，構造に関しては単結合中の 1 組の電子対のときと同じ効果をもつことから，単結合の場合と同様な分子構造となる。例えば，CO_2 中の炭素原子は非共有電子対をもたず，2 本の二重結合に関わっている。それぞれの二重結合は，分子構造を予測する目的においては 1 本の結合とみなすため，CO_2 の構造は直線となる（図 5.2 (a)）。

共鳴（4.5.1 項参照）が存在する場合，その構造は極限構造のいずれかより予測することができる。例えば，NO_2^- イオンの電子対幾何は三角形である。しかし，中心の窒素原子上に非共有電子対が 1 つあるため，このイオンの構造は折れ線となる（図 5.2 (b)）。以上の考え方を用いる

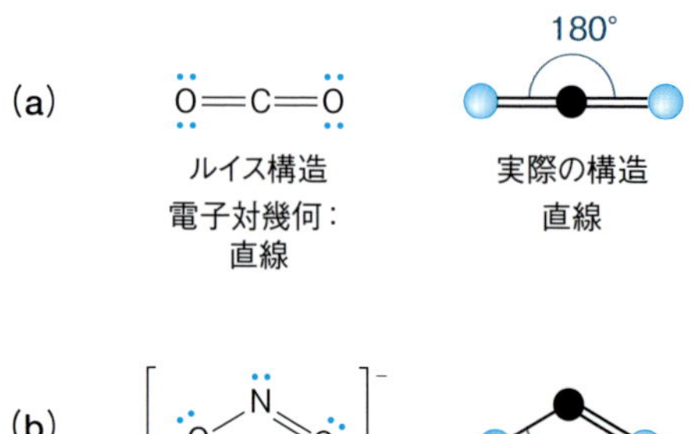

図 5.2　多重結合をもつ分子やイオンの構造
(a) CO_2，(b) NO_2^-

と，アミノ酸のようなより複雑な分子中のそれぞれの原子周りの幾何構造を推定することができる。

5.2　原子価結合理論

結合と分子構造を説明するために，ルイス理論と原子軌道の概念を組み合わせることで，**原子価結合理論**（valence bond theory；**VB 理論**）と呼ばれる化学結合モデルが誕生した。方位量子数 l が異なる原子軌道が互いに混合するという考え方により，VSEPR モデルによく対応した分子構造を得ることができる。

5.2.1　化学結合としての軌道の重なり

原子価結合理論では，一方の原子の原子軌道がもう一方の原子の原子軌道と重なる。軌道の重なりにより，反対スピンの 2 電子が原子核間の空間を共有することで共有結合が形成される。

2 つの H 原子が重なって H_2 が形成される様子を図 5.3 に示す。それぞれの原子は，1 s 軌道に電子を 1 個もつ。軌道の重なりが大きくなるにつれ，核間の電子密度が増大する。重なり領域にある電子は，両方の原子核に同時に引き寄せられることにより原子が合体し，共有結合が形成される。

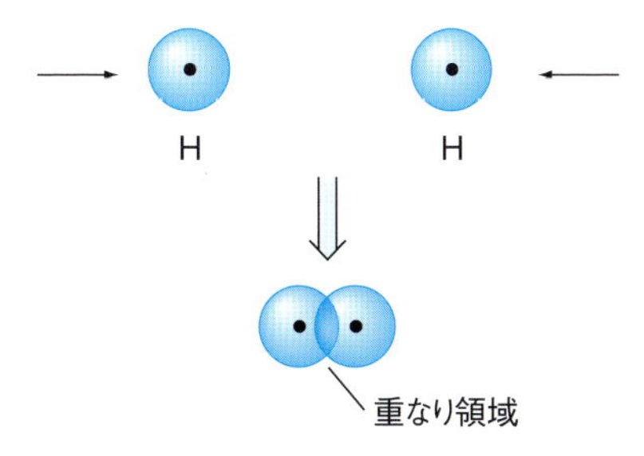

図 5.3　軌道の重なりによる共有結合の形成[*4]

*4　H_2 の結合は 2 つの H 原子の 1 s 軌道の重なりによる。

すべての共有結合には，結合した 2 つの原子間に最適距離がある。図 5.4 に，H_2 分子が生成する際のポテンシャルエネルギー変化を示す。無限遠では水素原子は互いを感じることがなく，エネルギーはゼロとなる。原子間距離が近くなるにつれ，それぞれの水素原子の 1 s 軌道間の重なりが増し，核間の電子密度が増大するため，ポテンシャルエネルギーが減少してくる。しかし，H 原子が接近し過ぎるとエネルギー曲線は急激に増大する[*5]。結合長とは，ポテンシャルエネルギー曲線が最小値となる核間距離のことである。観測された結合長は，電子と核の引力と，電子ー電子および核ー核の斥力が釣り合った距離となる（水素分子では 74 pm）[*6]。

*5　核間距離が短くなるとエネルギーが増大するのは，主に核間の静電反発に起因する。

*6　このようなポテンシャルエネルギー変化は，イオン結合性化合物でも同様である。

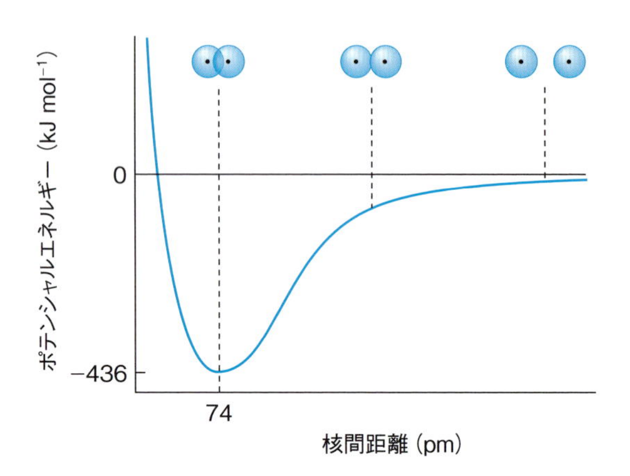

図 5.4　水素分子のポテンシャルエネルギー曲線

5.2.2　混成軌道

原子価結合理論では，メタン分子（CH_4）が四面体構造をとることは炭素上の２ｓおよび２ｐ軌道の形と向きから説明できない*7。

*7　炭素原子には不対電子をもつｐ軌道が２つしかないため，メタンの組成は CH_2，H-C-H 結合角は 90° と予想される。

幾何構造を説明するために，ある原子（たいていの場合は中心原子）上の複数の原子軌道が混合し，**混成軌道**（hybrid orbital）という新たな軌道を形成すると仮定する。どの混成軌道も元の原子軌道の形とは異なる。原子軌道を混合する過程を**混成**（hybridization）という。１つの原子上の原子軌道の総数は不変である*8。

*8　つまり，１つの原子上の混成軌道の数は，混成に用いた原子軌道の総数と等しい。

以下に混成のタイプを述べるが，混成のタイプと VSEPR モデルで予測される電子対幾何（直線，三角形，四面体，三方両錐および八面体）との関連に注意する必要がある。

（1）sp 混成軌道

フッ化ベリリウム（BeF_2）のルイス構造は次のようになる。

:F̤̈—Be—F̤̈:

F 上の２ｐ軌道に存在する不対電子は，Be 原子の不対電子と対を形成して極性共有結合をつくらねばならないが，基底状態の Be 原子*9 には不対電子がないため，基底状態の Be 原子は F 原子と結合を形成できない。

*9　電子配置：[He] $2s^2$

そこで，１つの２ｐ軌道と２ｓ軌道を「混成」して２つの新たな軌道をつくり出すことにより，この問題が解決できる（図 5.5）。ｐ軌道と同様に，新たな軌道は２つのローブ*10 をもつ。しかし，ｐ軌道とは異なり，一方のローブはもう一方のローブよりもはるかに大きい。２つの新たな軌道は同じ形をしているが，大きなローブは互いに反対方向を向く*11。この２つの新たな軌道が混成軌道である。１つのｓ軌道と１つのｐ軌道からなるため，これを **sp 混成軌道**（sp hybrid orbital）という。

*10　2.5 節で定義した軌道の境界面図で表された領域をローブ（lobe；耳たぶの意）という。

*11　混成軌道は互いの反発を避けるため，空間的に最も相互作用が弱くなるような配置になる。

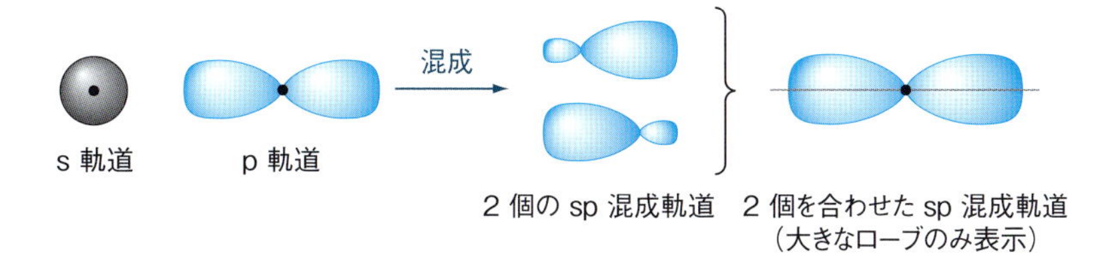

図 5.5 **sp 混成軌道の形成**

原子価結合モデルでは，電子対が直線配置をとると，それは sp 混成を意味する。BeF_2 の Be 原子は，2 つの sp 混成軌道の形成により，次のような軌道図となる[*12]。

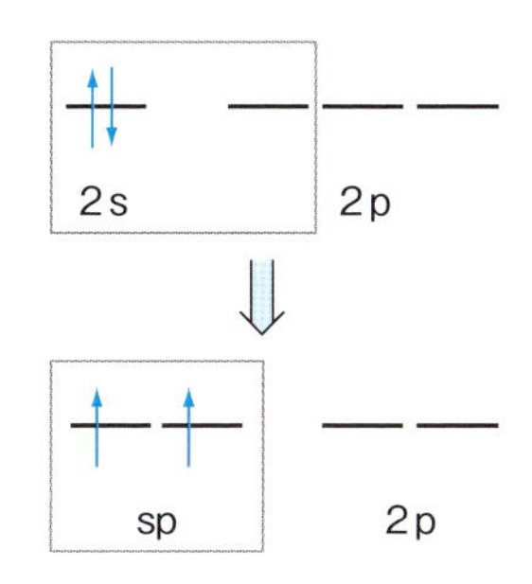

*12 ここでは各軌道のエネルギー準位は議論しないため，同じ高さで描いている。

sp 混成軌道中の電子は，2 つのフッ素原子と 2 電子結合を形成する（図 5.6）。sp 混成軌道は等価で，結合軸に沿って互いに反対方向を向いているので，BeF_2 は 2 本の等価な結合をもった直線形となる[*13]。

*13 Be 上の残りの 2 つの 2 p 軌道は，混成しないまま残る。

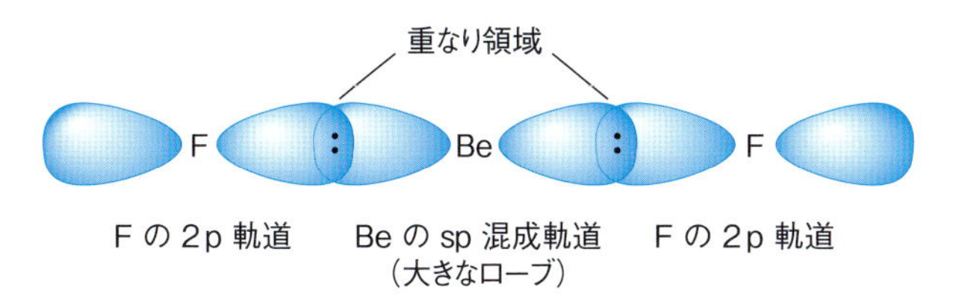

図 5.6 **BeF_2 中の 2 つの Be–F 結合の形成**

（2）sp^2 混成軌道と sp^3 混成軌道

sp 混成軌道と同様に，他の原子軌道の組合せにおいても，異なる幾何構造をもつ混成軌道が得られる。例えば，BF_3 では B 原子の 2 s 軌道と 2 つの 2 p 軌道の混合により，3 つの等価な **sp^2 混成軌道**が得られる[*14]。

*14 B–F 結合を議論するには分子軌道法が有効である（10.1.2 項参照）。

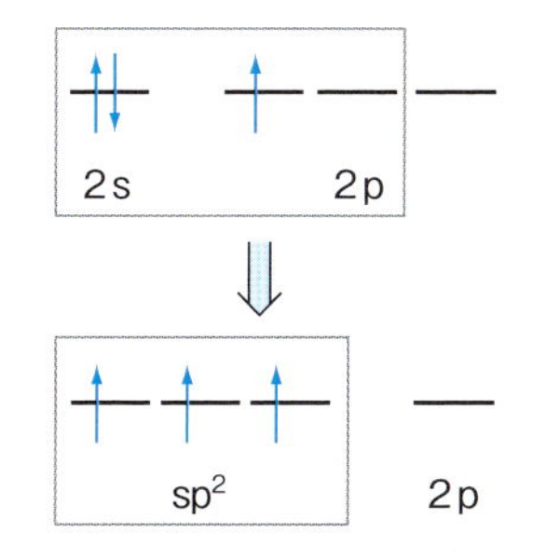

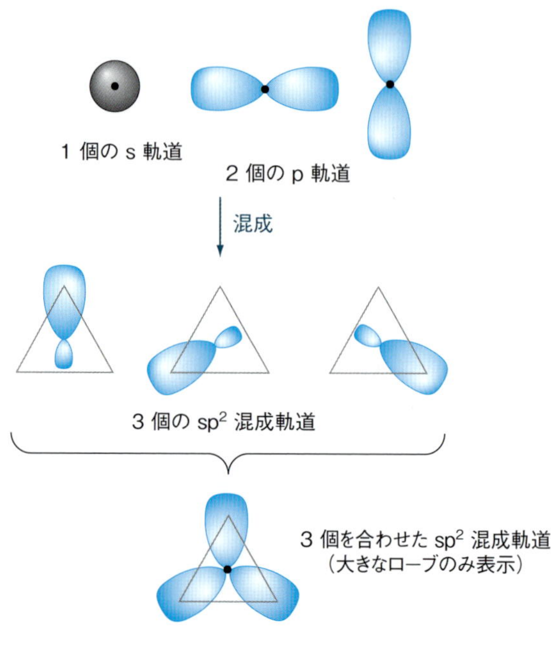

図 5.7　sp^2 混成軌道の形成

3つの sp^2 混成軌道は同一平面上に位置し，それぞれ 120° の角をなす（**図 5.7**）。生じた sp^2 混成軌道は3つのフッ素原子と3本の等価な結合を形成し，三角形の BF_3 分子となる[*15]。

*15　ここでも，空の2p軌道は混成せずに残る。残った2p軌道は，二重結合を説明する際に重要である（5.2.3項参照）。

一方，CH_4 中の炭素原子では，2s軌道と3つの2p軌道が混合することにより，4つの等価な **sp^3 混成軌道**が形成される。

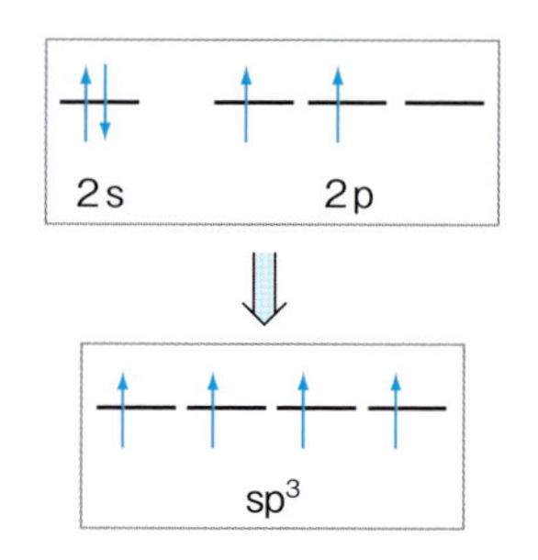

それぞれの sp^3 混成軌道は，四面体の頂点方向を向いた大きなローブをもつ（**図 5.8**）。よってメタンにおいては，C上の4つの等価な sp^3 混成軌道と，4つのH原子の1s軌道との重なりにより，4本の等価な C–H 結合が形成される（**図 5.9 (a)**）。

混成の考え方は，非共有電子対を含む分子の結合を記述する際にも用いられる。H_2O を例にとると，中心のO原子周りの電子対幾何は四面体に近い[*16]。つまり，4つの電子対は sp^3 混成軌道となっていると予想される。混成軌道のうち2つは非共有電子対を含み，他の2つは水素原子と結合を形成するのに用いられる（**図 5.9 (b)**）。

*16　非共有電子対を含むため，理想的な四面体からは若干ひずむ（5.1.2項参照）。

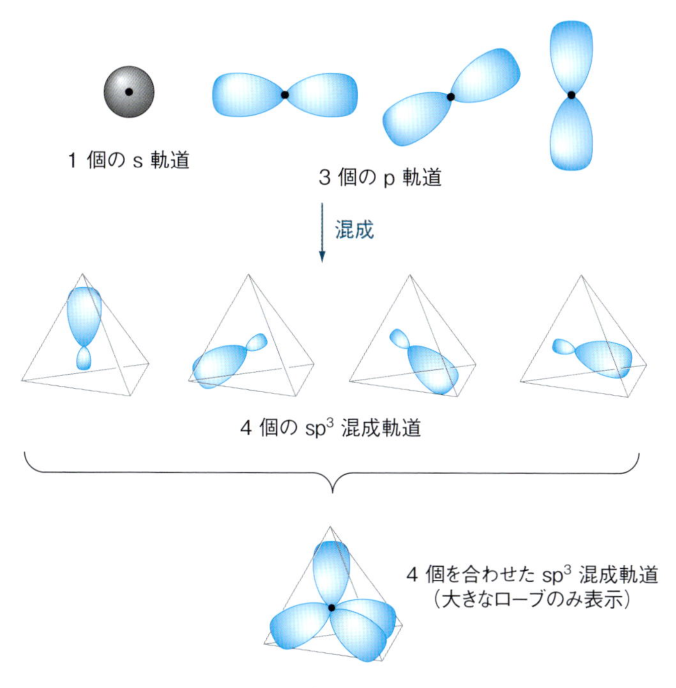

図 5.8　sp^3 混成軌道の形成

(3) d 軌道を含む混成

水素とヘリウムを除いたすべての原子は，原子価殻には少なくとも 1 つの s 軌道と 3 つの p 軌道をもつため，これらからなる混成軌道の最大数は 4 となる。一方，PF_5 や SF_6 のように，オクテットを超える電子をもつ中心原子が存在する場合，混成の概念を適用するためには，満たされていない d 軌道に注目する必要がある[*17]。1 つの s 軌道，3 つの p 軌道に加えて，1 つの d 軌道を混成することにより，5 つの **sp^3d 混成軌道**となる。この混成軌道は三方両錐の頂点方向へ向いている。

同様に，s および p 軌道に加え，2 つの d 軌道を混成することにより，八面体の頂点方向へ向く 6 つの **sp^3d^2 混成軌道**ができる。このように，第 3 周期以上の原子では，d 軌道を混成軌道の形成に用いることができる。

以上述べた混成軌道を**表 5.2** にまとめた。混成軌道は，VB 理論を用いて分子中の共有結合を記述するのに便利なモデルである。

(a)

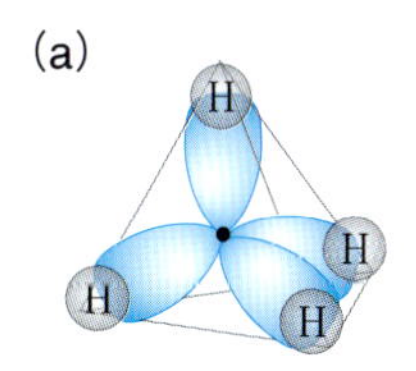

(b)

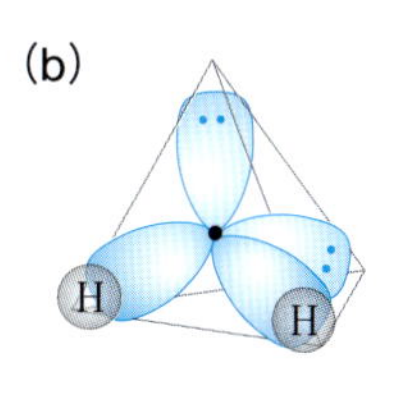

図 5.9　sp^3 混成軌道をもつ分子の原子価結合　(a) CH_4, (b) H_2O

*17　遷移金属の化合物では，主量子数 n の s 軌道や p 軌道と，$n-1$ の d 軌道が混成する場合もある。

5.2.3　多重結合

共有結合において，電子密度が高い領域は原子核どうしを結ぶ線（結合軸）に沿う。つまり，軌道の重なり領域は結合軸周りに対称となる。このような結合を **σ（シグマ）結合**（sigma bond）という。図 5.3，図 5.6 や図 5.9 は σ 結合の例である。

表 5.2　混成軌道と電子対幾何

用いる原子軌道	混成軌道（数）	電子対幾何	例
s, p	sp (2)	180° 直線	BeF_2, $HgCl_2$
s, p, p	sp^2 (3)	120° 三角形	BF_3, SO_3
s, p, p, p	sp^3 (4)	109.5° 四面体	CH_4, NH_3, H_2O
s, p, p, p, d	sp^3d (5)	90°, 120° 三方両錐	PF_5, SF_4
s, p, p, p, d, d	sp^3d^2 (6)	90° 八面体	SF_6, ClF_5

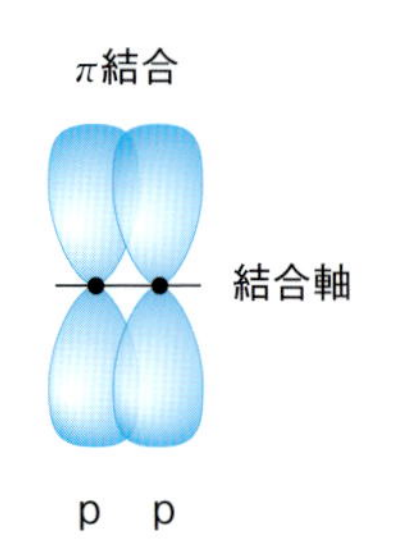

図 5.10　π 結合の形成

＊18　結合軸の上下一対で 1 つの π 結合となることに注意せよ。

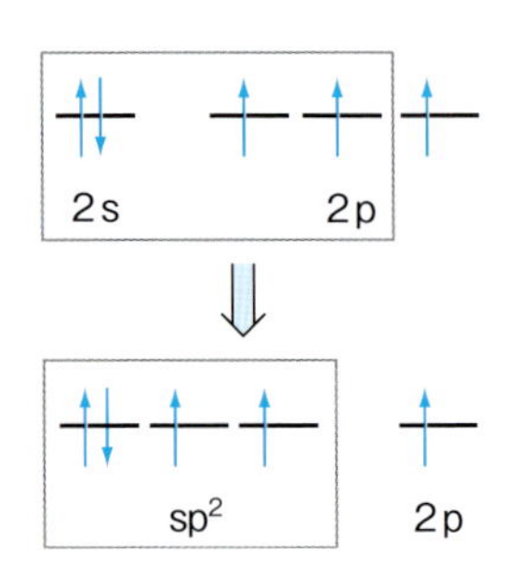

多重結合を理解するためには，結合軸に対して垂直方向に配置される 2 つの p 軌道間の重なりから生じる，別種の結合を考慮しなければならない。このような p 軌道の側面からの重なりにより，**π 結合**（パイ）(pi bond) が生じる（**図 5.10**）。π 結合は，結合軸に直交した方向に重なり領域をもつ共有結合である＊18。σ 結合と異なり，π 結合の結合軸上における電子の存在確率はゼロとなる。π 結合中の p 軌道は側面で重なるため，π 結合の重なり部分は σ 結合のそれより小さい。結果的に，π 結合は σ 結合よりも弱い。一般に，単結合は σ 結合，二重結合は 1 本の σ 結合と 1 本の π 結合，三重結合は 1 本の σ 結合と 2 本の π 結合からなる。

この考え方を理解するために，N＝N 二重結合をもつジアゼン (N_2H_2) について考えてみよう。ジアゼンの結合角 (H–N–N) はいずれもほぼ 120° であり，すべての原子は同一平面上にある。よって，2 つの窒素原子は sp^2 混成軌道となっていることが分かる。それぞれの窒素原子が sp^2 混成した後も，非混成の 2 p 軌道中に電子が 1 個残る（左図下）。この非混成 2 p 軌道は，3 つの sp^2 混成軌道を含む平面に対して垂直方向を向く。

窒素原子上の sp^2 混成軌道と，2 つの水素原子上の 1 s 軌道との重なりによって，2 つの N–H 間の σ 結合と N–N 間の σ 結合が形成される様

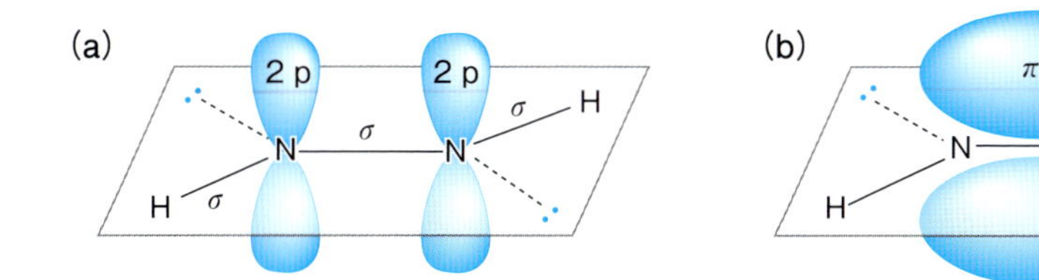

図 5.11 ジアゼン分子中の σ および π 結合の形成

子を図 5.11 (a) に示す。残った 2 個の価電子は，非混成の 2 p 軌道にそれぞれ 1 個ずつ存在する。これら 2 つの 2 p 軌道は，側面から互いに重なり合う（図 5.11 (b)）。生じた電子密度の高い領域は N–N 結合軸の上下にあることから，これは π 結合を意味する。したがって，ジアゼン中の N＝N 二重結合は，1 本の σ 結合と 1 本の π 結合からなると解釈できる。

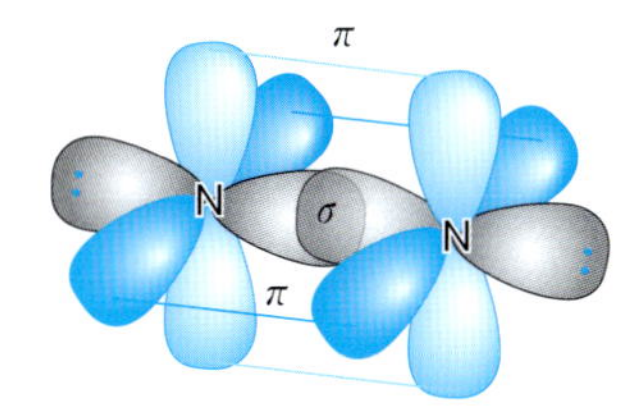

図 5.12 窒素分子中の 2 つの π 結合の形成

三重結合も混成軌道を用いて説明できる。例えば，窒素分子 (N_2) は三重結合を含む分子である。それぞれの窒素原子は，sp 混成軌道を用いてもう一方の窒素と σ 結合を形成している。よって，それぞれの窒素原子は，sp 混成で生じた N–N 間の σ 結合に直交した 2 つの非混成 2 p 軌道をもつ（図 5.12）。これらの p 軌道は，それぞれ重なって 2 本の π 結合を形成する。つまり，窒素分子の三重結合は，1 本の σ 結合と 2 本の π 結合からなる（右図）。

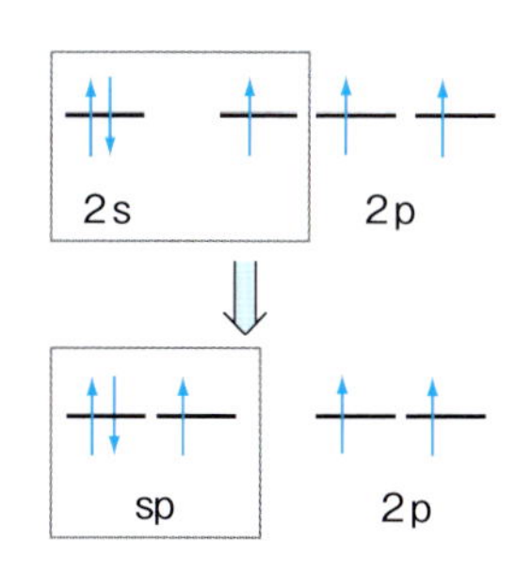

このように，π 結合は非混成 p 軌道が結合原子上に存在するときにのみ形成可能である。それ故，sp および sp^2 混成をもつ原子だけが π 結合をもつことができる。二重および三重結合は，第 2 周期の小さな原子（特に C, N, O）からなる分子またはイオンにおいて多く見られる。

これまでに説明した分子では，結合電子は局在化している。ところが，局在化していると考えると，うまく説明できない結合をもつ分子もある。そのような分子の例に，グラファイト（黒鉛）がある。グラファイト中のそれぞれの炭素は 120° の角をなす 3 つの原子に囲まれているので，すべての炭素原子は sp^2 混成軌道をもつ。この sp^2 混成軌道から，局在化した C–C 間の σ 結合が形成される。加えて，それぞれの炭素上に，分子平面と垂直方向に位置する 2 p 軌道が残る。それぞれの非混成 2 p 軌道には 1 電子ずつ入り，これらの電子が π 結合に用いられることになる。グラファイトの分子構造から，π 電子はすべての炭素原子間を動き回っていると解釈できる*19。このような状態は，π 結合に関わる電子（π 電子）がすべての炭素原子間に**非局在化** (delocalization) しているといわれる。π 電子の非局在化は，グラファイトの導電性や色の要因になっている（10.2.2 項）。

*19 実測したグラファイトの C–C 結合長 (142 pm) は同一で，C–C 単結合 (154 pm) と C＝C 二重結合 (134 pm) のちょうど中間にある。

5.3 分子軌道理論

原子価結合理論は優れた理論であるが，分子の励起状態を記述できないため，どのように光を吸収し，どのような色を発するのかについて理解できない。この欠点は，**分子軌道理論**（molecular orbital theory）と呼ばれるモデルを用いて補うことができる。第 2 章で，原子中の電子は原子軌道（AO）と呼ばれる波動関数で表されることを学んだ。同様に分子軌道理論では，**分子軌道**（molecular orbital；MO）と呼ばれる特有の波動関数を用いて分子中の電子を表す*20。1 つの MO には最大 2 電子まで（反対スピンで）収容でき，固有のエネルギーをもつなど，AO と類似した特徴をもつ。

*20　これ以降，原子軌道のことを AO，分子軌道のことを MO と省略して表す。

5.3.1 原子軌道の線形結合（LCAO 近似）

MO 理論においては，**原子軌道の線形結合**（linear combination of atomic orbitals；LCAO）という単純かつ妥当な近似が用いられる*21。LCAO 近似の MO は，分子中の各原子がもつ原子価 AO の線形和（加重平均と類似）である*22。

*21　AO の総数と MO の総数は同じである。

*22　混成軌道は特定の原子の原子価 AO の重み付きの線形和であることから，混成軌道は原子上に局在化し続ける。一方，MO 理論では，MO は分子中のすべての原子の原子価 AO の重み付き線形和であるため，MO の多くは全分子上に非局在化するという違いがある。

例として，H_2 分子を考えてみよう。H_2 の MO の 1 つは，同符号の水素 1 s AO の線形和である。これを図で示すと図 5.13 のようになる*23。この MO を σ_{1s} という。“σ” は，VB 理論における σ 結合と同じ意味である。“1 s” は 2 つの 1 s 軌道の線形和により形成されたことを意味する。σ_{1s} 軌道は，その元となる 2 つの 1 s AO より低エネルギーとなる。そのため，この軌道は**結合性軌道**（bonding orbital）と呼ばれる。

*23　図 5.13 以降の図において，符号（＋，－）を色で区別する。

H_2 のもう 1 つの MO は，それぞれの水素 1 s AO 間の異符号の線形和である。この MO を $\sigma_{1s}{}^*$ という。スター（＊）は，この軌道が**反結合性軌道**（antibonding orbital）であることを示している。反結合性軌道にあ

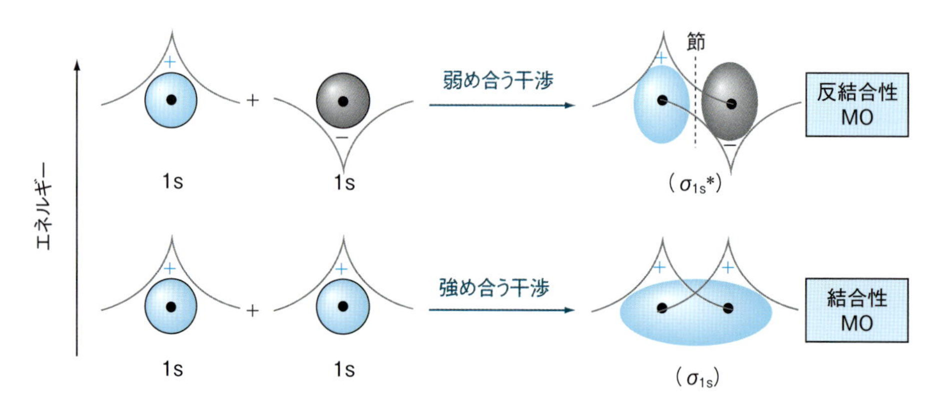

図 5.13　結合性および反結合性 MO の形成
図中の ＋－ は波動関数の符号を表す。

る電子は，元のAOより高エネルギーとなる。分子は複数のMOをもち（空の軌道もある），電子は入ることが可能な最も低エネルギーのMOから順に収容される。

軌道中の電子には波の性質があることを学んだ（第2章）。結合性MOはAO間の強め合う干渉に由来し，反結合性軌道はAO間の弱め合う干渉に由来する（図5.13）。これにより，結合性軌道は核間領域の電子密度が増大するのに対し，反結合性軌道は核間領域に節をもつ。結合性軌道は核間領域の電子密度が高く，それにより結合に関与していない原子（非結合原子）の軌道に比べてエネルギーが低下する。一方，反結合性軌道は核間領域の電子密度が低く，エネルギーは非結合原子の軌道より高くなる（**図5.14**）。

MO理論では，H_2のような多原子分子の**結合次数**（bond order）を次のように定義する。

$$結合次数 = \frac{(結合性MOにある電子数)-(反結合性MOにある電子数)}{2}$$

H_2の結合次数は，$(2-0)/2=1$となる。結合次数が正の値をとる場合，独立した原子よりもエネルギーが低くなるため，化学結合が形成される。一般に，結合次数が高くなるほど，その結合は強くなる。結合次数がゼロまたは負になるのは，原子間に結合が生じないことを示している。例えば，He_2のMOエネルギー準位図は**図5.15**のようになる。このときの結合次数は，

$$He_2の結合次数 = (2-2)/2 = 0$$

つまり，MO理論によればHe_2は安定な分子として存在しないことが予想され，実際HeはHe_2分子ではなく，単原子分子として存在する。

結合性MOに入る電子は分子または多原子イオンを安定化し，反結合性MOに入る電子は逆に不安定化する[*24]。

*24 結合性MO中にある電子1個は，電子2個の半分だけ安定化すると考えられるので，結合次数が1.5などということも当然ありうる。

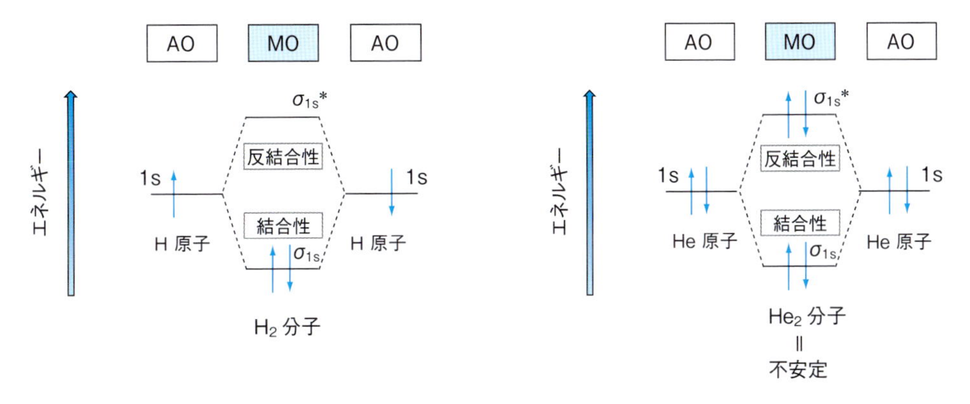

図5.14 H_2のMOエネルギー準位図　　**図5.15 He_2のMOエネルギー準位図**

5.3.2　第2周期の等核二原子分子

次にMO理論を用いて，より高エネルギーのMOをもつ第2周期の等核二原子分子を考えてみよう。Li_2中のMOは，2s AOの線形結合として近似される*25。Li_2の2つの価電子は結合性MOを占有することから，Li_2は結合次数1をもつ安定な分子と予想でき，実験からこの予想が正しいことが分かる（結合エネルギー：103 kJ mol^{-1}）。

続いて，合計6つの価電子をもつB_2分子について考えてみよう。B_2およびそれ以降の二原子分子のMOは，2p軌道の線形結合を考慮する必要がある。p軌道は方向性をもつため，分子の結合軸を定義しなければならない*26。

それぞれの原子の2p_x軌道および2p_y軌道を結合して得られるLCAO-MOは，図5.16のようになる。この場合，p軌道は側面で重なる。結合性MO中の電子密度は結合軸の上下に存在し，結合軸を含む節平面をもつ。このMOは，VB理論におけるπ結合の電子密度分布と類似しており，π_{2p}軌道という。対応する反結合性軌道は，結合軸に直交したもう一つの節平面を核間にもっており，$\pi_{2p}{}^*$軌道という*27。

一方，結合軸に沿った2p_z軌道の線形結合から生じるLCAO-MOは，図5.17のようになる。生じた結合性MOは，核間領域の電子密度が増大した，飴を包み込んだような形をしている。これは，σ形状（結合軸の周りに対称）を有していることからσ_{2p}結合性軌道という。反結合性

*25　他の結合モデルと同様，内殻電子は化学結合にほとんど寄与しないので考えなくてもよい。

*26　本書では，結合軸をz軸方向と定義する。

*27　2p_xと2p_y AOは，結合軸に対して90°回転しただけの違いなので，生じたMOは互いに結合軸に関して90°回転しただけの違いとなる。それ故，2p_y AOの線形結合から得られる結合性および反結合性MOのエネルギーならびに名称は，2p_x AOの結合から得られるMOと同一となる。

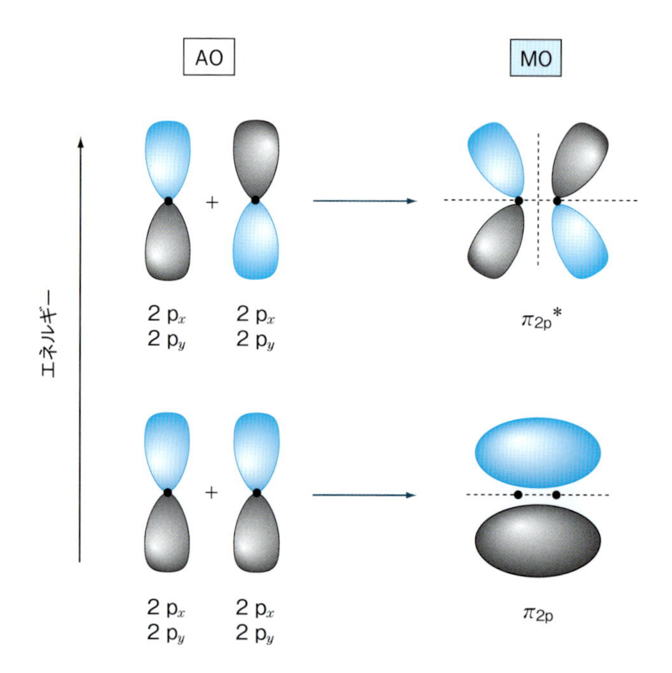

図5.16　結合性（π_{2p}）（下）および反結合性πMO（$\pi_{2p}{}^*$）（上）の形成
点線は節平面を表す。

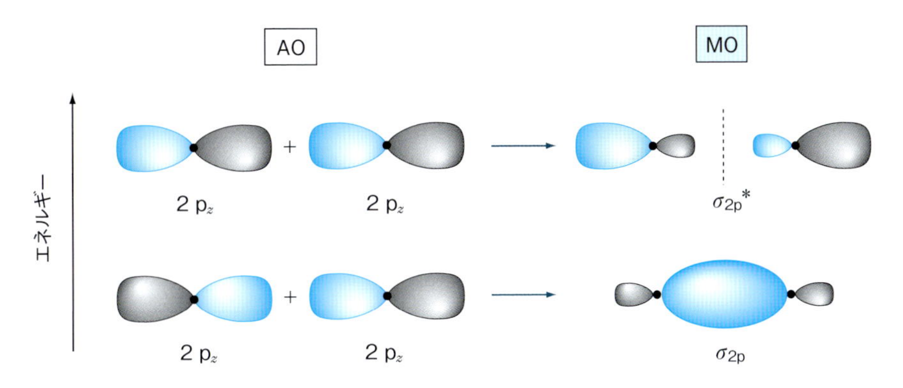

図 5.17　結合性 (σ_{2p})（下）および反結合性 σMO (σ_{2p}^*)（上）の形成
点線は節平面を表す。

軌道 (σ_{2p}^*) は 2 つの核間に節平面をもち，元の 2 p_z 軌道よりもエネルギーが高い。

以上述べた 2 p AO の結合で得られる MO の相対的なエネルギー順を理解しておく必要がある[*28]。第 2 周期の二原子分子においては，B_2，C_2 および N_2 のエネルギー順と，O_2，F_2 そして Ne_2 のエネルギー順が一部異なっている（図 5.18）。エネルギー順が異なる理由は，LCAO–MO モデルで説明できる。これまで見てきたような単純化した取扱いの下では，第 2 周期の AO から生じた MO はペアで計算されると仮定した[*29]。しかし，厳密な取扱いでは，MO は互いに接近したエネルギーや同じ対称性をもつすべての AO を含む線形結合により形成される[*30]。このような混合により，対応する MO のエネルギー準位が影響を受け

＊28　LCAO–MO 理論から得られる MO の相対的な順序はコンピューター計算により決定される。すべての分子に適用できる統一された順序はないことに注意せよ。

＊29　言い換えれば，ある原子の 2 s 軌道ともう一方の 2 s 軌道との線形結合，ある原子の 2 p_z ともう一方の 2 p_z との線形結合…のように取り扱う。

＊30　例えば，2 つの 2 s 軌道と 2 つの 2 p_z 軌道はすべて結合し，合計 4 つの MO を形成することになる。

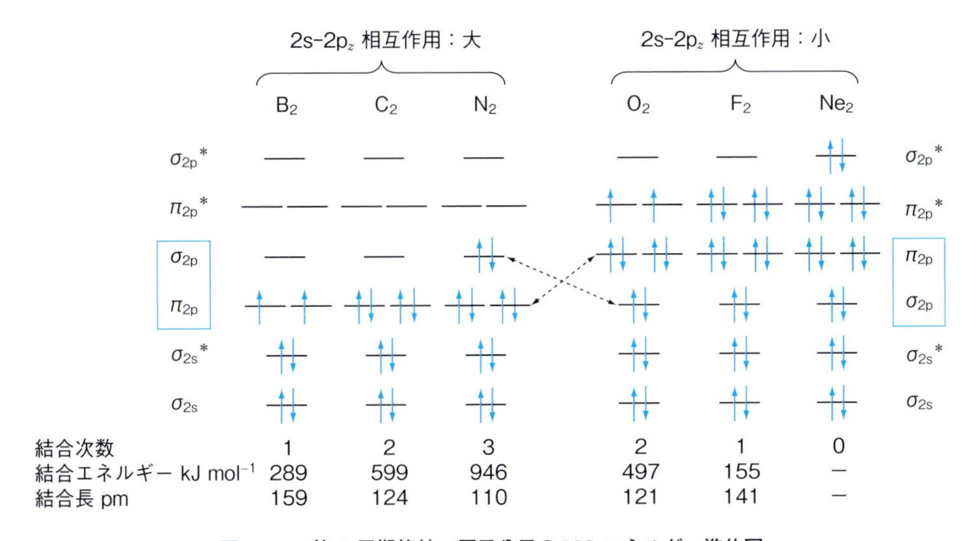

	B_2	C_2	N_2	O_2	F_2	Ne_2
結合次数	1	2	3	2	1	0
結合エネルギー kJ mol^{-1}	289	599	946	497	155	–
結合長 pm	159	124	110	121	141	–

図 5.18　第 2 周期等核二原子分子の MO エネルギー準位図
2s–2p_z 軌道間の相互作用の違いにより，π_{2p} および σ_{2p} MO のエネルギー順が変わっていることに注意。

る。s−p 混合の度合いは，O_2, F_2, Ne_2 よりも B_2, C_2, N_2 の方が高く，その結果，分子によってエネルギーの順序に相違が生じることになる。

第2周期の等核二原子分子の MO エネルギー準位図に加え，結合次数，結合エネルギーおよび結合長を図 5.18 にまとめた。結合次数が増加するにつれてその結合は強くなり（結合エネルギーの増大），結合長は短くなる。N_2 の結合次数は最大の 3 に達する。これは，ルイス理論だけでなく，実験的にも支持される。

O_2 では，N_2 から 2 つの電子が反結合性 MO へ加わり，結合次数は 2 となる。この 2 つの電子は不対電子であり，フントの規則に従って平行スピンをもち，$\pi_{2p}{}^*$ 軌道を別々に占有する。酸素分子に不対電子が存在することは実験的にも示される（**常磁性**；paramagnetic [*31]）。一方，原子中の電子がみな対をなすと電子スピンは磁場による影響を受けず，軌道角運動量は互いに相殺されるため**反磁性**（diamagnetic）[*32] となる（C_2 や N_2 など）。残りの第2周期等核二原子分子の中で F_2 は実在するが（結合次数 = 1），Ne_2 は存在しない（結合次数 = 0）。

分子軌道を記述する際，いくつかの略語が用いられることがある。HOMO（highest occupied molecular orbital；**最高被占軌道**）とは，分子軌道に電子を入れた際に最もエネルギー準位の高い軌道のことである。LUMO（lowest unoccupied molecular orbital；**最低空軌道**）とは，電子が入っていない最もエネルギーの低い軌道のことである [*33,34]。例えば，C_2 の HOMO は π_{2p}，LUMO は σ_{2p} であり，F_2 の HOMO は $\pi_{2p}{}^*$，

＊31　常磁性とは，磁場をかけるとその方向に磁化する性質のことである。つまり，磁石へ引き寄せられることを意味する（12.2.3 項参照）。

＊32　反磁性とは，磁場をかけたとき磁場の向きと逆向きに磁化される性質のことである。つまり，磁石に対してわずかに反発することを意味する。

＊33　HOMO，LUMO に加えて SOMO（singly occupied molecular orbital）という略語もあり，これは半占軌道を表す。SOMO はフリーラジカル種の性質を議論する際に重要となる。

＊34　最高被占軌道（HOMO）と最低空軌道（LUMO）を合わせてフロンティア軌道といい，構造研究等において重要な役割を果たす。この考え方をフロンティア理論といい，京都大学の福井謙一博士らによって提案された反応理論である。この業績に対し，1981 年にノーベル化学賞が授与された。

Column　視覚の化学

光は，人間の眼の中で π 結合の切断や再形成を含む「化学スイッチ」により検出される。眼の網膜は，多数の桿体（rod）および錐体（cone）と呼ばれる，光に敏感な細胞で覆われている。これらの細胞は，いずれも下に示す 11-*cis*-レチナールという光吸収物質が結合したタンパク質を含む。

十分なエネルギーをもつ光子が桿体または錐体細胞に当たると，11-*cis*-レチナールは対応する *trans*-レチナールへ異性化する。可視光が当たると，11-*cis*-レチナール中の青線で示した二重結合間の π 結合が切れ，分子がこの結合に関して自由に回転できるようになり異性化が進行する。その後，この π 結合は *trans* 配座のまま再形成される。生じた *trans*-レチナールの幾何構造が異なることにより，タンパク質中の構造が変化する。この構造変化が脳へ伝達される電気信号となる。

このように，我々の視覚はレチナール中の二重結合の剛性に依存している。

11-*cis*-レチナール　→（光）→　*trans*-レチナール

LUMO は $\sigma_{2\mathrm{p}}{}^*$ となる。

5.3.3 第2周期の異核二原子分子

MO 理論は，異核二原子分子にも適用できる。例えば，HF 分子の MO 図は図 5.19 のようになる。フッ素は最も電気陰性なので，その AO はすべて水素の AO より低エネルギーとなる。実際，フッ素の 2s 軌道は水素の 1s 軌道に比べて非常にエネルギーが低いため，MO に対してほとんど寄与しない。したがって，HF の MO はフッ素の $2\mathrm{p}_z$ 軌道と水素の 1s 軌道との線形結合により近似される。残りの 2p 軌道はフッ素上に残り，エネルギー準位図には**非結合性軌道** (nonbonding orbital) として示される[*35]。

[*35] 非結合性軌道とは結合に関与しない軌道のことである。HF の場合，非結合性軌道にある電子は，ほとんどフッ素原子上に局在している。

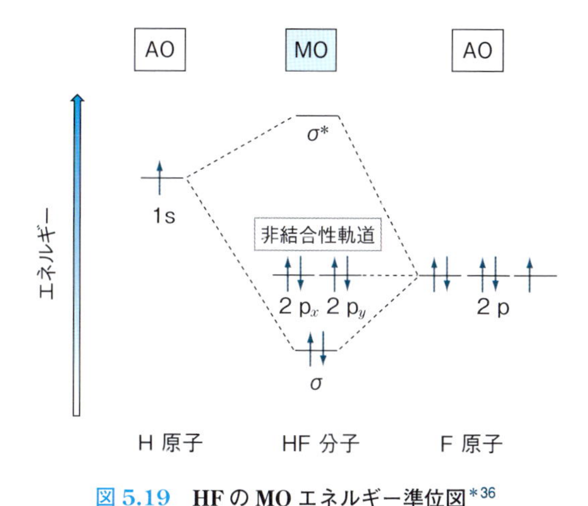

図 5.19 **HF の MO エネルギー準位図**[*36]

[*36] F 原子の 1s および 2s 軌道は MO 形成に寄与しないので省略している。

演習問題

5.1 以下の幾何構造において，結合角が大きくなる順に並べよ。

(a) 三角形　(b) 四面体　(c) 八面体

5.2 以下の分子またはイオンの構造を予測せよ。

(a) SF_4　(b) O_3　(c) N_2O (原子配列は NNO)　(d) $S_2O_3{}^{2-}$

5.3 以下のイオンにおいて，同じ幾何構造をとるものを選べ。

(a) SCN^-　(b) $NO_2{}^-$　(c) CNO^-

5.4 ホルムアルデヒド (CH_2O) について，以下の問いに答えよ。

(a) 分子構造を予測せよ。

(b) H–C–H 結合角は理想の値と比べてどうなると予想されるか。

5.5 アミノ酸の一つであるグリシン（$NH_2CH_2C(O)OH$）について，以下の問いに答えよ。

(a) N–C–C 結合角を予想せよ。

(b) O–C–O 結合角を予想せよ。

(c) C–O–H 結合角を予想せよ。

5.6 sp^3 混成軌道をもつ炭素原子が π 結合を形成しない理由を説明せよ。

5.7 以下の分子の中心原子の混成軌道を答えよ。

(a) CO_2　(b) NO_2　(c) O_3　(d) ClO_2

5.8 以下の分子の中心原子の混成軌道と分子の幾何構造を答えよ。

(a) PCl_5　(b) XeF_4

5.9 エチレン（$CH_2{=}CH_2$）およびアセチレン（$CH{\equiv}CH$）の多重結合について，VB 理論を用いて説明せよ。また，これらの分子構造の特徴を述べよ。

5.10 以下の分子中の炭素原子の混成を決定せよ。

(a) 酢酸（CH_3COOH）　(b) 二硫化炭素（CS_2）

5.11 ベンゼン中の C–C 結合長はすべて等しく，C–C 単結合と二重結合の中間的な値である。VB 理論を用いてこの理由を説明せよ。

5.12 分子構造を説明する際，VB 理論と MO 理論のどちらがよいと考えられるか。

5.13 以下のイオンの結合次数を求めよ。また，このうち実在すると考えられるイオンを選べ。

(a) N_2^+　(b) O_2^+　(c) C_2^+　(d) Cl_2^{2-}

5.14 以下の陰イオンのうち，π^* 軌道に電子をもつものを選べ。

(a) B_2^{2-}　(b) C_2^{2-}　(c) N_2^{2-}　(d) O_2^{2-}

5.15 NO 分子の MO 図は O_2 分子のものと類似している。NO 分子の MO 図を描き，この図から NO 分子が反応活性なフリーラジカルであることを示せ。

第6章 無機化合物の反応

この章で学ぶこと

無機化合物を用いた化学反応や測定は溶液中で行われることが多い。この章では，最初に代表的な溶液内反応である酸塩基反応ならびに酸化還元反応について，基礎的な概念を中心に説明する。これらの反応は，溶媒の性質と密接に関連していることから，種々の溶媒についてもいくつかの性質を取り上げる。さらに，放射性同位元素による核反応についても取り上げ，その概要を述べる。

6.1 酸塩基反応

酸塩基反応は，水中での酸性および塩基性溶液の研究から始まり，それがアレニウスの定義[*1]となった。その後，酸と塩基の反応は，非水溶液中でも起こること，さらに無溶媒中でも起こることが分かった。本節では，アレニウスの定義に代わる新たな定義が，物質の性質を理解する際にどのように用いられてきたのかを概観しつつ，酸塩基反応を定量的に学んでいこう。

アレニウス　S. A. Arrhenius

*1　アレニウスの定義：酸は水中で解離して水素イオンを生じる物質，塩基は水中で解離して水酸化物イオンを生じる物質。

6.1.1　酸塩基の定義

(1) ブレンステッド-ローリーの酸塩基

この定義は，デンマークの化学者ブレンステッドと，イギリスの化学者ローリーがそれぞれ独立に提案したものである。ブレンステッド-ローリーの定義によれば，

・**酸** (acid) とは，プロトン供与体である

・**塩基** (base) とは，プロトン受容体である

プロトン (proton) とは，水素イオン (H^+) のことを指す[*2]。酸は，酸性の水素原子（別の化学種へ原子核として移動する水素原子）を含む化学種である。プロトン移動および溶液中でのプロトン供与体とプロトン受容体間での素早い平衡が，酸塩基反応の中心テーマである。

酸は，酸性プロトンを単に放出するのではなく，プロトンが塩基に移動する。例えば，塩化水素 (HCl)[*3] はブレンステッド酸であるが，気相中で塩化水素分子は完全にそのままの形を保持している。しかし，塩化水素が水に溶けると，水素原子は周囲にある水分子中の酸素原子と水素結合（8.5 節参照）を形成し，プロトンが速やかに水分子へ移動する。

ブレンステッド　J. Brønsted

ローリー　T. Lowry

*2　プロトンについては 8.1 節参照のこと。

*3　塩化水素は気体であり，塩化水素の水溶液が塩酸である。

この過程はプロトン移動反応（プロトンがある化学種から別の化学種へ移動する反応）である。別な見方をすれば，塩化水素分子は**脱プロトン**（deprotonation）したともいえる（式 6.1 *4）。

$$HCl(aq) + H_2O(l) \longrightarrow H_3O^+(aq) + Cl^-(aq) \qquad (6.1)$$

この反応ではほぼすべてのプロトン移動が起こるため，塩化水素は強酸に分類される。H_3O^+は**ヒドロニウムイオン**（hydronium ion）（または**オキソニウムイオン**；oxonium ion *5）と呼ばれ，酸塩基間で起こるプロトン移動を表す際に用いられる *6。

ブレンステッド塩基はプロトン受容体であり，プロトンが結合できる非共有電子対をもつことが多い。例えば，酸化物イオン（O^{2-}）は典型的なブレンステッド塩基である（式 6.2）。

$$O^{2-}(aq) + H_2O(l) \longrightarrow 2\,OH^-(aq) \qquad (6.2)$$

水は，酸としても塩基としても振る舞うことができる。このことは，式 6.3 のように示すことでより明確になる *7。

共役酸塩基対

$$\underset{\text{酸 1}}{H_2O(l)} + \underset{\text{塩基 2}}{H_2O(l)} \rightleftharpoons \underset{\text{酸 2}}{H_3O^+(aq)} + \underset{\text{塩基 1}}{OH^-(aq)} \qquad (6.3)$$

共役酸塩基対

このとき，OH^-（塩基 1）は H_2O（酸 1）の**共役塩基**（conjugate base）と呼ばれる。一方，H_2O は塩基である OH^-の**共役酸**（conjugate acid）である。共役塩基は酸がプロトンを供与した後に残る化学種であり，共役酸は塩基がプロトンを受容した際に生じる化学種である（式 6.3）。

アレニウスの定義は水溶液中に限定されているのに対し，ブレンステッド-ローリーの定義はより一般的で，非水溶媒（式 6.4 *8）や気相中（式 6.5）での反応にも適用できる。

$$CH_3COOH(l) + NH_3(l) \rightleftharpoons CH_3COO^-(am) + NH_4^+(am) \qquad (6.4)$$

$$HCl(g) + NH_3(g) \longrightarrow NH_4Cl(s) \qquad (6.5)$$

（2）ルイスの酸塩基

ブレンステッド-ローリーの定義は，ある化学種から別の化学種へのプロトン移動に注目している。しかし，酸塩基の概念はプロトン移動にとどまらず，様々な場面において重要となる。そのため，ルイスによる定義に基づいて，より多くの物質が酸または塩基として分類される。すなわち，

・**ルイス酸**（Lewis acid）は電子対受容体である

・**ルイス塩基**（Lewis base）は電子対供与体である

ルイス塩基が電子対をルイス酸に供与すると，配位結合（4.6.2 項）が形成される。

*4　化学種の後にある文字 g, l, s は，その物質の状態がそれぞれ気体，液体，固体であることを表す。また aq は水溶液であることを表す。

*5　本来，オキソニウムイオンとは含酸素陽イオン（R_3O^+）の総称であり，このうち最も単純なものがヒドロニウムイオン（H_3O^+）である。

*6　溶液中では強く水和するので，$H_9O_4^+$という形で存在している（アイゲン陽イオン）。水中でも H^+として存在しないことに注意せよ。

*7　この反応は水の自己解離と呼ばれる。この反応の自由エネルギー変化（ΔG°）は 79.89 kJ mol^{-1} なので，$\Delta G^\circ = -RT\ln K$ より，$K = 1.0 \times 10^{-14}$（25 ℃）となる。ΔG° については 6.2.2 項を参照のこと。

*8　am は，液体アンモニア中に溶けた化学種を表す。

プロトン (H^+) は電子対受容体なのでルイス酸である。つまり，ブレンステッド酸はルイス酸の一種ということになる。同様に，ブレンステッド塩基はルイス塩基の一種である（下の例における NH_3）。

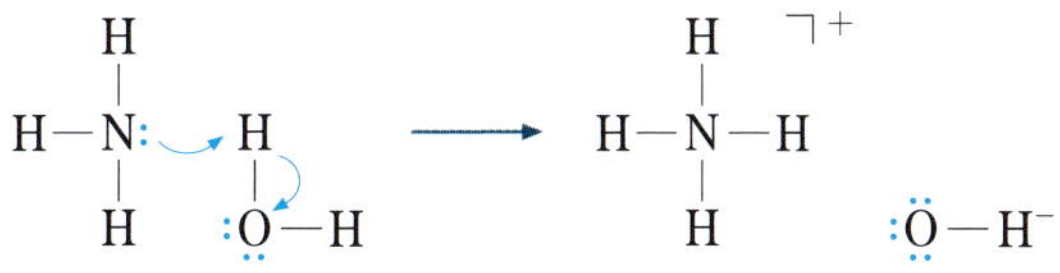

（矢印は電子が動く向きを表す）

すべてのルイス塩基はブレンステッド塩基であるが，ルイス酸は必ずしもブレンステッド酸であるとは限らない。なぜなら，ルイス酸には水素原子が含まれないものもあるためである[*9]。

*9　例えば，BF_3 などがある（10.1.2 項参照）。

6.1.2　酸塩基の強さ

前項で二種類の酸塩基の定義を示した。それぞれの定義において，酸および塩基の強さはどのように決まるのだろう。ここでは，それぞれの定義における酸塩基の強さについてまとめる。

(1) ブレンステッド酸の強さ

一般に，**電解質**（electrolyte）の強弱は，その電解質が溶液中で構成イオンにどの程度解離するかで決まる[*10]。ブレンステッド酸塩基の強さも，これと同様に定義される。すなわち，HA で表される酸の強さは次の平衡に依存する（式 6.6）。

$$\mathrm{HA(aq)} + \mathrm{H_2O(l)} \rightleftharpoons \mathrm{H_3O^+(aq)} + \mathrm{A^-(aq)} \qquad (6.6)$$

このときの熱力学的平衡定数 (K) は，それぞれの成分の活量 (a) を用いて式 6.7 のように表される[*11]。

$$K = \frac{a_{\mathrm{H_3O^+}}\, a_{\mathrm{A^-}}}{a_{\mathrm{HA}}\, a_{\mathrm{H_2O}}} \qquad (6.7)$$

通常この溶液は希薄溶液で，H_2O の活量は 1 とみなせる[*12]。さらに，イオン強度[*13]一定の溶液中では，活量をそれぞれの成分のモル濃度に置き換えることができ，それを**酸解離定数**（acid dissociation constant；K_a）という（式 6.8）[*14]。

$$K_a = \frac{[\mathrm{H_3O^+}][\mathrm{A^-}]}{[\mathrm{HA}]} \qquad (6.8)$$

同様に，水中での塩基（B）のプロトン移動の平衡から，**塩基解離定数**（base dissociation constant；K_b）が定義される（式 6.9 および 6.10）[*15]。

$$\mathrm{B(aq)} + \mathrm{H_2O(l)} \rightleftharpoons \mathrm{BH^+(aq)} + \mathrm{OH^-(aq)} \qquad (6.9)$$

$$K_b = \frac{[\mathrm{BH^+}][\mathrm{OH^-}]}{[\mathrm{B}]} \qquad (6.10)$$

*10　強電解質は完全に解離するのに対し，弱電解質は一部しか解離しない。

*11　活量を正確に記述するのは非常に難しいため，本書では触れない。ここでは，活量とは熱力学的な実効濃度と考えればよい。活量は無次元であるため，式 6.7 の K は単位をもたない。

*12　純粋な固体，液体の活量は 1 であり，希薄溶液においては，溶質の活量は溶質の濃度で近似できる。なお，平衡定数を式 6.8 のように濃度で表すときは単位をもつ（$\mathrm{mol\ dm^{-3}}$ など）。

*13　イオン溶液を取り扱う上できわめて重要な量で，静電的な効果の重みをかけたイオンの総濃度として定義される。

*14　「酸の電離定数」や「酸の解離の平衡定数」ともいう。

*15　「塩基の電離定数」や「塩基の解離の平衡定数」ともいう。

酸および塩基解離定数は，pH と同様に負の対数で表すことができ，それぞれ酸解離指数，塩基解離指数と呼ばれる（式 6.11）＊16。

＊16　式 6.3 より，水の場合には $K = [H_3O^+][OH^-] = 1.0 \times 10^{-14}$ $(mol\ dm^{-3})^2$ となり，これを水の自己解離定数（K_w）という。また，$K_a \times K_b = K_w$ すなわち $pK_a + pK_b = 14.00$（25 ℃）という関係がある。

$$pK_a = -\log K_a \qquad pK_b = -\log K_b \qquad (6.11)$$

リン酸のような**多塩基酸**（polyprotic acid）は，多段階でプロトンが解離する。リン酸の場合には，以下の 3 段階の逐次解離平衡を示す（式 6.12 ～ 6.14）。

$$H_3PO_4(aq) + H_2O(l) \rightleftharpoons H_2PO_4^-(aq) + H_3O^+(aq) \qquad K_{a1} = 7.1 \times 10^{-3} \qquad (6.12)$$

$$H_2PO_4^-(aq) + H_2O(l) \rightleftharpoons HPO_4^{2-}(aq) + H_3O^+(aq) \qquad K_{a2} = 6.3 \times 10^{-8} \qquad (6.13)$$

$$HPO_4^{2-}(aq) + H_2O(l) \rightleftharpoons PO_4^{3-}(aq) + H_3O^+(aq) \qquad K_{a3} = 4.5 \times 10^{-13} \qquad (6.14)$$

負に帯電したイオン（$H_2PO_4^-$ など）からは H^+ が解離しにくくなるため，第二，第三段階の K_a 値はそれぞれ小さくなる。多くの無機多塩基酸の K_a 値は，それぞれのプロトンを 1 つ取り除くごとに約 10^{-5} ずつ小さくなる＊17。

＊17　例えば，H_2SO_3 の K_a 値は 1.4×10^{-2}，HSO_3^- の K_a 値は 6.5×10^{-8} であり，H_2CO_3 の K_a 値は 4.5×10^{-7}，HCO_3^- の K_a 値は 4.7×10^{-11} である（いずれも 25 ℃）（他にも，水溶液中の主な酸の酸解離指数を巻末の付録 2 に載せた）。

分子の結合や構造と化学的性質の間には関連性があることが多く，酸塩基も例外ではない。例えば，17 族元素を含む酸であるハロゲン化水素（HX）の酸の強さについて考えてみよう。HF 水溶液は弱酸（$K_a = 6.8 \times 10^{-4}$）であるのに対し，他のハロゲン化水素酸（HCl, HBr, HI）はみな強酸である。また，酸の強さの序列は HF ≪ HCl ＜ HBr ＜ HI となる。この相対的な酸の強さは，2 つのエネルギー量，すなわち H–X 結合を切断するのに必要なエネルギーと，X の電子親和力の合計と相関している。H–X 結合が切れやすいほど，そして X の電子親和力がより大きな値であるほど，その酸は強くなる。

結合エネルギーと電子親和力の効果は相乗的に作用し，その結果，強酸となったり弱酸となったりする。17 族元素を含む酸 HX のデータを**表 6.1** にまとめた。この系では結合エネルギー項が優先しており，HF の H–X 結合は最も強く，逆に HI の H–X 結合は最も弱い。結果的に HI が最も強い酸となる＊18。

＊18　別のブレンステッド酸であるオキソ酸の強度は，結合エネルギーよりも電子親和力の方が重要となる（8.3.3 項参照）。

既に述べたように，プロトンは水中ではヒドロニウムイオン（H_3O^+）として存在する。HCl や HNO_3 のような強酸は，水中ではほぼ完全に H_3O^+ となって解離している。したがって，強酸水溶液中における酸か

表 6.1　17 族元素を含む酸（HX）のデータ比較

	― 酸強度の増加 →			
	HF	HCl	HBr	HI
H–X 結合エネルギー（$kJ\ mol^{-1}$）	565	431	366	299
X の電子親和力（$kJ\ mol^{-1}$）	328	349	325	295
合計（$kJ\ mol^{-1}$）	893	780	691	594
pK_a	3.17	−8	−9	−10

ら塩基へのプロトン供与は，ヒドロニウムイオンの解離によってのみ起こるため，希薄水溶液中では H_3O^+ より強い酸は存在しないことになる。つまり，HNO_3 や HCl といった強酸の水溶液は，すべて同じ強さの酸となる。この現象を**水平化効果**（leveling effect）という。水分子の共役塩基（OH^-）が最も強い塩基となる現象も，同様に水平化効果と呼ばれる*19。

*19　非プロトン性溶液中では，溶媒分子のプロトンに対する親和性が乏しくなるため，水平化効果は現れずに異なる酸性度を示す。

(2) ルイス酸塩基の強さ

ルイス酸塩基の酸性度または塩基性度は，置換基の性質（立体的あるいは電子的効果）に影響される。例えば，ルイス酸にホウ素化合物（$B(CH_3)_3$），ルイス塩基にピリジン類を用いると，その塩基性度は

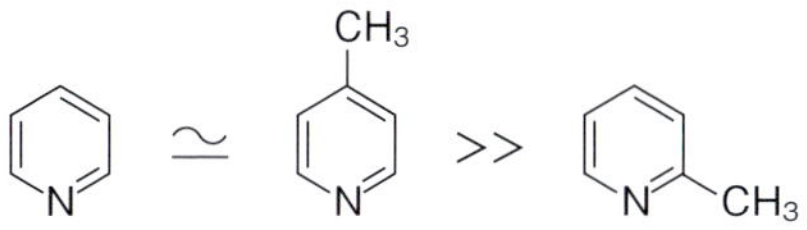

の順となる。これは，ルイス塩基のオルト位*20 のメチル基と，ルイス酸のメチル基との間の立体障害に起因するためと考えられている。

*20　ピリジン窒素に隣接した位置をオルト位という。

一方，電子的効果はルイス酸または塩基中の置換基の電気陰性度と関連している。すなわち，置換基の電子求引性が強いほどルイス酸性は強くなり，逆にルイス塩基性は弱くなる（メチル基は電子供与性，フッ素は電子求引性）。

$$\text{ルイス酸性の順：} BF_3 > BH_3 > B(CH_3)_3$$

$$\text{ルイス塩基性の順：} N(CH_3)_3 > NH_3 > NF_3$$

しかし，この考え方は一連のハロゲン化ホウ素（BX_3）の酸性度には当てはまらない。BX_3 分子は，ホウ素原子上の電子密度を増加させる π 電子を有しているが，その中で第 2 周期の元素を含む BF_3 分子は，B–F 間に最も強い π 結合を生成して安定化する。つまり，BF_3 は最も弱いルイス酸となるため，ハロゲン化ホウ素のルイス酸性は次のようになる。

$$BBr_3 \geq BCl_3 > BF_3$$

他にも，ルイス酸塩基の強さを定量的に見積もる方法が提案されている*21。

*21　例えば，静電的および共有結合性の要因を含むパラメーターを用いて，多くのルイス酸や塩基の反応エンタルピーを求めるドラゴー－ウェイランド式がある。

6.1.3 「硬い」および「軟らかい」酸塩基（HSAB）の概念

ルイスは電子対受容体と電子対供与体に区分し，これらを用いて化学反応を酸塩基反応に統一化した。しかし，反応性に対しては統一的な尺度を与えることができない。

ピアソンは，小さくて密度が高く分極しにくい金属イオン（ルイス酸）

ピアソン　R. G. Pearson

は，小さくて分極しにくい塩基を好むことに気づき，これを一般化した。すなわち，小さくて密度が高く分極しにくい酸と塩基を「硬い (hard)」と表現した。逆に，より大きくて分極しやすいルイス酸および塩基を「軟らかい (soft)」とした。これらの表現を用いると，定性的には

「硬い酸は硬い塩基を好み，軟らかい酸は軟らかい塩基を好む」

とすることができる。この概念は直観的でわかりやすいため，無機反応のみならず有機反応にも広く用いられている。硬い・軟らかい・酸・塩基の頭文字から，この概念は **HSAB** (hard and soft acids and bases) **則**と呼ばれる。

硬い酸は一般にイオン半径が小さく，また電荷が高い陽イオンである*22。軟らかい酸は電荷が低く半径の大きい陽イオン，または原子番号の大きい元素からなる中性分子である。一方，硬い塩基は分極しにくく，電気陰性度が高い元素の陰イオン (F^-など) が多い。軟らかい塩基は分極しやすく，酸に電子を供与しやすい。表 6.2 に，HSAB 則に基づいて分類した代表的なルイスの酸塩基を示す。

*22　電荷の高低は電荷密度で表すことができる。電荷密度は q^2/r (q：電荷，r：イオン半径) で表される。

表 6.2　「硬い・軟らかい」による酸塩基の分類

	酸	塩基
硬い	H^+, Li^+, Na^+, K^+ Mg^{2+}, Ca^{2+}, Mn^{2+} Al^{3+}, Fe^{3+}, Co^{3+} BF_3, CO_2	OH^-, F^-, Cl^-, NO_3^- ClO_4^-, RO^-, CH_3COO^- CO_3^{2-}, SO_4^{2-} NH_3, H_2O, ROH
中間	Fe^{2+}, Co^{2+}, Ni^{2+} Cu^{2+}, Zn^{2+}, SO_2 $B(CH_3)_3$	Br^-, N_3^-, NO_2^- SO_3^{2-}, ピリジン
軟らかい	Cu^+, Ag^+, Au^+, Hg^+ Tl^+, Cd^{2+}, Pd^{2+} Pt^{2+}, BH_3	H^-, CN^-, R^-, I^- SCN^- (S 配位), $S_2O_3^{2-}$ CO, R_3P, ベンゼン

6.1.4　超　酸

強酸として知られる硫酸よりも，さらに酸性の強い液体が知られている。このような液体を**超酸** (superacid)*23 という。超酸は非水溶媒であるため，その酸性度は pH では表せない。そのため，式 6.15 のように定義されるハメットの酸性度関数 (H_0) により見積もられる。

*23　「超強酸」という表現もある。

ハメット　L. P. Hammett

$$H_0 = pK_{BH^+} - \log \frac{[BH^+]}{[B]} \tag{6.15}$$

ここで B と BH^+は，それぞれ塩基となる指示薬 (ニトロアニリンなど) とその共役酸である。この H_0 値は，希薄水溶液では pH と同じ尺度となる。つまり，H_0 は pH ＜ 0 の領域を表す値として考えることができる。純粋な硫酸の H_0 値は －11.9，過塩素酸の H_0 値は －13.0，トリフル

オロメタンスルホン酸 (HSO_3CF_3) の H_0 値は -14.1 である。

超酸溶媒は，通常の反応系では起こらない反応を引き起こしたり*24，フリーデル-クラフツ反応*25 の触媒としても有用である。

*24　例えば，反応性の高い陽イオン (S_8^{2+} や HCO^+ など) を生成させることができる。

フリーデル　C. Friedel
クラフツ　J. M. Crafts

*25　ルイス酸触媒存在下で，ベンゼンのような芳香族化合物とハロゲン化アルキルまたはアシルとの反応により，炭素―炭素結合を形成させる有機反応のこと。

6.2 酸化還元反応

酸化還元反応 (redox reaction) は最も重要な化学反応の一つであり，電池の作動だけでなく，自然界における様々な過程 (鉄さびや動物の呼吸など) でも見られる。**酸化** (oxidation) とは電子を失うことであり，**還元** (reduction) とは電子を受け取ることである*26。酸化還元 (電子移動) 反応の特徴を列挙すると，

- ある反応物が酸化されると，別の反応物が還元される
- 酸化と還元は釣り合いがとれている (酸化と還元に関与する電子の総数は等しい)
- **酸化剤** (oxidizing agent) (相手を酸化する化学種) は還元される
- **還元剤** (reducing agent) (相手を還元する化学種) は酸化される

酸化還元反応を，銅と銀イオンの反応を例にまとめておく。

*26　酸素の授受や水素の授受も狭義の酸化還元反応である。

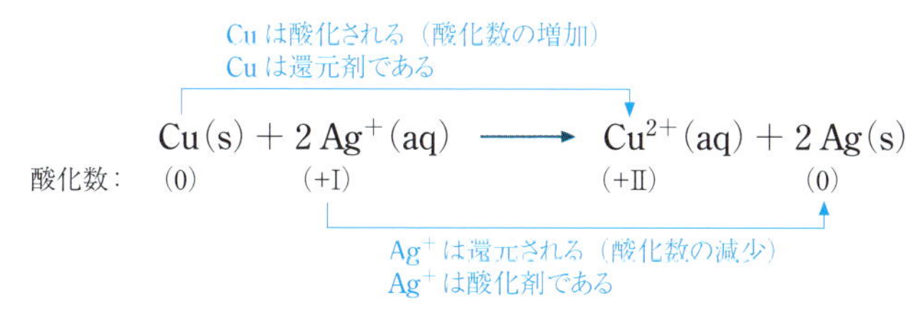

6.2.1 標準電極電位

高校の化学では，いわゆるガルバニ電池*27 を学ぶ。ガルバニ電池では，電気を発生させるために自発的な酸化還元反応を使う。ガルバニ電池での酸化および還元**半反応** (half-reaction) は，それぞれ仕切られた反応槽中で起こる (図 6.1)。それぞれの反応槽には**電極** (electrode) と呼ばれる固体があり，この表面で半反応が起こる。酸化反応が起こる電極を**アノード** (anode)，還元反応が起こる電極を**カソード** (cathode) と呼ぶ*28。しばしば，電池の構成を表すのに簡略化した表記法が用いられる。ダニエル電池の場合，

$$Zn(s) \mid Zn^{2+}(aq) \parallel Cu^{2+}(aq) \mid Cu(s)$$

と表記される。左側にアノードおよびアノードに接している溶液に関する情報を書く。垂直な 1 本線 (|) は相の境界を表し，垂直な二重線 (||) は塩橋を表す。

電池の種類が異なると電圧も異なる。ここでは，電池の電圧に影響を与える様々な要因を明らかにし，電池の電圧を計算する手法を述べる。

ガルバニ　L. Galvani

*27　自発的に進行する酸化還元反応を利用して電流を生じさせる装置のこと。亜鉛と銅を電極に用いたガルバニ電池を「ダニエル電池」という。

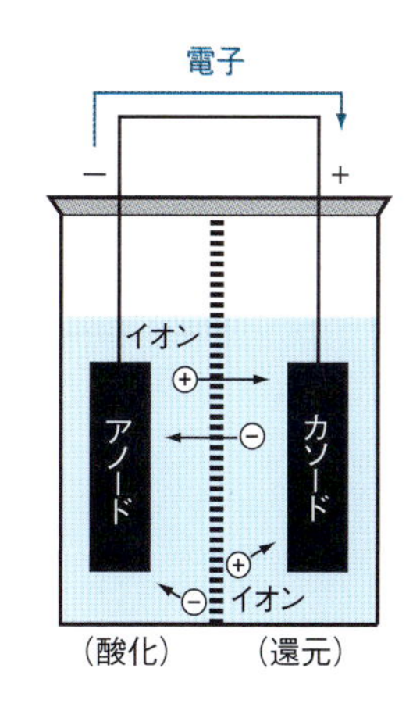

図 6.1　ガルバニ電池の模式図
アノードで酸化が，カソードで還元が起こる。両極は多孔質の隔膜または塩橋で仕切られている。

*28　日本では，酸化および還元が起こる極を正負・陽陰で表すことが多い。本書では混乱を避けるため，アノード・カソードの 2 つに統一する。

ダニエル　J. F. Daniell

ガルバニ電池は，外部回路を通してアノードからカソードへ電子を動かす**起電力**（electromotive force；emf）を発生する。起電力は，電池中の2つの電極のポテンシャルエネルギーの差により生じる。電池の起電力は電池電位（E_{cell}）と呼ばれ，その単位はボルト（V）である。標準状態での電池電位は，**標準起電力**（standard electromotive force）または**標準電池電位**（standard cell potential）と呼ばれ，E°_{cell} と表記する。

標準電極電位（standard electrode potential）（**標準還元電位**；standard reduction potential ともいう）（E°）が，個々の半反応に対して測定されている。これは，**標準水素電極**（standard hydrogen electrode；SHE）の電位を基準とし，それと半反応の電位を比較して決められる。標準水素電極の半反応は次の通りである。

$$2\,H^+\,(aq,\,1\,mol\,dm^{-3}) + 2\,e^- \longrightarrow H_2\,(g,\,1\,atm)\quad E^\circ = 0\,V \qquad (6.16)$$

ガルバニ電池の標準起電力は，カソードとアノードで起こる半反応の標準電極電位の差である。

$$E^\circ_{cell} = E^\circ\,(\text{カソード}) - E^\circ\,(\text{アノード}) \qquad (6.17)$$

ガルバニ電池においては，E°_{cell} の値は正の量として定義される[*29]。

＊29　これ以後，簡単にするため下付 cell を省略して，電池の起電力および標準起電力をそれぞれ E，E° と表すことにする。

標準電極電位（E°）は，還元の起こりやすさを表したものである。すなわち，E° が正の大きい値になるほど，その物質は還元されやすくなる。したがって，E° の値から物質の酸化・還元力の強弱が分かる。フッ素（F_2）は最も大きな正の E° 値をもつことから，最強の酸化剤となる[*30]。標準電極電位は，多様なガルバニ電池の起電力を求めるのに用いられる[*31]。

＊30　$F_2 + 2e^- \rightarrow 2F^-$　$E^\circ = 2.87\,V$
（その他，代表的な物質の標準電極電位を巻末の付録３に載せた。）

＊31　標準電極電位の比較により，ガルバニ電池のアノードとカソードが決まる。

標準電極電位の値を用いて，高校化学で学んだ金属のイオン化列（イオン化傾向）の順序を定量的に理解することができる。金属のイオン化列は，最も強い還元剤から最も弱い還元剤への序列となっている。例えば，ニッケルはイオン化列では銀の上位にある。それ故，ニッケルを銀と置き換えることができる。

$$Ni(s) + 2\,Ag^+(aq) \longrightarrow Ni^{2+}(aq) + 2\,Ag(s) \qquad (6.18)$$

この反応では，Ni は酸化され，Ag^+ は還元される。それ故，それぞれの標準電極電位[*32]を用いてこの反応の起電力を求めると次のようになる。

$$E^\circ = E^\circ\,(Ag^+/Ag) - E^\circ\,(Ni^{2+}/Ni)$$
$$= (+0.80\,V) - (-0.26\,V) = +1.06\,V$$

＊32　$Ag^+ + e^- \rightarrow Ag$　$E^\circ = 0.80\,V$
$Ni^{2+} + 2e^- \rightarrow Ni$　$E^\circ = -0.26\,V$
（付録３参照。）

E° の値が正になるということは，式 6.18 の反応が自発過程であることを示している（6.2.2 項参照）。

標準電極電位を見ると，複数の酸化状態をもつ元素があることが分かる。酸素についてみると，0 から －II までの酸化状態をとり得る。これらの化学種について，酸化数と標準電極電位の関係を組み合わせて表したのが**ラチマー図** (Latimer diagram) である（図 6.2)。ラチマー図では，左から右へ酸化数が減少し，また，酸化還元に関与する化学種間に E° の値を示しているため，元素ごとに定量的なデータをまとめるのに便利である。他にも，一連の元素の酸化状態の相対的な安定性を表したフロスト図[*33] などが知られている。

ラチマー　W. M. Latimer

フロスト　A. A. Frost

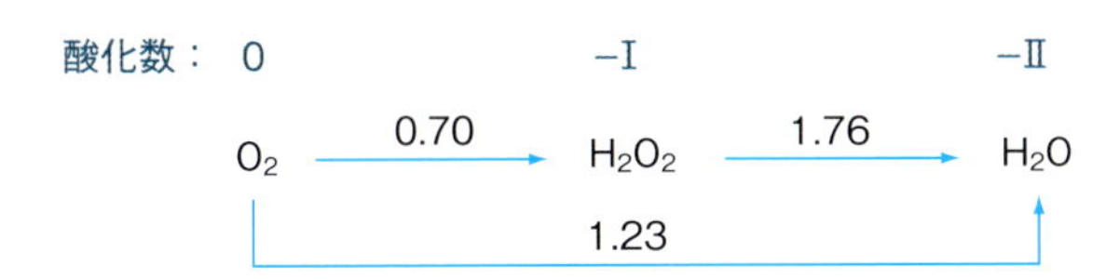

図 6.2　酸性水溶液中 (pH = 0) での酸素のラチマー図

*33

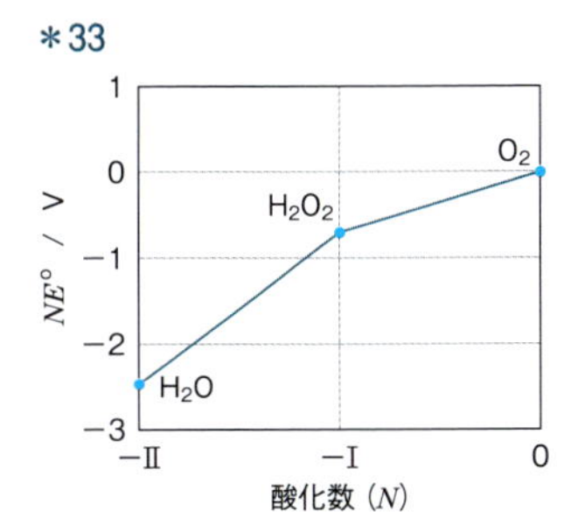

酸素のフロスト図 (pH = 0)

6.2.2 自由エネルギーと酸化還元反応

ギブズの自由エネルギー変化 (ΔG) は，定温・定圧下で起こる反応の自発性を表す[*34]。酸化還元反応における起電力も，その過程が自発的かどうかを表す。すなわち，起電力と自由エネルギー変化との間には式 6.19 で示す関係がある。

$$\Delta G = -nFE \tag{6.19}$$

n は酸化還元過程で移動した電子数，F は**ファラデー定数** (Faraday constant) である[*35]。

n も F も正の値であるため，式 6.19 において $E > 0$ のとき ΔG は負となることから，酸化還元過程は自発的である。一方，$E < 0$ のときは非自発過程となる。また，反応物と生成物がいずれも標準状態であるとき，式 6.19 は，ΔG° および E° を用いて，

$$\Delta G^\circ = -nFE^\circ \tag{6.20}$$

と表せる。式 6.20 を用いると，既知の半反応を組み合わせて未知の反応の E° 値を計算することができる（演習問題 6.12 参照)。また，ΔG° は平衡定数 (K) と関連しているので ($\Delta G^\circ = -RT\ln K$)，標準起電力と平衡定数を関連づけることができる。これら 3 つの量の関係を下に示す[*36]。

ギブズ　J. W. Gibbs

*34　自由エネルギー変化 ΔG は，エンタルピー変化 (ΔH) とエントロピー変化 (ΔS) を用いて，$\Delta G = \Delta H - T\Delta S$ (T：熱力学温度) で表される。$\Delta G < 0$ のとき自発過程，$\Delta G = 0$ のとき平衡状態，$\Delta G > 0$ のとき非自発過程となる。

ファラデー　M. Faraday

*35　ファラデー定数は，1 mol の電子がもつ電気量であり，$1\,F = 96485\ \mathrm{C\ mol^{-1}}$ である。

*36　式 6.20 と $\Delta G^\circ = -RT\ln K$ より，$-nFE^\circ = -RT\ln K$ よって，$E^\circ = (RT/nF)\ln K$ となる。

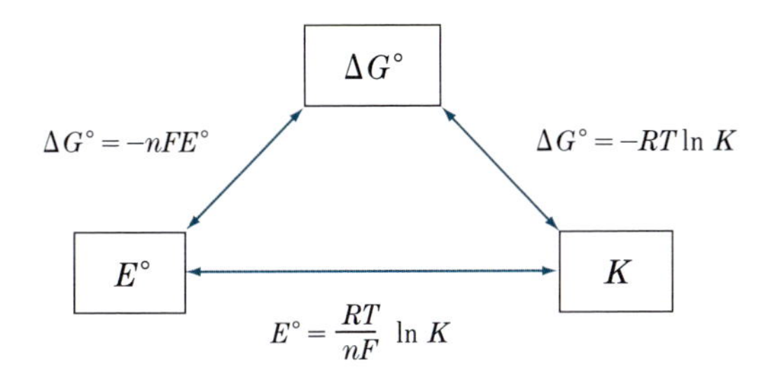

まとめると，自発反応の場合には，

$$\Delta G^\circ < 0,\ E^\circ > 0,\ K > 1$$

非自発反応の場合には，

$$\Delta G^\circ > 0,\ E^\circ < 0,\ K < 1$$

となる。

酸化還元反応の起電力は，温度ならびに反応物，生成物の濃度に依存して変化する。標準状態ではないとき，電池の起電力は次の**ネルンストの式**（Nernst equation）で表すことができる。

ネルンスト　W. Nernst

$$E = E^\circ + \frac{RT}{nF} \ln \frac{a_{ox}}{a_{red}} \tag{6.21}$$

ここで a_{ox} は酸化体の活量，a_{red} は還元体の活量を表す[*37]。

ネルンストの式により，濃淡電池[*38]が起電力をもつこと，濃淡電池の両極の濃度が等しくなると $E = 0$ となることが分かり，その結果，電池として機能しない。

*37　純粋な固体と液体の活量は1であることに注意せよ。また，それぞれの活量の代わりに，溶液の場合はモル濃度を，気体の場合は分圧を近似的に用いることができる。

*38　カソードとアノードで同じ半反応が起こるが，両極の濃度が異なる電池のこと。

6.3　溶　媒

広い意味では，すべての化合物は**溶媒**（solvent）となりうるが，通常は室温で液体であるものを「溶媒」と分類する。溶媒は化学の様々な場面，すなわち合成，精製，分析，洗浄などで広く用いられる。溶媒の種類は非常に多岐にわたるため，目的に合致したものを選択することが重要となる。また，溶媒は反応の平衡や速度にも影響を及ぼすことが知られている。本節では，無機化学に関連した溶媒選択の重要性について，例をあげて説明する。

6.3.1　溶媒の性質：極性の評価

溶媒を選択する際，融点や沸点，粘度といった溶媒の物性が重要であることは言うまでもない。同様に，**溶質**（solute）を溶かす能力を表すために，溶媒の極性を評価することも重要となる。しかし，溶媒の極性は様々な相互作用（静電的な力や水素結合など）に依存するため，容易には定量化できない。それでも，溶媒の極性を定量化するための多くの方法が考案されている。代表的な溶媒の主な性質を**表 6.3** に示す。

溶媒の極性は，本質的には溶媒の**溶媒和**（solvation）する力と関連している。溶媒の極性を定量的に決定することは難しいが，誘電率，双極子モーメントや屈折率のような物理的性質に基づいている。しかし，溶質－溶媒間の相互作用が複雑なため，それぞれの溶媒がもつ性質を測定して，それらの極性を決定することは不可能である。そのため，化学的性質に基づいた経験的な尺度により，溶媒の極性が求められる。溶媒の極性を評価するのに使われる主な性質のうち，化学的性質に基づくものを以下に述べる[*39]。

*39　本文中で説明しているドナー数，アクセプタ数以外にも，有機色素分子や鉄錯体のソルバトクロミズム特性（溶媒に依存して色調変化する現象）を利用して，溶媒の極性を評価することもある（$E_T(30)$ パラメーターなど）。

表 6.3　代表的な溶媒の性質

溶媒	融点/℃	沸点/℃	密度†1/g cm^{-3}	*DN*†2	*AN*†2
アセトン	−94.7	56.1	0.784	17.0	12.5
アセトニトリル	−43.8	81.6	0.776	14.1	19.3
ベンゼン	5.5	80.1	0.874	0.1	8.2
1,2-ジクロロエタン	−35.7	83.5	1.246	—	16.7
ジクロロメタン	−94.9	39.6	1.317	—	20.4
N,*N*-ジメチルホルムアミド	−60.4	153.0	0.944	26.6	16.0
ジメチルスルホキシド	18.5	189.0	1.095	29.8	19.3
エタノール	−114.5	78.3	0.785	20	37.1
メタノール	−97.7	64.6	0.786	19	41.3
ピリジン	−41.6	115.3	0.978	33.1	14.2
テトラヒドロフラン	−108.4	66.0	0.889	20.0	8.0
水	0.0	100.0	0.997	18.0	54.8

†1　25℃における値（テトラヒドロフランのみ 20℃）
†2　*DN*：ドナー数，*AN*：アクセプタ数

(1) ドナー数 (*DN*)

ドナー数（donor number；*DN*）とは，溶媒のルイス塩基供与能の大きさを表したものである。ドナー数は，基準となるルイス酸（五塩化アンチモン；$SbCl_5$）と溶媒との反応におけるエンタルピー変化を測定して決められる。この値は，溶媒がルイス酸を溶媒和する能力を反映している。ルイス塩基性をもたない溶媒である 1,2-ジクロロエタンを基準（0）とし，最も大きな値はヘキサメチルホスホラミド（HMPA）の 38.8（kcal mol^{-1}）である。アルコールや水は $SbCl_5$ を加溶媒分解するため，それらのドナー数は別の方法で間接的に求められる。

(2) アクセプタ数 (*AN*)

アクセプタ数（acceptor number；*AN*）とは，溶媒のルイス酸受容能の大きさを表したものである。アクセプタ数は ^{31}P NMR スペクトルを用い，トリエチルホスフィンオキシド（Et_3PO）を溶媒に溶かしたときの化学シフトに基づいて評価される。*n*-ヘキサン（$AN = 0$）と $SbCl_5$（$AN = 100$）を基準に規格化した値を用いる。

6.3.2　溶媒の分類

溶媒を分類する多くの方法が知られている。本項では，化学的な構成および物理的性質に従って溶媒を分類する方法を簡単にまとめる。

(1) 化学的な構成に基づく分類

溶媒は，分子性（共有結合で構成），イオン性（イオン結合で構成）または原子性（金属）液体に分類できる。有機溶媒のような分子性溶媒は，その化学組成，すなわち脂肪族，芳香族，ヒドロキシ基，または他の特性基に従って，さらに細かく分類される。一般に，ある特性基を含む配位化合物やそれを原料とした化合物は，同じ特性基を含む溶媒によく溶

ける。

イオン性の液体は，従来は**溶融塩**（molten salt），すなわち融点が室温よりかなり高い塩がほとんどであった。しかし，現在では室温で液体であるイオン性化合物（**イオン液体**；ionic liquid）は多くあり，その中にはかなり低温まで液体のものもある。室温イオン液体は，特に合成化学において用いられるようになってきた。他にも，二酸化炭素やアンモニアなどの**超臨界流体**（supercritical fluid）*40を無機物質の合成・反応溶媒として用いることもある。

（2）物理的性質に基づく分類

溶媒の分類に用いられる多数の物理定数がある。主な定数としては，融点や沸点，粘度，密度，双極子モーメント，誘電率，そして導電率がある。この中でどれが最重要の物理定数であるかは，その溶媒の用途に依存する。例えば，高温で行う合成では沸点が最も重要な定数であり，マイクロ波加熱を行うのであれば，用いる溶媒の誘電率を知っておくことが重要である。

*40　ある温度と圧力以上では液体と気体の区別ができなくなり，それを超臨界流体という。二酸化炭素の場合，31.1 ℃および 7.39 MPa（72.9 atm）以上で超臨界流体となる。

6.4　核反応

第2章（2.1.2項）で説明したように，複数の同位体をもつ元素は多くある*41。これらの同位体の中で，**放射線**（radiation）を放出する不安定な同位体を**放射性同位体**（**放射性同位元素**）（radioisotope, radioactive isotope）といい，放射線を放出する能力が**放射能**（radioactivity）である。放射能を有する物質（放射性物質）が関与する反応を**核反応**（nuclear reaction）といい，放射性壊変*42，核分裂，および核融合の3つに分けられる*43。

*41　例えば，水素には ^{1}H（プロチウム），^{2}H（ジュウテリウム，重水素），および ^{3}H（トリチウム，三重水素）の3種の同位体がある。

6.4.1　放射線とは

放射線は，以下の3種類に分類される（表 6.4）。

（1）電磁波放射線：電磁波の一種であるが，波長が短く高いエネルギーをもち，物質に対して透過性が高いという性質がある。X線やガンマ線がある*44。

（2）荷電粒子放射線：高速の電気をもつ極小粒子であり，アルファ線，ベータ線などがある*45。物質に入ると原子を電離したり励起したりする。

（3）中性粒子放射線：電荷をもたない極小粒子であり，中性子線が代表的である*46。原子核中へ入りこみ，興味深い現象を引き起こす*47。

*42　放射性崩壊ともいう。
*43　核分裂は商用原子炉中での反応，核融合は太陽エネルギーの源となる反応である。
*44　原子核外でできるものをX線，原子核から出るものをガンマ線として区別する。
*45　アルファ線はヘリウムの原子核であり，物質中で急速にエネルギーを失うため，空気中で数センチメートル程度しか飛ばない。ベータ線は高速で飛ぶ電子であり，高エネルギーのものは空気中を数メートル飛ぶ。陽電子の場合もある。
*46　中性子線は原子炉，加速器などを利用してつくられる。
*47　中性子が原子核に入射すると次の反応が起こる。
・散乱反応
・放射捕獲反応

表 6.4 主な放射線の分類と性質

名称	表記	性質
アルファ線	α または $^{4}_{2}He$	ヘリウムの原子核
ベータ線	β^- または $^{0}_{-1}e^-$	高エネルギーの電子
陽電子（ポジトロン）	β^+ または $^{0}_{1}e^+$	高エネルギーの正電荷をもつ，電子の反物質
ガンマ線	γ	高エネルギーの光子
中性子線	$^{1}_{0}n$	比較的大きい粒子

6.4.2 放射性壊変と核化学方程式

原子核のうち，不安定な**核種**（nuclide）*48（放射性同位元素）の原子核は，上述の放射線を放出して，よりエネルギーの低い安定な原子核になる。下に示すように，このような原子核が変化する現象を**放射性壊変**（radioactive decay）（あるいは単に壊変）という。壊変前を「親核種」，壊変後を「娘核種」と呼ぶ。

*48 原子の性質は，主に陽子と中性子の数（原子番号と質量数）で決まる。この 2 つによって決められる原子の種類を核種という。

放射性核種（親核種） ⟶ 新核種（娘核種） ＋ 放射線 $(\alpha, \beta^-, \gamma, \beta^+)$

核化学方程式は通常の化学反応式に類似しているが，異なるところもある。通常の化学反応では，反応前後で元素の種類および総数は不変であるのに対し，核反応では元素そのものが変化することがある。また，核化学方程式では質量数と原子番号の合計を矢印の左右（つまり反応の前後）で一致させる必要がある。この点に注意して，以下の壊変を理解しよう。

(1) アルファ（α）壊変

アルファ壊変は，重い原子核に見られることが多い。アルファ壊変では，親核種 X（原子番号 Z，質量数 A）は式 6.22 のように変化して娘核種 Y となる。

$$^{A}_{Z}X \longrightarrow {}^{A-4}_{Z-2}Y + \alpha \ (= {}^{4}_{2}He) \qquad (6.22)$$

このように，アルファ壊変ではヘリウムの原子核（＝アルファ線）が放出され，娘核種 Y は親核種より原子番号が 2 だけ，質量数が 4 だけ小さくなる*49。

*49 アルファ壊変の例：$^{238}_{92}U \longrightarrow {}^{234}_{90}Th + \alpha$

(2) ベータ（β）壊変

安定な核種よりも中性子が過剰である核種は，中性子を陽子に変換して安定化する。その際に放出される電子がベータ線である（式 6.23）。この場合，娘核種の原子番号は 1 だけ増加する（β^-壊変）*50。

*50 ベータ壊変（β^-）の例：$^{3}_{1}H \longrightarrow {}^{3}_{2}He + \beta$

$$^{A}_{Z}X \longrightarrow {}_{Z+1}{}^{A}Y + \beta^- \ (= {}^{0}_{-1}e^-) \qquad (6.23)$$

一方，中性子が少ない核種は，陽子を中性子に変換して安定な核種になる（式 6.24）。

$$ {}^{A}_{Z}\mathrm{X} \longrightarrow {}_{Z-1}^{\ A}\mathrm{Y} + \beta^{+}\ (= {}^{0}_{1}\mathrm{e}^{+}) \tag{6.24} $$

このとき，電子の反物質である**陽電子**（ポジトロン positron）が放出され，娘核種の原子番号は 1 だけ減少する[51,52]。

(3) ガンマ（γ）線の放出

アルファ壊変やベータ壊変が起こると，生じた核種はたいてい励起状態となる。励起状態はきわめて不安定なので，ガンマ線を放出して基底状態に移る。ガンマ線を放出しても原子番号は変わらない。

(4) 放射性壊変の法則

放射性核種の壊変は一次反応として記述できる。すなわち，時間 $t=0$ のときの放射性核種の原子数を N_0，時間 t のときの原子数を N_t，壊変定数（一次反応速度定数：単位は s^{-1}）を k とすると，

$$ N_t = N_0 \cdot \mathrm{e}^{-kt} \tag{6.25} $$

と表される。したがって，放射性核種は時間とともに指数関数的に減少することがわかる。

放射性核種の原子数 N が，最初の数の半分に減少する時間を**半減期**（half-life）$t_{1/2}$ という。上述したように，放射性核種の壊変は一次反応であることから，半減期は壊変定数を用いて次のように表される（式 6.26）。

$$ t_{1/2} = \frac{\ln 2}{k} = \frac{0.693}{k} \tag{6.26} $$

単位時間あたりに壊変する原子数を壊変率といい，その単位は特別にベクレル（Bq）と呼ばれる（SI 単位系では s^{-1}）[53]。

6.4.3 放射性核種の利用

(1) 核分裂

核分裂（nuclear fission）では，大きな原子核が小さな原子核に分裂し，同時にエネルギーが放出される。天然ウランの大部分は質量数 238（$^{238}\mathrm{U}$）であるが，質量数 235 のウラン（$^{235}\mathrm{U}$）もわずかに存在し，これが原子力発電において使用される。主な核化学方程式を式 6.27 に示す。

$$ {}^{235}_{92}\mathrm{U} + {}^{1}_{0}\mathrm{n} \longrightarrow {}^{141}_{56}\mathrm{Ba} + {}^{92}_{36}\mathrm{Kr} + 3\,{}^{1}_{0}\mathrm{n} \tag{6.27} $$

この反応で質量がわずかに減少し，その質量差が膨大なエネルギーとなって放出される[54]。

(2) 核融合

核融合（nuclear fusion）は太陽エネルギーの源であり，地球上の生物

*51　ベータ壊変（β^{+}）の例：
$^{22}_{11}\mathrm{Na} \longrightarrow {}^{22}_{10}\mathrm{Ne} + \beta^{+}$

*52　その他，軌道内の電子を捕獲して原子核内の陽子が中性子に変化することもあり，その現象を軌道電子捕獲（EC：electron capture）という。

*53　1 Bq とは，毎秒 1 個の原子核を壊変する放射能を表す。

*54　アインシュタインが導いた公式（$E=mc^2$）によれば，質量（m）はエネルギー（E）と等価である（c は光の速度）。

は究極的にはみな太陽エネルギーに依存している。核融合に関する研究はいくつかの国で行われており，そのほとんどが燃料として重水素と三重水素を用いている（式 6.28）。

$$ {}^{2}_{1}H + {}^{3}_{1}H \longrightarrow {}^{4}_{2}He + {}^{1}_{0}n \qquad (6.28) $$

三重水素 1 mol から約 5×10^9 kJ のエネルギーが放出される。

（3）放射線治療および核医学検査

放射線を用いるガンの治療法は，外科手術，抗ガン剤による化学療法とともに，ガンの三大療法と呼ばれる。放射線をガンの病巣部に当てガン細胞を死滅させる治療や，体内に半減期の短い放射性同位元素を入れる治療や検査などが行われている[＊55]。

＊55 例えば，陽電子を放出する放射性同位元素を含む薬品を注射し，ガンの診断を行う検査手法を PET（陽電子放射断層撮影）検査という。

（4）年代測定

放射性同位元素は固有の半減期をもつため，様々な年代測定に応用されている。考古学に関する年代測定には ^{14}C が，地質学に関する年代測定には ^{40}K が用いられる[＊56]。

＊56 ^{14}C の半減期は 5730 年，^{40}K の半減期は 12.8 億年である。

（5）学術的な利用

上述した以外にも放射線に関する基礎的な研究が進められており，その際に用いる人工的に放射線をつくり出す装置は，放射線発生装置や加速器と呼ばれている。例えば，兵庫県にある大型放射光施設 SPring-8（Super Photon ring-8 GeV），茨城県にある大強度陽子加速器施設 J-PARC（Japan Proton Accelerator Research Complex）などにおいて，放射線を利用した様々な研究が行われている[＊57]。

＊57 2024 年，次世代放射光施設 NanoTerasu（宮城県仙台市）が完成した。

Column 血液中の緩衝作用

酸または塩基を加えても，pH が大きく変化しない溶液を緩衝液という。緩衝液は弱酸とその塩，または弱塩基とその塩からなる。例えば，細胞は pH が 6.8 以下や 8.0 以上では正常に機能しなくなるため，血液は pH が約 7.4 を維持するよう制御されている。

血液中の緩衝系は，体内でつくられる CO_2 由来の H_2CO_3/HCO_3^- からなる。

$$ CO_2 + H_2O \rightleftharpoons H_2CO_3 $$

$$ H_2CO_3 + H_2O \rightleftharpoons H_3O^+ + HCO_3^- $$

体内に H_3O^+ が過剰に入ると HCO_3^- と反応し，逆に過剰な OH^- は H_2CO_3 と反応し，$[H_3O^+]$ や $[OH^-]$ の上昇を効果的に抑制する。H_2CO_3 の酸解離定数は p. 70 の側注 17 より，

$$ K_a = \frac{[H_3O^+][HCO_3^-]}{[H_2CO_3]} = 4.5 \times 10^{-7} (\text{mol dm}^{-3}) $$

である。これらの成分の血中濃度（H_2CO_3：2.4 mmol dm^{-3}，HCO_3^-：24 mmol dm^{-3}）はほぼ一定であり，$[H_3O^+]$ は上式より 4.5×10^{-8}(mol dm^{-3}) となる。よって，

$$ pH = -\log(4.5 \times 10^{-8}) = 7.4 $$

となり，ほぼこの値を維持している（pH 範囲：7.35 ～ 7.45）。

演習問題

6.1 シアン化物イオン (CN^-) が水分子からプロトンを受け取り HCN を形成する際の反応式を書け。この際，CN^- はブレンステッド酸または塩基のどちらであるか。

6.2 以下の反応において，左辺の酸および塩基，ならびにそれらの共役塩基および酸を示せ。

$HNO_3(aq) + NH_3(aq) \rightleftharpoons NH_4{}^+(aq) + NO_3{}^-(aq)$

6.3 pH の場合と同様に，$[OH^-]$ を pOH と定義することができる。25 ℃において，pH + pOH = 14.00 となることを示せ。

6.4 1.20×10^{-3} mol dm^{-3} の NaOH 水溶液 (25 ℃) の pH を求めよ。

6.5 酢酸ナトリウム水溶液では以下の酸塩基平衡が成立している。

$CH_3COO^-(aq) + H_2O(l) \rightleftharpoons CH_3COOH(aq) + OH^-(aq)$

酢酸イオンの K_b 値は 3.6×10^{-10} (25 ℃) である。以下の問いに答えよ。

(a) 溶解した酢酸ナトリウム水溶液のモル濃度が 1.5×10^{-2} mol dm^{-3} である場合，平衡に達したときの $[OH^-]$ を求めよ。ただし，酢酸ナトリウムは水中で完全に電離する。

(b) 上記 (a) における溶液の pH を求めよ。

6.6 以下の化合物をルイス酸とルイス塩基に分類せよ。

(a) CH_3NH_2　(b) BCl_3　(c) H_2S　(d) Fe^{2+}

6.7 ハロゲン化スズ (SnX_4；X = F, Cl, Br, I) について，ルイス酸性度の強い順に並べよ (X 原子の電気陰性度は，F：4.0，Cl：3.2，Br：2.8，I：2.7)。

6.8 SCN^- イオンは，S または N 原子上の非共有電子対を供与できるルイス塩基である。以下の問いに答えよ。

(a) HSAB 則から，Pt^{2+} とは S と N どちらの原子で結合すると予想されるか。

(b) N 原子で銅イオンと結合させるには，Cu^+ と Cu^{2+} のどちらが適切か。

6.9 次の反応において，酸化および還元の半反応をそれぞれ示せ。

$Sn^{2+}(aq) + I_2(aq) \longrightarrow 2\,I^-(aq) + Sn^{4+}(aq)$

6.10 ハロゲン分子 (F_2, Cl_2, Br_2, I_2) の酸化力が大きい順に並べよ。なお，それぞれの分子の標準電極電位 (E°) は，フッ素が 2.87 V，塩素が 1.36 V，臭素が 1.07 V，ヨウ素が 0.54 V である (付録 3 参照)。

6.11 銅片を塩酸溶液に入れても変化しないが，そこに過酸化水素を加えると銅が溶解する。この現象をそれぞれの標準電極電位 (付録 3) を用いて説明せよ。

6.12 以下に示す E° 値を用いて，$Ce^{4+}(aq) + 4\,e^- \longrightarrow Ce(s)$ の標準電極電位を求めよ。

$Ce^{4+}(aq) + e^- \longrightarrow Ce^{3+}(aq)$　　$E^\circ = 1.71$ V

$Ce^{3+}(aq) + 3\,e^- \longrightarrow Ce(s)$　　$E^\circ = -2.34$ V

6.13 以下の反応の 25 ℃における自由エネルギー変化および平衡定数を求めよ。

$4\,Ag(s) + O_2(g) + 4\,H^+(aq) \rightleftharpoons 4\,Ag^+(aq) + 2\,H_2O(l)$

6.14 H^+ を電池反応に含むガルバニ電池を用いると pH が測定できる。水素および銅からなる以下の電池において，電池電位 (E_{cell}) が 25 ℃で 0.490 V を示した。このとき，アノード溶液中の pH を求めよ。

$Pt(s)\,|\,H_2(g, 1.0\ atm)\,|\,H^+(aq, x\ mol\ dm^{-3})\,||\,Cu^{2+}(aq, 1.0\ mol\ dm^{-3})\,|\,Cu(s)$

6.15 生物の細胞は濃淡電池の一種である。代謝温度 (37 ℃) で，ある神経細胞における膜の内側の K^+ 濃度が外側に比べて 20 倍高いとき，細胞の内側と外側の電位差 (膜電位) は何 mV 程度あるか。

6.16 以下の核反応について，それぞれ核化学方程式で示せ。

(a) ^{226}Ra は α 壊変を起こす。　(b) ^{90}Sr は β^- 壊変を起こす。

Inorganic Chemistry

第7章 分子の対称性と結晶構造

 この章で学ぶこと

分子の対称性は，分子の構造や性質と深く関連している。分子内の結合，分光学的特性，さらには分子軌道による電子状態や分布を考える場合に，分子や電子軌道の対称性の理解が必要である。結晶では原子，分子やイオンが構成要素となり，これらが周期的に繰り返して並んでいる。したがって，結晶構造は対称に関する原理を用いて分類・特徴づけることができる。この章では分子の対称性を学び，それらに基づいて分子の特徴や性質，結晶構造について見ていこう。

7.1 分子の対称性

“対称性をもつ” 分子では，ある操作（**対称操作**；symmetry operation）を施した新たな分子の配向がもとのものと区別ができず，もとの分子に重ね合わせることができる。分子の対称性を理解することにより，分子振動スペクトル，電子スペクトル，電子軌道の対称性（分子軌道）や結晶構造の記述に応用できる。対称操作には**回転**（rotation），**鏡映**（reflection），**反転**（inversion），**回映**（improper rotation，rotoreflection，rotary reflection），**恒等**（identity）操作がある。これらの操作を行う中心となる点，直線，平面が**対称要素**（symmetry element）*1 である。ある分子に対して対称操作を行っても，分子の重心の位置は変化しない。

*1 操作の中心となる点，直線や平面は，それぞれ対称点，対称軸，対称面という。

7.1.1 対称操作と対称要素

基本的な対称操作として5種類の操作を表 7.1 にまとめた。分子に施される対称操作と対称要素について説明する。

表 7.1 基本的な対称操作

操作の名称	記号	操作
回転	C_n*2	n 回回転軸周り $2\pi/n$ ラジアン*3 の回転
鏡映	σ_h	主軸に直交した鏡面に対する鏡映
	σ_v	主軸を含む鏡面に対する鏡映
	σ_d	主軸を含み，副軸の間の角を二等分する鏡面での鏡映
反転	i	対称心に対して反対の位置への移動
回映	S_n*4	n 回回転軸周り回転に続いて，主軸に直交する鏡面に対する鏡映（C_n と σ_h の組合せ）
恒等	E	何もしないという操作

*2 回転軸に関して m 回の C_n 操作（$2\pi m/n$ ラジアンの回転）を行う場合には C_n^m と表す。

*3 SI 単位系での角度の単位（rad）。2πrad = 360°

*4 回転軸に関して m 回の C_n 操作と主軸に直交する鏡面に対する鏡映を行う場合には S_n^m と表す。

図 7.1　水 H_2O とアンモニア NH_3 の回転軸*5

*5　E と σ_v もあるが，回転軸のみを示した。

*6　分子の対称性を議論するときには，主軸の方向を z 軸とすることが多い。

*7　鏡面は，対称面あるいは鏡映面と呼ぶこともある。結晶学では鏡面の記号として m を用いる。

*8　v：垂直の vertical
　h：水平線の horizontal
　d：二面間の dihedral

(1) 対称軸の周りの回転

ある軸の周りで分子を角度 θ° だけ回転させたとき，もとの分子と同じ形になる操作を回転といい，このときの軸を回転軸という。この回転軸を 360°/θ°（$= n$）回回転軸といい，記号として C_n と表記する（図 7.1）。複数の回転軸をもつ分子では，最大の n となる軸を**主軸**（principal axis）とする*6。

(2) 対称面による反射

ある平面により分子が二分され，この面を鏡とした鏡像がもとの分子と同じ形になる面を**鏡面**（mirror plane）*7 という。記号として鏡面は σ で表す。この面に関して鏡に映す操作を鏡映という。主軸と鏡面との関係により３種類に分類される。主軸を含む鏡面を σ_v，主軸に直交する鏡面を σ_h，主軸を含みかつ主軸以外の軸（副軸）を二等分する鏡面を σ_d と表記する（図 7.2）*8。

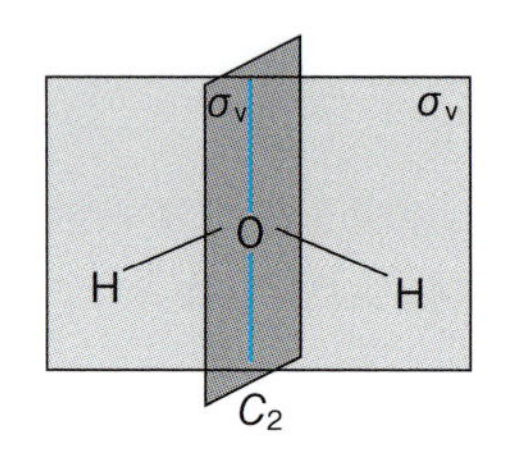

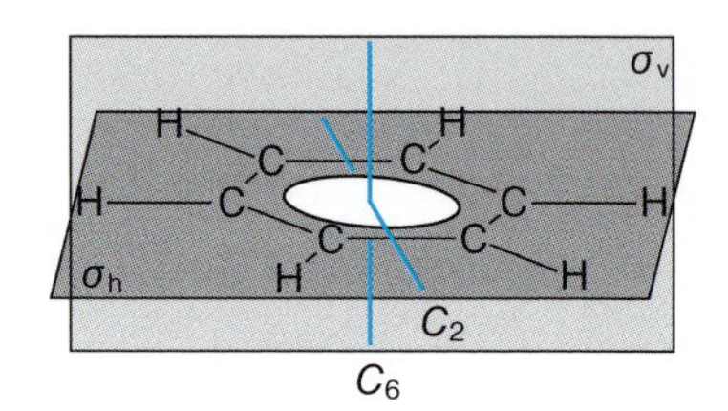

図 7.2　水 H_2O とベンゼン C_6H_6 の鏡面*9

*9　ベンゼンでは複数の C_2 回転軸がある。

(3) 軸の周りの回転とこの軸に垂直な面による反射

ある軸の周りで分子をある角度 θ° だけ回転させた後，この軸に垂直な鏡面で反射させたとき，もとの分子と同じ形になる操作を回映といい，このときの軸を回映軸という。この回映軸を 360°/θ°（$= n$）回回映軸といい，記号として S_n と表記する（図 7.3）。鏡面をもつ分子では，鏡面に垂直な S_1 軸を必ずもっている。

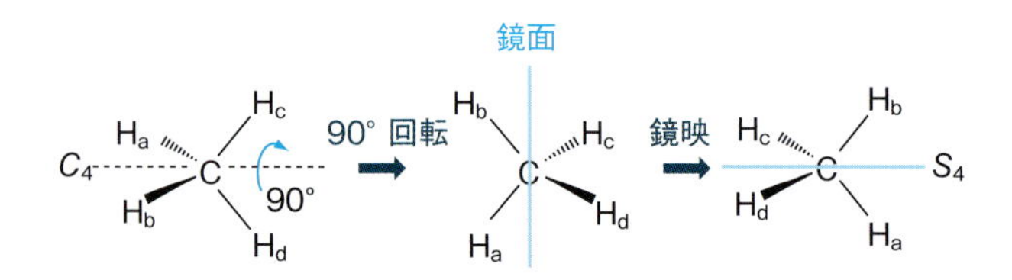

図 7.3　メタン CH_4 の回映操作*10

*10　メタンは他に E, C_3, σ_d もある。

(4) 対称心における反転

ある点（**対称心** inversion center）と分子中の各原子を結んだ直線を原子と逆方向に延長し，点から同じ距離に同種の原子が位置するような点を対称心という（図 7.4）。この操作を反転といい，i で表す。対称心の上にある原子を除いて，対称心を通って反転される原子は対をなしてい

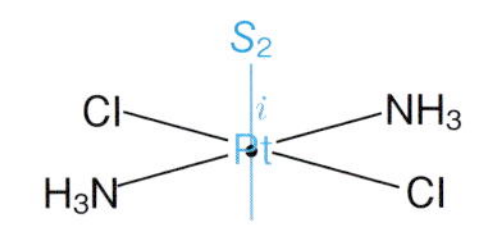

図 7.4　*trans*-[$PtCl_2(NH_3)_2$] の対称心

る。対称心をもつ分子は必ず S_2 軸をもつ。

（5）恒等操作[*11]

分子に何もしないという操作であり，E で表す[*12]。恒等操作は，対称操作（要素）を組み合わせて群（点群）を考える場合に必要である。

*11　すべての分子は対称要素 E をもつ。

*12　語源はドイツ語の「単一性（Einheit）」である。

7.2　対称操作の組合せ（群）

分子はいくつかの対称要素をもち，それらの対称操作による分子の配向は同じである。分子のもつ対称要素の組合せにより，**群**（group）がつくられる[*13]。群に属する対称操作により分子の重心は変化しないので，この群を**点群**（point group）という[*14]。

*13　数学での群の性質：群の任意の要素の二乗あるいは2つの要素の積は，その群の要素でなければならない。

*14　対称性の群として面群，空間群などがある。

7.2.1　点 群

分子や結晶の対称性を議論する上で重要な点群を表 7.2 にまとめた。点群を表記するときに2種類の記号が用いられ，**シェーンフリース記号**（Schönflies symbol）と**ヘルマン–モーガン記号**（Hermann–Mauguin symbol）という[*15]。シェーンフリース記号では対称要素を C, i, σ, S で表し，主に分子の対称性を扱う際に用いられる。ヘルマン–モーガン記号は結晶学で用いられる国際的な表記法である[*16]。

*15　ヘルマン–モーガン記号：国際結晶学連合により採択されている国際記号。

*16　恒等要素 E は C_1 と表される。

点群は下記の手順により決定することができる。

1. 次数の高い回転軸を主軸とする。

主軸の次数が無限大（∞）の場合は直線分子であり，対称心 i があれば $D_{\infty h}$ であり，なければ $C_{\infty v}$ である。

2. 主軸の次数が3以上で，複数ある。

・C_5 が複数あり，鏡面 σ があれば I_h であり，なければ I である。

・C_4 が3本あり，鏡面 σ があれば O_h であり，なければ O である。

・C_3 が4本あり，対称心 i があれば T_h であり，なければ T である。対称心 i がなく，さらに鏡面 σ と S_4 があれば T_d である。

3. 主軸が C_3 以上で1本であるか，C_2 であり，これらに直交する C_2 がある。

・鏡面 σ_h があれば D_{nh} である。

・鏡面 σ_d があれば D_{nd} である。

・鏡面 σ がなければ D_n である。

4. 主軸が1本である。

・鏡面 σ_h があれば C_{nh} である。

・鏡面 σ_v があれば C_{nv} である。

・S_{2n} があれば S_{2n} であり，鏡面 σ がなければ C_n である。

5. 対称軸がない。

・鏡面 σ があれば C_s である。

・対称心 i があれば C_i であり，何もなければ C_1 である。

表 7.2　重要な点群†

シェーンフリース記号	基本となる対称要素		ヘルマン-モーガン記号
C_1	E		1
C_s	E, σ あるいは S_1		m
C_i	E, i あるいは S_2		$\bar{1}$
C_n	E, C_n		n
C_{nv}	E, C_n, σ_v	$n = 4$ や 6 では $C_{n/2}$ や σ_d もある	$n = 2$；$2mm$ 3；$3m$ 4；$4mm$ 6；$6mm$
C_{nh}	E, C_n, σ_h	n が偶数ならば i もある $n = 3$ では S_3 もある	$n = 2$；$2/m$ 3；$\bar{6}$ 4；$4/m$ 6；$6/m$
S_n	E, S_n		$n = 4$；$\bar{4}$ 6；$\bar{3}$
D_n	E, C_n, C_2		$n = 2$；222 3；32 4；422 6；622
D_{nh}	$E, C_n, C_2, \sigma_h, \sigma_v$	n が偶数ならば i もある S_n もある	$n = 2$；mmm 3；$\bar{6}m2$ 4；$4/mmm$ 6；$6/mmm$
D_{nd}	E, C_n, C_2, σ_d	S_{2n} もある n が奇数ならば i もある	$n = 2$；$\bar{4}\,2m$ 3；$\bar{3}m$
T_d	E, C_3, C_2, σ	正四面体 S_4 もある	$\bar{4}\,3m$
O_h	$E, C_4, C_3, C_2, i, \sigma$	立方体，正八面体 S_4，S_6 もある	$m\,3m$
I_h	$E, C_5, C_3, C_2, i, \sigma$	正十二面体，正二十面体 S_{10}，S_6 もある	$5/m\,\bar{3}\,2/m$
$C_{\infty v}$	E, C_∞, σ_v	直線型	∞m
$D_{\infty h}$	$E, C_\infty, C_2, i, \sigma_h, \sigma_v$	対称直線型 S_∞ もある	∞/mm

† すべての点群を示していないことに注意せよ。

7.2.2 指標表

指標表（character table）は，その点群が示す対称の型についてまとめたものである。指標（χ）とは，対称の型の特徴を表す数で，表の行と列の交点に示される。指標は，対称操作により軌道の符号や振動の方向が変化しない場合（**対称**；symmetry）に$+1$，変化する場合（**逆対称**；antisymmetry）に-1として表し，それぞれの対称の型について，対称操作に対応する行列の対角要素の和である*17。例えばアンモニア NH_3

*17 指標の詳細についてはさらに専門的な本を参照されたい。

表 7.3 C_{3v} の指標表

C_{3v}	E	$2C_3(z)$	$3\sigma_v$	$h=6$	
A_1	$+1$	$+1$	$+1$	z	x^2+y^2, z^2
A_2	$+1$	$+1$	-1	R_z	
E	$+2$	-1	0	(x, y), (R_x, R_y)	(x^2-y^2, xy), (xz, yz)

は C_3 回転軸（図 7.1 下），この軸を含む鏡面を σ_v，および恒等操作 E を有する C_{3v} に属する。C_{3v} についての指標表を表 7.3 に示した。点群の記号の行には対称操作と操作の総数が h（位数）で，列には対称種（既約表現）がマリケン記号（Mulliken symbol）により示されている。マリケン記号では，最も次数の高い回転軸について対称な対称種は A，逆対称な対称種は B である。対称種が複数ある場合には添え字（1，2 など）を付ける。対称心があれば対称な対称種は添え字として g，逆対称な対称種は u を付ける[*18]。対称要素として対称面のみ，あるいは主軸に垂直な対称面がある対称な対称種には ' を付け，逆対称な対称種には " を付ける。縮重した対称種では，恒等操作の指標（$\chi = 2, 3$）により E，T の記号を用いる。指標表の右側には対称種に対応する軌道や振動などを示し，これを**基底**（basis）という[*19]。

*18 g は反転対称（gerade），u は反転反対称（ungerade）。

*19 一次の項 x, y, z は p_x, p_y, p_z に，二次の項は d 軌道に対応する。R は回転スペクトルに関係する項である。

7.3 対称群の応用

分子の対称性が理解できると，分子の幾何構造，結合や分光学的な特徴について知見が得られる。例えば，分子の**双極子モーメント**（4.4.2 項参照）が対称操作により影響を受けないことから，これの示すベクトルは分子がもつ対称要素の方向と一致する。したがって，双極子モーメントをもつ分子の対称性は限られた点群（C_1, C_s, C_n, C_{nv}）に属する[*20]。

*20 例えば：水（H_2O），アンモニア（NH_3）。

7.3.1 分子の形と極性

分子は，形や結合の性質により**極性**（polarity）をもつものがある。二原子分子では極性共有結合があれば，その分子は極性をもつ[*21]。多原子分子においては，分子の幾何構造に基づいて極性の有無が決まる。それぞれの極性共有結合の双極子モーメントを足し合わせ，その結果，双極子モーメントが生じるような分子は極性をもつ。一方，それぞれの極性共有結合の双極子モーメントが互いに打ち消される（双極子モーメントの合計がゼロとなる）場合は**無極性**（nonpolarity）となる。双極子モーメントは，大きさと方向をもつベクトル量である。つまり，ベクトルの長さは結合間の電気陰性度に比例し，より電気陰性な原子の方向へ矢印が向くことになる。例えば，CO_2 では 2 つの C=O 結合は極性をもつが，**直線分子**（linear molecule）であるため 2 つの双極子モーメントは打ち

*21 4.4 節で極性共有結合について学んだ。

(a)

O ═ C ═ O

(b)

O

H　　H

図 7.5 分子の形と双極子モーメント　(a) CO_2（無極性分子），(b) H_2O（極性分子）

消されて，無極性となる（図 7.5 (a)）。H_2O 中の O–H 結合も極性をもち，**折れ線分子**（bent molecule）であるため，2つの双極子モーメントの合計はゼロとはならない（図 7.5 (b)）。

7.3.2　分子軌道＊22

＊22　分子軌道：分子内の結合形成に関して原子軌道の対称性，符号などを考慮してつくる際に，分子の対称性（指標表）が与える情報と使用法についてはさらに専門的な本を参照されたい。

分子内の結合形成により生じる分子の軌道に関する情報は，分子の対称性から得られる。分子が属する点群の指標表には，軌道の対称性や**縮重度**（degeneracy）が示されている。それぞれの列の対称種に対応する軌道は，マリケン記号の大文字を小文字イタリックに変えて表現される（例えば，A_1 は a_1）。指標表にある恒等操作の指標が軌道の縮重度を示し，指標が1ならば縮重した軌道はなく，2や3ならば二重，三重に縮重した軌道があることがわかる。指標表の基底にはそれぞれの対称種に属する分子の中心となる原子の s，p や d 軌道が示されている。分子の対称操作により関係がある原子がもつ原子軌道の一次結合についても，指標表の対称種に対応させることができる。

7.3.3　分子振動

分子の振動は，分子内の原子の種類，それらの幾何学的な配置，原子間に働く力などにより決まる。分子の振動は特定の振動数をもついくつかの**基準振動**（normal vibration）の組合せと考えることができる。振動分光法として赤外分光＊23，ラマン分光＊24 がしばしば用いられる。**分子振動**（molecular vibration）に伴って分子の双極子モーメントが変化するときには，この振動と同じ振動数の赤外線を吸収する（**赤外活性**；infrared active）。一方，ラマン散乱を測定するラマン分光では**分極率**（polarizability）＊25 が変化する分子振動が測定される（**ラマン活性**；Raman active）。基準振動が赤外活性であるかどうかは，その対称性を調べると分かる。例えば，水分子では3つの基準振動（図 7.6）があり＊26，かつ点群の C_{2v}（表 7.4）に属する分子である。ν_1 と ν_2 はすべての対称操作について対称であり，ν_3 は $C_2(z)$ と $\sigma_v(yz)$ について逆対称となる。したがって，ν_1 と ν_2 は「指標表の指標がすべて＋1である」A_1，ν_3 は「$C_2(z)$ と $\sigma_v(yz)$ の指標が−1である」B_1 に属する。双極子モーメントの成分は基底 x, y, z で，分極率に関わるのは基底の二次の項であるの

＊23　分子の固有振動に対応するエネルギーが吸収される。

＊24　物質に光が入射した際にエネルギー授受が起こるラマン効果に基づいて，入射光と散乱光の振動数の差（ラマンシフト）を測定する。

＊25　原子や分子において電荷分布の偏りを表す。

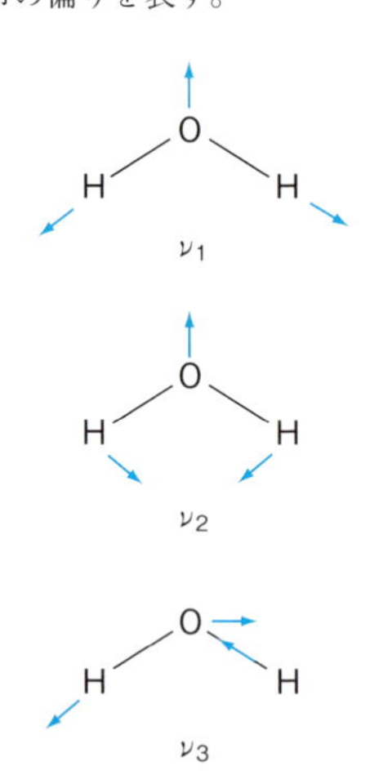

図 7.6　水分子の基準振動

＊26　基準振動の数：分子の振動の自由度と同じで，N 個の原子からなる直線分子では $3N-5$ 個，非直線分子では $3N-6$ 個である。ν_1，ν_2，ν_3 はそれぞれ対称伸縮振動，変角振動，逆対称伸縮振動と呼ばれる。

表 7.4　C_{2v} の指標表

C_{2v}	E	$C_2(z)$	$\sigma_v(zx)$	$\sigma_v(yz)$	$h = 4$	
A_1	+1	+1	+1	+1	z	x^2, y^2, z^2
A_2	+1	+1	−1	−1	R_z	xy
B_1	+1	−1	+1	−1	x, R_y	xz
B_2	+1	−1	−1	+1	y, R_x	yz

で，A_1 および B_1 は赤外およびラマン活性であることがわかる。

7.4 結晶構造

結晶は構成要素が周期的に繰り返し配列した状態である。これまでは，対称操作により重心の位置が変化しない分子の点群を扱ってきた。並進という操作を付け加えることにより，結晶構造を取り扱うことができる。ここでは空間の対称性について簡単に触れ，詳細については言及しない。原子やイオンの空間的な配置により分類される**結晶構造**（crystal structure）を取り上げる。

7.4.1 結晶格子

分子の重心を点で表し，二次元の並進操作を行うことにより平面に広がる規則正しい点が並び，二次元の格子ができる（図 7.7）。破線で示した部分が繰り返し並んでいると見ることができる。これを周期的に三次元に拡張すると**単位格子**（unit cell）となる。規則正しく並んだ構造を**結晶格子**（crystal lattice）という。

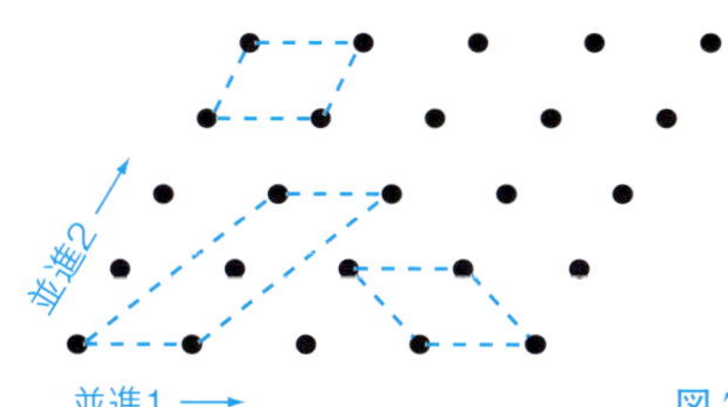

図 7.7　二次元の並進と単位格子

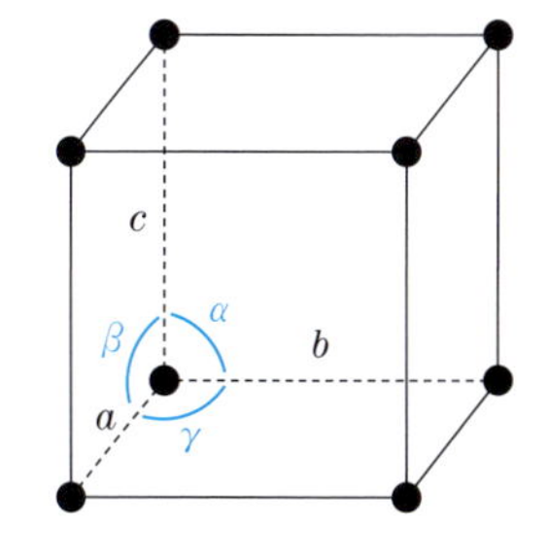

図 7.8　単位格子と格子定数

結晶格子では，単位格子を繰り返し並べることにより空間をすべて埋め尽くすために，32 の点群しか許されない。これらの点群は 7 種に分類され，これを**結晶系**（**晶系**）（crystal system）という（表 7.5）。この分類は対称性に基づいて，単位格子の形と軸の長さの関係を示している。これらの単位格子は平行六面体となる。単位格子の 3 つの軸の長さ（a, b, c）と各軸のなす角（α, β, γ）を**格子定数**（lattice constant）という（図 7.8）。単位格子内に 1 つの格子点がある格子を**単純格子**（primitive cell）P，2 つ以上の格子点がある場合を**複合格子**（complex cell）という。複合格子には，単位格子の中心に格子点がある**体心格子**（body-centered cell）I，各面の中心に格子点がある**面心格子**（face-centered cell）F がある。また，相対する一対の面において面心となる場合を**底心格子**（base-centered cell）C とし，その面が a, b, c 軸のどの軸と交わるかにより A, B, C と表す。これらの空間格子は合計 14 種類になり，**ブラベ格子**（Bravais lattice）という。

表 7.5　結晶系（晶系）と単位格子

結晶系	単位格子	空間格子	シェーンフリース記号	ヘルマン－モーガン記号	含まれる最低限の対称要素
三斜	$a \neq b \neq c$ $\alpha \neq \beta \neq \gamma$	P	C_1 C_i	1 $\bar{1}$	なし
単斜	$a \neq b \neq c$ $\alpha = \gamma = 90°$	P, C	C_2 C_s C_{2h}	2 m $2/m$	1本の2回回転軸または鏡面
直方[*27]（斜方）	$a \neq b \neq c$ $\alpha = \beta = \gamma = 90°$	P, C, F, I	D_2 D_{2h} C_{2v}	222 mmm $2mm$	直交する3本の2回回転軸または直交する2枚の鏡面
正方	$a = b \neq c$ $\alpha = \beta = \gamma = 90°$	P, I	C_4 C_{4h} D_4 D_{4h} S_4 D_{2d} C_{4v}	4 $4/m$ 422 $4/mmm$ $\bar{4}$ $\bar{4}2m$ $4mm$	1本の4回回転軸
三方[†]	$a = b \neq c$ $\alpha = \beta = 90°$ $\gamma = 120°$	P, R	C_3 D_3 S_6 D_{3d} C_{3v}	3 32 $\bar{3}$ $\bar{3}m$ $3m$	1本の3回回転軸
六方	$a = b \neq c$ $\alpha = \beta = 90°$ $\gamma = 120°$	P	C_6 C_{3h} C_{6h} D_6 D_{3h} D_{6h} C_{6v}	6 $\bar{6}$ $6/m$ 622 $\bar{6}2m$ $6/mmm$ $6mm$	1本の6回回転軸
立方	$a = b = c$ $\beta = \gamma = 90°$	P, F, I	T O T_h O_h T_d	23 432 $m3$ $m3m$ $\bar{4}3m$	4本の3回回転軸

† 三方晶系の単純格子は六方晶系として表すことができる。

＊27　2014年に，日本結晶学会では「斜方晶」の呼称を「直方晶」とすることになった。

7.4.2　空間群

結晶では三次元の周期性により，分子の対称性の分類に用いた対称操作に加えて**並進**（translation）という対称操作がある（図7.7参照）。その結果，回転と並進を組み合わせる**らせん**（spiral），鏡映と並進を組み合わせる**映進**（glide）という新たな対称操作が加わる。対称要素と14種類のブラベ格子を組み合わせてできる**空間群**（space group）は空間的な対称性を分類し，結晶では230種類になる。すべての空間群についての情報はInternational Tables for Crystallographyに掲載されている。

7.4.3　最密構造（充填）

結晶内では，原子やイオンができるだけ密に空間に詰まった構造を

一層目

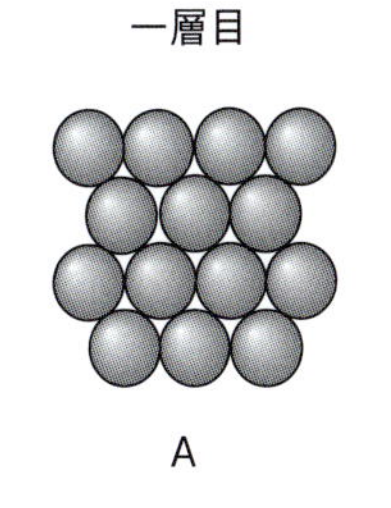

A

二層目

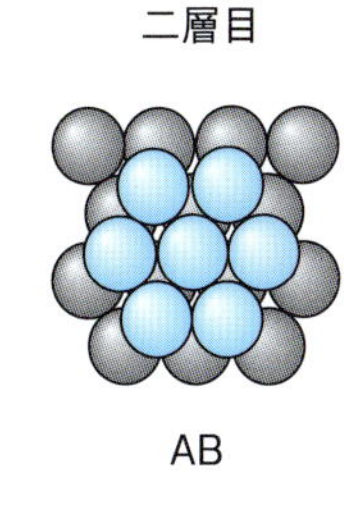

AB

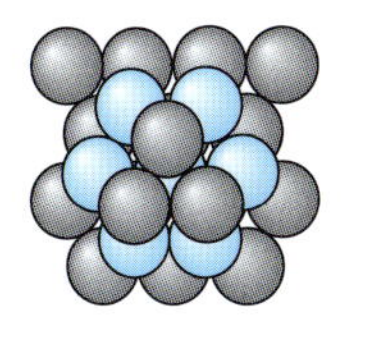

ABABAB
六方最密構造（充填）

三層目

または

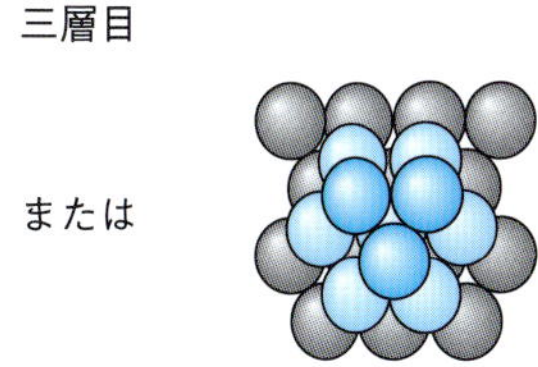

ABCABC
立方最密構造（充填）

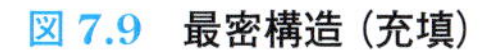

図 7.9　最密構造（充填）

とっている。図 7.9 には，原子を球として並べ，積み重ねていく方法を示した。一層目 (A) ではそれぞれの球が別の 6 個の球に接して並び，二層目 (B) は 3 個の球によりできるくぼみに積み重なる。一層目でできたくぼみは，二層目の球が収まるくぼみと空いたくぼみ（空孔）の二種類ができる。三層目 (A または C) の積み重ね方には二つの方法がある。一層目の球の真上に重ねる場合を**六方最密構造**（充填）(hexagonal close-packed structure)，一層目の空孔の上に重ねる場合を**立方最密構造**（充填）(cubic close-packed structure) という。立方最密構造は，単位格子となる立方体の各面の中央に球が存在するので**面心立方構造** (face-centered cubic structure) と呼ばれることもある。最密構造では空間の充填率は約 74 %であり，各球は 12 個の球と接している。

最密構造中には，接した 3 個の球のくぼみにもう 1 個の球を重ねることによりできる正四面体の中の空孔（四面体型サイト）と，2 つの層の 3 個ずつの 6 個の球によりできる正八面体の中の空孔（八面体型サイト）ができる（図 7.10）。

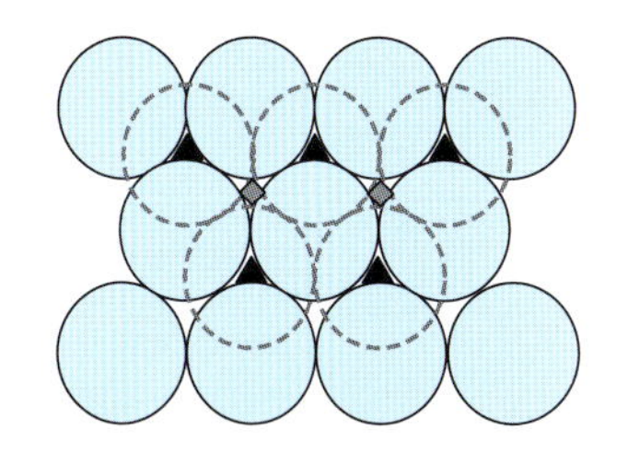

図 7.10　最密構造中の空孔
▲：四面体型空孔
◆：八面体型空孔

ほとんどの金属元素は，2 つの最密構造あるいは**体心立方構造** (body-centered cubic structure) に従って配列している。立方体の頂点に球（原子）が配列した**単純立方構造** (primitive cubic structure) の中心にもう 1 個の球が配列した構造が体心立方構造である（図 7.11）。体心立方構造は，空間の充填率は約 68 %であり，各球は 8 個の球と近接している。

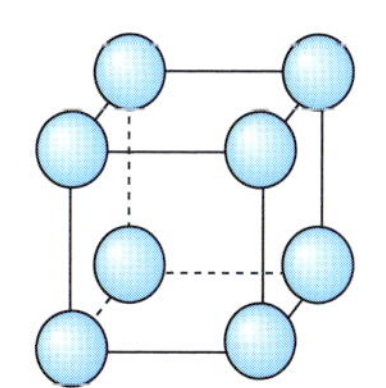

単純立方構造

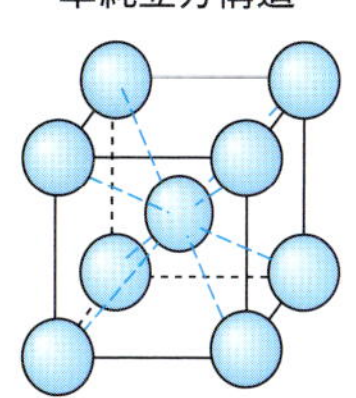

体心立方構造

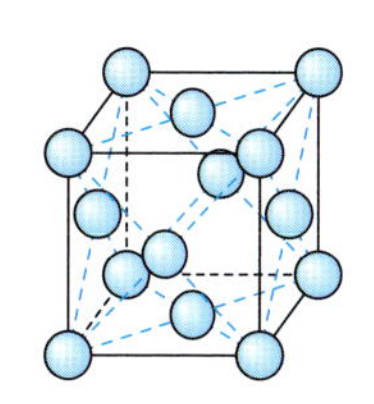

面心立方構造

図 7.11　立方構造

7.4.4　イオン性固体の構造

固体状態の化合物でも，その化学組成に従って空間に配列している。ここでは 2 種類の元素からなる化合物として，特に金属塩などのイオン性固体の空間的な配列について述べる。イオン性固体では，陽イオンと陰イオンが静電引力（**クーロン力**[*28]；Coulomb's force）により接近し，同種のイオンは離れた位置に配列する。イオン結合性の化合物は，周期表上で離れた電気陰性度の差が大きい元素のイオンからなる。

*28　クーロン力
$E = \frac{q_1 q_2}{4\pi\varepsilon_0 r}$
E：ポテンシャルエネルギー，q_1, q_2：電荷，ε_0：真空中の誘電率，r：電荷間の距離

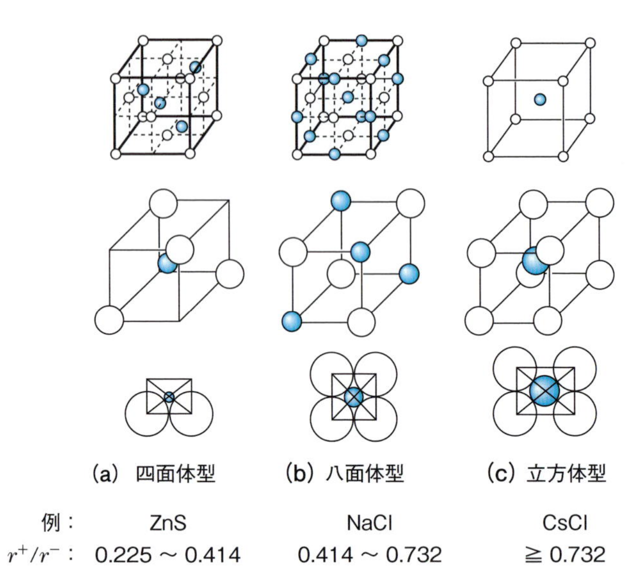

図 7.12　MX 型化合物の構造

イオン結晶中では，イオンの一方が最密構造の位置を占め，もう一方のイオンが空間を埋める配列となっている。クーロン力には方向性がなく，できるだけ空間全体を密に充填するような構造になる。陽，陰イオンの化学量論的組成が MX 型の例を図 7.12 に示した。(a) と (b) では，白丸で示したイオンは立方最密構造の配列になり，残りのイオンがそれぞれ四面体型サイトと八面体型サイトに位置している。(c) では，白丸のイオンが単純立方構造に配列し，残りのイオンがその中心に位置する。これらの違いは，それぞれのサイトの大きさと，そこに入る球の大きさとの関係による。すなわち，陽イオンと陰イオンの半径比 ($\boldsymbol{r^+/r^-}$)

表 7.6　代表的なイオン結晶の構造

組成	結晶構造	配位数†	化合物
MX	ウルツ鉱型	4：4	ZnS, MnS, SiC, AlN
	閃亜鉛鉱型	4：4	ZnS, CuCl, CdS, InAs
	塩化ナトリウム型	6：6	NaCl, AgCl, CaO, FeO
	ヒ化ニッケル型	6：6	NiAs, NiS, FeS, CoS
	塩化セシウム型	8：8	CsCl, CsBr, CaS, CsCN
MX_2	蛍石型	8：4	CaF_2, $BaCl_2$, PbO_2, UO_2
	ルチル型	6：3	TiO_2, MnO_2, SnO_2
	ヨウ化カドミウム型	6：3	CdI_2, $FeBr_2$, CoI_2, ZrS_2
MX_3	三酸化レニウム型	6：2	ReO_3, WO_3
	ヨウ化ビスマス型	6：2	BiI_3
M_2X	逆蛍石型	4：8	Li_2O, Na_2S
M_2X_3	コランダム型	6：4	Al_2O_3, Ti_2O_3, Fe_2O_3
	酸化マンガン	6：4	Mn_2O_3
$MM'O_3$	ペロブスカイト型		$CaTiO_3$, $BaTiO_3$

† M に近接している X の数：X イオンに近接している M の数。

によりまとめることができる。代表的な結晶構造を表 7.6 にまとめた。

7.4.5 イオン性化合物の格子エネルギー

構成元素からイオン性化合物が生成するときは，たいてい発熱的である。例えば，1 mol の塩化ナトリウムが金属ナトリウムと塩素から生成する際，411 kJ の熱が発生する*29。この反応は，イオン化エネルギーと電子親和力から求められる単純なエネルギー収支からは，+147 kJ mol^{-1} の吸熱反応となる*30。この反応が発熱的なのは，**格子エネルギー***31 (lattice energy) のためである。イオン性化合物の格子エネルギーは，気体状イオンから化合物の結晶格子形成に関与するエネルギーである。ナトリウムイオンと塩化物イオンが結合して格子を形成すると，クーロンの法則から予想されるようにポテンシャルエネルギーが低くなる。つまり，格子が形成されると，余分なエネルギーは熱として放出される。格子中には多くの荷電粒子間に無数の相互作用が生じるため，格子エネルギーの値を決定するのは容易ではない。したがって，格子エネルギーの算出は**ボルン–ハーバーサイクル** (図 7.13) を用いる*32。

表 7.7 に，アルカリ金属元素の塩化物の格子エネルギーをまとめた。クーロンの法則から，陽・陰イオンのポテンシャルエネルギーはイオン

*29 $Na(s) + 1/2\ Cl_2(g) \rightarrow NaCl(s)$ $\Delta H_f^\circ = -411\ kJ\ mol^{-1}$

*30 Na の第一イオン化エネルギー：$I_1 = +496\ kJ\ mol^{-1}$
Cl の電子親和力：$E_{ea} = 349\ kJ\ mol^{-1}$

*31 格子エネルギーは，「イオン結晶をそれぞれの気体状イオンに分解するのに必要なエネルギー」と定義されるので，正の値となることに注意せよ。

*32 ボルン–ハーバーサイクルは，構成元素からイオン性化合物が生成する際の一連の仮想的なエンタルピー変化が既知の段階からなる。ヘスの法則を用いて格子エネルギーを決定する。

表 7.7 格子エネルギー (25 ℃) と結合長

イオン性化合物	格子エネルギー/kJ mol^{-1}	イオン間距離/pm
LiCl	839	257
NaCl	771	283
KCl	701	319
CsCl	646	348
NaF	909	235
CaO	3371	240

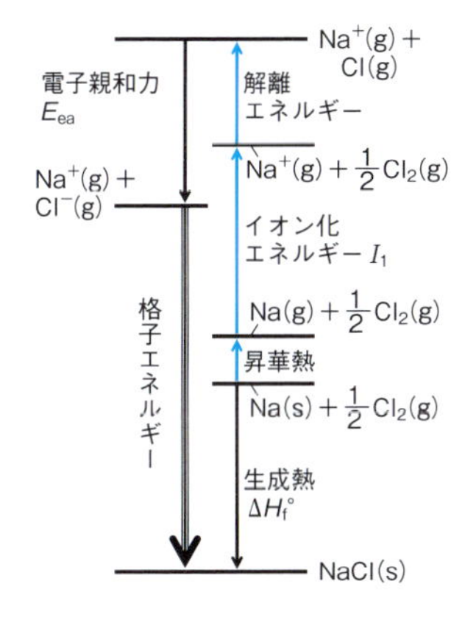

図 7.13 ボルン・ハーバーサイクル

Column 構造解析 ―X 線，中性子線，電子線回折―

分子の構造や配列は，化学において最も重要な情報である。構造解析に用いられる線源として，X 線，中性子線，電子線がある。散乱や回折実験の基本は X 線による解析であり，X 線が不得意な部分を中性子線や電子線が担っている。

電磁波である X 線は原子中の電子により散乱されるが，中性子線と電子線はそれぞれ原子核あるいは原子核と電子によりつくられる静電ポテンシャルによって散乱される。X 線は比較的容易に線源が得られ，粉末や結晶の構造解析が可能である。中性子線は原子炉や加速器などの大がかりな施設が必要であるが，同位体により散乱能が異なることを利用して多くの情報が得られる。そのため，磁性体や水素が関わる構造（水素結合）についての研究に最適である。電子線の実験は，空気との相互作用を避けるため真空容器内で行う必要がある。気体状分子の構造解析には電子線を用いる必要がある。これらの線源は，人体への照射（被曝）による影響が大きい。このリスクを念頭においた上で，得られる知見の重要性に鑑みて有効に利用することが重要である。

間の距離と反比例する。高周期になるほどイオン半径は増大し，イオンは互いに近づけなくなるため，格子エネルギーは減少する。

NaF と CaO のイオン間距離はほぼ等しいが，格子エネルギーは4倍程度も異なる。クーロンの法則から，2つのイオン間のポテンシャルエネルギーは距離だけでなく電荷の大きさ (q_1, q_2) にも依存する*33。その違いが格子エネルギーの差として観測される。

*33　側注25参照。

7.1　次の多面体がもつ対称要素をすべてあげよ。

(1) 正四面体　(2) 立方体　(3) 正八面体

7.2　中心原子の立体構造を参考に次の分子の対称要素をすべてあげよ。

(1) NH_3（三角錐）　(2) SO_2Cl_2（四面体）　(3) BF_3（正三角形）

7.3　次の分子の点群を示せ。

(1) CO　(2) H_2O_2　(3) B_2H_6

7.4　次の分子の極性の有無を判断せよ。

(1) H_2　(2) NH_3　(3) BF_3

7.5　HF（電荷 1.6022×10^{-19} C，核間距離 92 pm）の双極子モーメントを計算せよ。

7.6　アンモニア分子の振動スペクトルにおける次の4つの基準振動について，ラマンおよび赤外活性なバンドに分類せよ。表7.3を参照して考えよ。

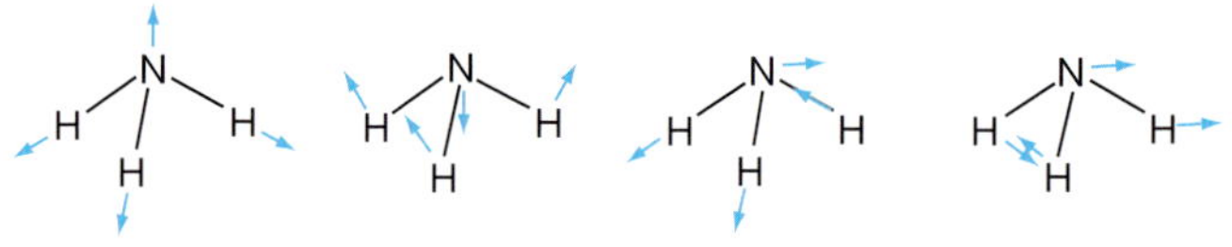

7.7　金属結晶が次の構造のとき，単位格子中の金属原子の数はいくつか。

(1) 単純立方構造　(2) 体心立方構造　(3) 面心立方構造

7.8　面心立方格子（図7.11）中の四面体型および八面体型の空孔の数はそれぞれいくつか。

7.9　同じサイズの球を単純立方格子構造になるように詰めたときの空間の占有率を計算せよ。

7.10　金は面心立方構造である。密度が 19.30 g cm^{-3} の金属中の金原子が球であるとして，その結合半径を算出せよ。

7.11　イオン性固体の特徴について述べよ。

7.12　NaCl の結晶では陽，陰イオン間の距離が 282.7 pm である。この結晶の密度を計算せよ。

7.13　次の MX 型のイオン性固体の結晶構造をイオン半径から予想せよ。

(1) NaBr（Na^+：116 pm，Br^-：182 pm）　(2) LiI（Li^+：73 pm，I^-：206 pm）

7.14　NaCl の格子エネルギーを下記の値から算出せよ。

NaCl(s) の生成エンタルピー変化：−411 kJ mol^{-1}

Na(g) の第一イオン化エネルギー：496 kJ mol^{-1}

Na(s) の昇華熱：108 kJ mol^{-1}

Cl(g) の電子親和力：349 kJ mol^{-1}

Cl_2(g) の解離エネルギー：242 kJ mol^{-1}

Inorganic Chemistry

第8章 水素および酸素

この章で学ぶこと

水素は最も単純な原子構造の元素であるが，周期表において特異な存在である。水素は **1** 族元素であるが，他の **1** 族元素とは様々な違いがあるため，区別して扱われることが多い元素である。一方，酸素は地球上に様々な化合物として多量に存在している重要な元素である。この章では，水素の特異な位置づけと酸素の性質をもとに，これらの無機化学における重要性について見ていこう。

8.1 水 素＊1

イギリスのボイルは，鉄を希硫酸に溶解する際に燃える気体が発生することを発表（1671 年）し，その後イギリスのキャベンディッシュは水素ガスを分離した（1766 年）＊2。原子構造は，電荷が ＋1 の原子核と 1 s 軌道に 1 個の電子からなる最も単純な元素である。電子配置が 1 族元素の最外殻電子配置と同じであり，周期表では 1 族の列に置かれる。水素の性質からすると，電子を失い陽イオン（**プロトン**＊3）H^+になる場合と，電子を 1 個受け取り陰イオン（**ヒドリド** hydride）H^-になる場合があるため，1 族あるいは 17 族元素として考えることができる。水素の第一イオン化エネルギー＊4 は，アルカリ金属元素と比較すると遥かに大きく，電子親和力は 17 族元素よりも低く，どちらの族にも属さない特別な存在である。宇宙全体の元素の存在量では，水素が最も多量に存在する。水素には 3 つの同位体 ^1H（プロチウム protium），^2H（ジュウテリウム deuterium，**重水素**；D），^3H（**トリチウム** tritium，三重水素；T）が存在する。^3H は放射性元素で β^- 壊変＊5 により ^3He に変化する。

＊1　水素は hydro「水」と gen「…を生ずるもの」を合わせて「水を生ずるもの」の意味。1789 年にラボアジェが命名。

キャベンディッシュ
H. Cavendish

＊2　キャベンディッシュは，鉄や亜鉛などの金属を強酸で溶解することにより水素を単離した。

＊3　プロトンは水素の同位体 ^1H の陽イオンをさす名称であるが，天然の同位体未分割組成の混合物について用いられることが多い。正式には，水素陽イオンはヒドロン hydron である。

＊4　イオン化エネルギー 1312 kJ mol^{-1}，電子親和力 73 kJ mol^{-1}。

＊5　6.4.2 項参照

8.1.1 水素の性質

水素分子 H_2 は，常温では気体（融点 −253 ℃，沸点 −259 ℃）であり，小さな分子であるうえに反応活性なため，地球表面では他の元素との化合物として存在している。化学形態は多様で，水素化物や有機化合物などとして存在している。水素分子 H_2 は無色・無臭であり，水にはほとんど溶解しない＊6。気体の中で最も軽く，分子間力が弱いために液化しにくい。水素分子は 2 個の陽子をもつため，2 種類の核スピン状態をとりうる。2 つの水素原子の核スピンの向きが互いに平行である分子をオ

＊6　空気の 14 分の 1。

表 8.1　水素の単体と酸化物

	陽子数	中性子数	単体 X_2 融点 /℃	沸点 /℃	結合エネルギー /kJ mol^{-1}	酸化物 X_2O 融点 /℃	沸点 /℃	結合エネルギー /kJ mol^{-1}
^1H (H)	1	0	−259.1	−252.9	436	0	100.0	463
^2H (D)	1	1	−254.4	−249.4	443	3.8	101.4	471
^3H (T)	1	2	−252.5	−248.1	447			

ルト水素，反平行である分子をパラ水素と呼ぶ（核スピン異性体）。絶対零度付近ではほぼ 100 %パラ水素であるが，常温ではオルトとパラの比は 3：1 となる。水素分子における核スピン異性体の化学的性質は同一であるが，沸点・融点や比熱等の物理的性質が異なる。

水素と重水素の化学的性質にはほとんど違いはないが，物理的性質には違いが見られる。これは質量差が大きいためで，**同位体効果**（isotope effect）と呼ばれる。水素の同位体は，他の元素の同位体に比べて質量比が大きく，質量の違いに基づく特性から，反応の解析やトレーサーなどに利用される。水素単体や酸化物である水や重水の結合エネルギーに差があり，沸点などの物理的性質の違いや化学平衡，反応速度にも若干の違いが見られる（表 8.1）*7。

*7　同位体により反応速度の速さに影響が見られるとき，これを動的同位体効果（KIE）と呼ぶ。通常，重い同位体では反応速度が遅くなることが多い。

8.1.2　水素分子の製法

水素分子 H_2 の製法としては，水の還元により得る方法がある。

(1) 工業的には炭化水素の改質により，一酸化炭素との混合ガス（水性ガス）として得られる（式 8.1）*8。メタンやナフサ*9 の軽質留分や赤熱したコークスを触媒存在下で水蒸気と反応させることでも得られる。天然ガスから得たメタンの反応を式 8.2 に，赤熱コークスとの反応を式 8.3 に示した。

*8　Ni 触媒，430 ～ 880 ℃：水蒸気改質法という。

*9　常圧において原油を蒸留した際の沸点がおよそ 35 ～ 180 ℃の成分。

$$C_nH_m + n\,H_2O \longrightarrow n\,CO + \left(n + \frac{m}{2}\right) H_2 \qquad (8.1)$$

$$CH_4 + H_2O \longrightarrow CO + 3\,H_2 \qquad (8.2)$$

$$C + H_2O \longrightarrow CO + H_2 \qquad (8.3)$$

(2) 水を電気分解して水素を得る*10。電解質として水酸化ナトリウムなどを含む水溶液を電解すると，カソードにおいて水素（式 8.4），アノードにおいて酸素が発生する（式 8.5）*11, 12。

$$2\,H_2O + 2\,e^- \longrightarrow H_2 + 2\,OH^- \qquad (8.4)$$

$$4\,OH^- \longrightarrow O_2 + 2\,H_2O + 4\,e^- \qquad (8.5)$$

*10　水の電解装置を用いた大規模な水素製造施設が福島県浪江町に設置されている（福島水素エネルギー研究フィールド：FH2R）。

*11　プロトンが還元される電位を 0 V とする（6.2.1 項参照）。

*12　硫酸などの酸を含む水溶液中でも生成する。

$$2\,H^+ + 2\,e^- \longrightarrow H_2$$

$$2\,H_2O \longrightarrow O_2 + 4\,H^+ + 4\,e^-$$

(3) 実験室では金属と水や酸との反応により生成する。アルカリ金属（M）は，すべて水と反応し（式 8.6）*13，少し反応性の低い金属は，塩

*13　同時に水酸化物が生成するので，注意が必要である。

酸のような酸に溶解する際に水素を発生する。例えば，亜鉛と塩酸の反応は式 8.7 で示される。

$$2\,M + 2\,H_2O \longrightarrow 2\,MOH + H_2 \qquad (8.6)$$

$$Zn + 2\,HCl \longrightarrow ZnCl_2 + H_2 \qquad (8.7)$$

8.2 水素の反応

水素分子は火山ガスなどに存在するが，ほとんどの水素は化合物の形で存在する。水素の化合物としては，水やアンモニアなどの無機化合物，炭化水素や炭水化物などの有機化合物がある。

8.2.1 水素分子の反応

水素分子は結合エネルギー[*14]が大きく，常温では反応性が低いが，高温ではほとんどの元素と反応する。水素分子は，放電，高温，光照射などにより，原子状水素[*15]を生成する（式 8.8）。これはきわめて反応性が高く，強力な還元剤として作用する。金属酸化物と反応し，金属が遊離する[*16]。

$$H_2 \longrightarrow 2\,H \qquad (8.8)$$

窒素 N_2，酸素 O_2，硫黄 S_8，塩素 Cl_2 などとも反応し，光や点火，触媒存在下で**水素化物**（hydride compound）を生成する（式 8.9 ～ 8.12）。

$$3\,H_2 + N_2 \longrightarrow 2\,NH_3 \qquad (8.9)$$ [*17]

$$2\,H_2 + O_2 \longrightarrow 2\,H_2O \qquad (8.10)$$ [*18]

$$8\,H_2 + S_8 \longrightarrow 8\,H_2S \qquad (8.11)$$

$$H_2 + Cl_2 \longrightarrow 2\,HCl \qquad (8.12)$$

一酸化炭素や不飽和有機化合物と水素分子の高温，高圧，触媒存在下の反応で，メタノールや飽和有機化合物へ変換する**水素添加反応**（hydrogenation reaction）も重要である（式 8.13）。

$$2\,H_2 + CO \longrightarrow CH_3OH \qquad (8.13)$$

これらの金属や金属錯体[*19]を用いた水素分子の反応では，H–H 結合の解離において結合電子の分かれ方により機構が異なる。すなわち，水素分子 H_2 から二種類のイオン H^+ と H^- が生成する**ヘテロリシス**（heterolysis）と，2 つの水素原子 H が生ずる**ホモリシス**（homolysis）に分類される。

8.2.2 水素化物

水素がある元素と結合した二元化合物[*20]を水素化物と呼び，結合する元素により 3 種類に分類される。p–ブロック元素の水素化物は共有結合性，Be と Mg を除く s–ブロック元素の水素化物はイオン結合性，

＊14 4.7.1 項参照。

＊15 原子状水素 = 活性水素。Pd などの金属に吸着した水素は原子状水素に近い状態にある。

＊16 例えば，ニッケルの製造過程では $NiO + H_2 \rightarrow Ni + H_2O$ の反応により，金属ニッケルが得られる。

＊17 アンモニアの工業的合成法（ハーバー–ボッシュ法）：鉄触媒，数百気圧，高温

＊18 水素燃料電池はこの反応を利用している。

＊19 金属錯体について，詳しくは第 13 章を参照のこと。

＊20 2 種類の元素からなる化合物。

表 8.2　代表的な共有結合性水素化物

周期＼族	13	14	15	16	17
2	ボラン[*21] B_nH_{n+4}, B_nH_{n+6} ($n \geqq 2$)	アルカン C_nH_{2n+2} アルケン C_nH_{2n} ($n \geqq 2$) アルキン C_nH_{2n-2} ($n \geqq 2$)	アザン （アンモニア） NH_3 ヒドラジン N_2H_4	オキシダン（水） H_2O 過酸化水素 H_2O_2	フッ化水素 HF
3	アラン $(AlH_3)_x$	シラン Si_nH_{2n+2}	ホスファン PH_3	スルファン （硫化水素） H_2S	塩化水素 HCl
4	ガラン $(GaH_3)_x$	ゲルマン Ge_nH_{2n+2}	アルサン AsH_3	セラン （セレン化水素） H_2Se	臭化水素 HBr
5		スタンナン SnH_4	スチビン SbH_3	テラン （テルル化水素） H_2Te	ヨウ化水素 HI

d−および f−ブロック元素では金属結合性の固体である。

(1) 共有結合性水素化物

水素の電気陰性度（4.4.1 項参照）は 2.2 であり，電気陰性度の大きい（1.5 より大きい）典型元素との間で共有結合を形成する（表 8.2）。共有結合性水素化物は気体，揮発性の液体，低融点の固体である。これらは分子状水素化物と呼ばれる。

(2) イオン結合性水素化物（塩類型水素化物）

電気的陽性のアルカリ金属やアルカリ土類金属元素との間で生成し（式 8.14），この化合物中の水素の形式酸化数は −I である。金属を水素気流中（雰囲気）で加熱することで得られる。融点，沸点が高く，溶融状態で電気伝導性を示す。水と激しく反応し，水素を発生する[*22]。強力な還元剤として利用される。これらは塩類型水素化物とも呼ばれる。

$$H_2 + 2\,Na \xrightarrow[\text{(溶融金属, 360 ℃)}]{} 2\,NaH \qquad (8.14)$$

(3) 金属結合性水素化物（侵入型水素化物）

遷移金属元素が水素を金属格子のすきまに吸蔵し，固体の水素化物を生成する[*23]。この化合物中の水素の形式酸化数は 0 である。水素化物の密度は金属元素の密度より小さくなるが，性質は金属元素自身と類似している。水素は原子状で吸蔵されており，強い還元力を有する。これらは侵入型水素化物とも呼ばれる。

*21　n が 2 以上のすべての化合物が単離されているわけではない（10.1.2 項参照）。

*22　LiH は水素キャリアとして利用される。

*23　Pd，Pt は 1 気圧で 350～800 倍の体積の水素を吸収する。この性質を利用したものが水素吸蔵合金である。

8.3　酸　素

シェーレ　K. W. Scheele
プリーストリー　J. Priestley

1771 年スウェーデンのシェーレ，1774 年イギリスのプリーストリーが独立に酸素を分離した*[24]。1779年フランスのラボアジェが元素として認識した。地球上で最も豊富に存在し，空気の質量の23％（体積で21%），地殻質量で47％である。工業的には液体空気の分留や水の電気分解（式8.4，8.5）により得られる*[25, 26]。

*24　化学史ではプリーストリーが発見したとされている。ギリシャ語oxys「酸」とgen「…を生ずるもの」を合わせて命名。

*25　O_2の沸点-183.0℃，N_2の沸点-195.8℃

*26　実験室では過酸化水素H_2O_2を酸化マンガン(IV)（二酸化マンガン）MnO_2共存下で分解して得られる。

$$2\,H_2O_2 \longrightarrow O_2 + 2\,H_2O$$

8.3.1　酸素の性質

酸素の電子配置（[He] $2s^2 2p^4$）から分かるように，酸素原子は2個の電子を受け取り，2価の陰イオン（O^{2-}）になったり，他の元素と共有結合により化合物を形成する。酸素分子（O_2）は基底状態では不対電子2個を有する常磁性であり*[27]，原子価結合理論ではその電子構造が説明できない。そこで，電子構造を説明するために分子軌道理論が用いられる（5.3.2項参照）。これにより酸素―酸素間の結合次数は2であることがわかる（5.3.1項参照）。基底状態では2つの反結合性π^*軌道に同じスピン状態の2個の電子があり，**三重項**（triplet）**酸素**と呼ばれる。同じ反結合性π^*軌道に逆のスピン状態の2個の電子が入ると**励起一重項**（singlet）**酸素**と呼ばれ，反応性が高くなる*[28]。酸素分子は2個の不対電子をもつラジカル*[29]であることから反応性が高く，ハロゲン元素や金，銀，白金以外の金属と直接反応して酸化物となる。

*27　物質が磁場との相互作用により分類される。

*28　電子の占有する反結合性π^*軌道が2つあるため，励起状態では1つの軌道に2つの電子が入る状態と，2つの軌道にそれぞれ電子が入る状態とがある（第5章（p.63）の図5.18中O_2分子のMOエネルギー準位図参照）。一重項状態では，LUMOのエネルギー準位が低いため，強い酸化力をもつ。

*29　4.6.1および5.3.2項参照。

酸素間の結合次数，結合距離や安定性などは深く関連している（表8.3）。二酸素の化学種として陽イオンO_2^+，陰イオンとして反結合性π^*軌道に不対電子1個が存在する常磁性である**超酸化物**（superoxide）**イオン**O_2^-，および不対電子のない反磁性の**過酸化物**（peroxide）**イオン**O_2^{2-}がある。

酸素の同素体である**オゾン**（ozone，trioxygen）O_3は*[30]，空気やO_2の無声放電により10％程度の濃度で生成する。生臭いにおいの青色気体で，液体状態（沸点-111.3℃）では深青色である。きわめて強い酸化力（$E^\circ = 2.08$ V）により水の殺菌，消毒，漂白に用いられる。

*30　4.5.1項参照。

表8.3　二酸素の化学種と酸素間の結合†

	結合次数	O–O結合距離/pm	結合エネルギー/kJ mol^{-1}
O_2	$\frac{10-6}{2}=2$	121	497（O_2）
O_2^+	$\frac{10-5}{2}=2.5$	112	625（O_2AsF_6）
O_2^-	$\frac{10-7}{2}=1.5$	128	328（KO_2）
O_2^{2-}	$\frac{10-8}{2}=1$	149	213（H_2O_2）

†　結合エネルギーは括弧内の化合物中のO–O結合エネルギーを示してある。

8.3.2 酸化物

酸素はほとんどすべての元素と化合物をつくり，**酸化物**（oxide）と呼ばれる。これらの酸化物は，その酸・塩基としての挙動により分類される。アルカリ金属（M）では O_2 との反応により酸化物（M_2O）を生成し，さらに過酸化物（M_2O_2），超酸化物（MO_2）となる。アルカリ土類金属（M′）では酸化物（M′O），過酸化物（$M'O_2$）のみ生成する。これらは塩基性酸化物に分類される。13 族元素では X_2O_3 型の酸化物を与えるが，性質は原子番号の増加に伴い酸性から塩基性へと変化する。このように，同じ金属の酸化物でも組成により異なる性質を示すものもある。ハロゲンの酸化物[*31]ではハロゲンの酸化状態の異なる化合物が知られている。これらの多くは不安定で，強い酸化力を示す。

＊31　例えば，塩素の酸化物として次のものがある（カッコ内は塩素原子の形式酸化数）。ClO^-（＋Ⅰ），ClO_2^-（＋Ⅲ），ClO_3^-（＋Ⅴ），ClO_4^-（＋Ⅶ）（11.3.2 項参照）

（1）塩基性酸化物

水と反応して塩基を生成する，あるいは酸と反応して塩を生成する（式 8.15 ～ 8.18）。金属元素の酸化物がこれに分類される。

$$Na_2O + H_2O \longrightarrow 2\,NaOH \quad (8.15)$$

$$Na_2O + 2\,HCl \longrightarrow 2\,NaCl + H_2O \quad (8.16)$$

$$CaO + H_2O \longrightarrow Ca(OH)_2 \quad (8.17)$$

$$CuO + H_2SO_4 \longrightarrow CuSO_4 + H_2O \quad (8.18)$$

（2）酸性酸化物

水と反応して酸を生成する，あるいは塩基と反応して塩を生成する（式 8.19 ～ 8.21）。非金属元素の酸化物や遷移金属の高原子価酸化物がこれに分類される。

$$CO_2 + H_2O \longrightarrow H_2CO_3 \quad (8.19)$$

$$SO_3 + NaOH \longrightarrow NaHSO_4 \quad (8.20)$$

$$Mn_2O_7 + H_2O \longrightarrow 2\,HMnO_4 \quad (8.21)$$

（3）両性酸化物

弱い酸性や弱い塩基性を示し，酸とも塩基とも反応する（式 8.22 ～ 8.25）。金属，非金属の両方の性質をもつ元素の酸化物（Sn, Al, As, Sb などは金属性，Pb, Zn, Cd などは金属性と非金属性の両方を示す）がこれに分類される。

$$Al_2O_3 + 6\,HCl \longrightarrow 2\,AlCl_3 + 3\,H_2O \quad (8.22)$$

$$Al_2O_3 + 2\,NaOH + 3\,H_2O \longrightarrow 2\,Na[Al(OH)_4] \quad (8.23)$$

$$PbO + 2\,HCl \longrightarrow PbCl_2 + H_2O \quad (8.24)$$

$$PbO + Ca(OH)_2 + H_2O \longrightarrow Ca[Pb(OH)_4] \quad (8.25)$$

8.3.3 オキソ酸[*32]

＊32　オキソ酸の命名法：伝統的名称が多く用いられているが，新しい化合物には慣用名はつけない。オキソ酸の体系名としては酸方式と水素方式がある。

オキソ酸（oxyacid，oxo acid）はプロトンを放出する OH 基をもつ無機酸で，中心となる原子（X）が1つの化合物は$XO_m(OH)_n$の一般式で表される。XがOH基の酸素上の電子を強く引きつけると，H^+が解離する。一連のオキソ酸においては，酸の強さはmの大きさ（酸素の割合）に依存する[*33]。より多くの酸素原子が存在すると，陰イオン上の負電荷はより多くの原子上で分散されるため，陰イオンを安定化する効果をもつ。例えば硝酸イオン（nitrate）NO_3^-では，負電荷は3個の酸素原子上に等しく分散される（これは3つの極限構造[*34]で示される）。これに対して亜硝酸イオン（nitrite）NO_2^-では，2個の原子のみが負電荷を共有する。それ故，NO_2^-はNO_3^-より強い共役塩基となる。このように，酸をイオン化することで形成される生成物の安定化が大きいほど，酸性度を増大させるのに寄与する。また，酸の形式酸化数とその酸性度との間にも相関が見られる。同じ中心原子のオキソ酸では，中心原子の形式酸化数が大きいほど強酸になる（**表8.4**）。

＊33　$XO_m(OH)_n$のオキソ酸において，プロトンを1個失うごとにpK_a値は約5ずつ増える（6.1.2項参照）。

＊34　4.5.1項参照。

表8.4　オキソ酸のpK_a値（25℃）

化学式	一般式	中心原子の形式酸化数	pK_a
H_3BO_3	$B(OH)_3$	＋Ⅲ	9.24
H_2CO_3	$CO(OH)_2$	＋Ⅳ	6.35, 10.33
H_4SiO_4	$Si(OH)_4$	＋Ⅳ	9.86, 13.1
HNO_2	$NO(OH)$	＋Ⅲ	3.15
HNO_3	$NO_2(OH)$	＋Ⅴ	−1.8
H_3PO_4	$PO(OH)_3$	＋Ⅴ	2.15, 7.20, 12.35
H_3AsO_4	$AsO(OH)_3$	＋Ⅴ	2.24, 6.96, 11.50
II_2SO_3	$SO(OII)_2$	｜Ⅳ	1.86, 7.19
H_2SO_4	$SO_2(OH)_2$	＋Ⅵ	$-3.4^{\dagger}$, 1.99
$HClO$	$Cl(OH)$	＋Ⅰ	7.53
$HClO_2$	$ClO(OH)$	＋Ⅲ	2.31

†　質量%で50%のとき。

典型元素では，B, C, Si, N, P, As, S, Se, Te, Cl, Br, Iが，遷移元素では，V, Cr, Mo, W, Mn, Re, Fe, Ru, Osなどがオキソ酸をつくる。

15族元素の窒素とリンには重要なオキソ酸がある。窒素のオキソ酸では，窒素原子は2個または3個の酸素，あるいは別の窒素と結合している（**図8.1**）。硝酸（nitric acid）HNO_3は平面三角形の構造をとるオキ

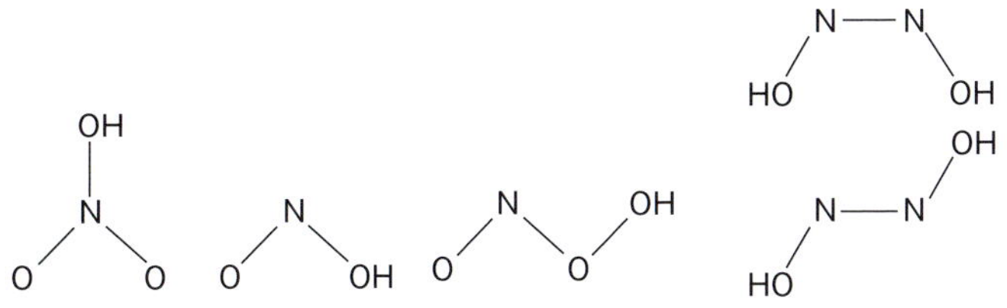

図8.1　窒素のオキソ酸の構造

＊35　次亜硝酸にはN–N結合に結合したOH基が同じ側（シス，*cis*）と反対側（トランス，*trans*）の幾何異性体が存在する。

ソ酸で，工業的にも重要な化合物である。白金触媒を用いたアンモニア（azane，ammonia）の空気酸化により一酸化窒素を経由して合成されている（式 8.26 ～ 8.28）*36。硝酸は酸化剤やニトロ化剤として，硝酸塩は火薬の原料や肥料としても用いられている。

*36　オストワルト法：アンモニアと空気を 750 ～ 900 ℃の白金網に通じる。

$$4\,NH_3 + 5\,O_2 \longrightarrow 4\,NO + 6\,H_2O \tag{8.26}$$

$$2\,NO + O_2 \longrightarrow 2\,NO_2 \tag{8.27}$$

$$3\,NO_2 + H_2O \longrightarrow 2\,HNO_3 + NO \tag{8.28}$$

亜硝酸（nitrous acid）HNO_2 は不安定であるが，亜硝酸塩には安定な化合物がある*37。反応の相手により酸化剤あるいは還元剤として作用する。

*37　例：亜硝酸ナトリウム $NaNO_2$

リンのオキソ酸は，リン原子を中心とした四面体構造の化合物である（図 8.2）。リンに結合した原子の種類により二つの系列に分類される。酸素あるいはリンが結合した**リン酸**（phosphoric acid）**系列**（図 8.2 上）では，リンの形式酸化数が ＋Ⅴ，＋Ⅳで，これらの化合物は酸性を示す。水素が結合した**ホスホン酸**（phosphorous acid）**系列**（図 8.2 下）では，リンの形式酸化数が ＋Ⅲ，＋Ⅰで，これらの化合物は還元剤として機能する。

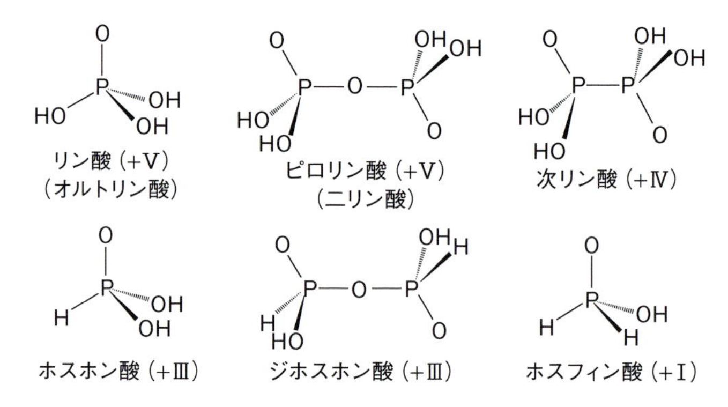

図 8.2　リンのオキソ酸の構造（カッコ内はリンの酸化数）

16 族元素である硫黄には，多くのオキソ酸が知られているが，遊離酸として存在するものは少なく（図 8.3），ほとんどは塩として存在する。二酸化硫黄（sulfur dioxide）を水に溶解すると亜硫酸 H_2SO_3 となる。この中心の硫黄は sp^3 混成軌道*38 で説明できる三角錐構造となる。硫酸（sulfuric acid）H_2SO_4 は二酸化硫黄を酸化して得られる。化学工業で

*38　5.2.2 項参照。

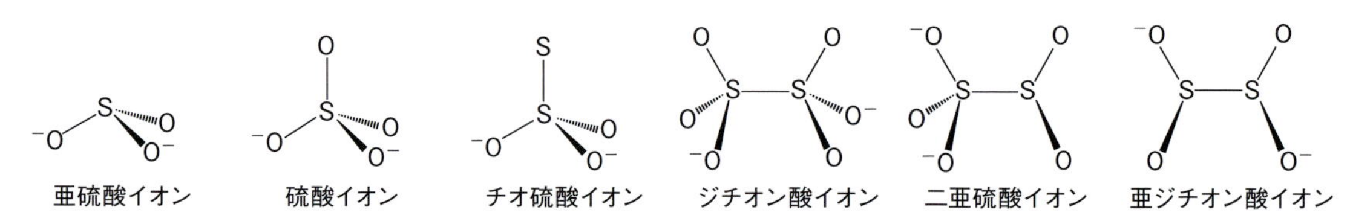

図 8.3　硫黄のオキソ酸イオンの構造

重要な化合物の一つで，肥料，繊維，医薬品など広く用いられる。

17 族元素のハロゲンのオキソ酸として次亜ハロゲン酸 HXO，亜ハロゲン酸 HXO_2，ハロゲン酸 HXO_3，過ハロゲン酸 HXO_4 が知られている。これらの形式酸化数[*39] は異なるが，すべて酸化剤として働く。

＊39　側注 31 参照。

8.4　水素と酸素の化合物

水素と酸素は，ほとんどの元素と化合物をつくる元素である。水素と酸素だけからなるシンプルな化合物のなかで，水 H_2O は溶媒として，過酸化水素 H_2O_2 は酸化剤としての役割が重要である[*40]。

＊40　還元剤としても働く（E° = 1.76 V）。

8.4.1　水

水は生物にとって必須であり，また科学においてもきわめて重要であるのは，その溶媒としての性質のためである。水は無色，無味無臭の分子である[*41]。水素ー酸素間は共有結合により結びついて，二組の非共有電子対がある。水素と酸素の電気陰性度の違いから分極した極性分子である[*42]。構造は，水素ー酸素結合距離が 96 pm で，酸素をはさむ H-O-H 結合角は 104.5° の折れ線型である[*43]。密度は約 4 ℃において最大となり，固体（氷）は液体（水）に浮く特徴的な分子である。溶媒としての有用性は，液体として存在する温度範囲（融点，沸点），大きな比誘電率，分極による溶媒和や水素結合によるものである（図 8.4）[*44]。

＊41　色はほぼ無色であるが，赤外領域にある吸収端が赤色光を吸収するため，わずかに青色に見える。

＊42　双極子モーメント 1.85 D

＊43　構造は sp^3 混成軌道モデルで説明できる（5.2.2 項参照）。

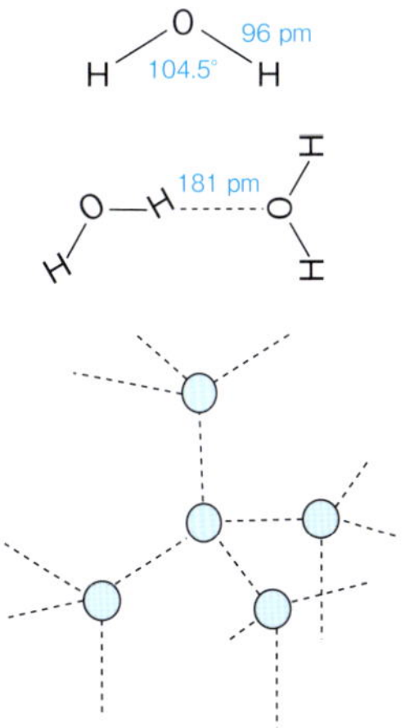

図 8.4　水分子の構造，水素結合と氷のネットワーク

＊44　よく用いられる溶媒の比誘電率（20 ℃）：水 80，アセトニトリル 37，メタノール 33，エタノール 25，ベンゼン 2.3

水は自己解離によりヒドロニウムイオン（オキソニウムイオン）H_3O^+ と水酸化物イオン OH^- になり（式 8.29），この平衡定数（25 ℃，自己解離定数（イオン積）$K_w = [H_3O^+][OH^-]$）は 1.0×10^{-14} $(\mathrm{mol\ dm^{-3}})^2$ である。

$$2\,H_2O \rightleftharpoons H_3O^+ + OH^- \qquad (8.29)$$

この反応では，水はブレンステッド酸および塩基と考えることができる（6.1.1 項参照）。ヒドロニウムイオンはプロトンへ水が結合した水和状態であり，これはルイスの酸塩基としても理解される。

8.4.2　過酸化水素

生物にとって二酸素は重要な分子で，様々な化学形態へ変化する。その変化の過程で，いくつかの二酸素由来の化学種があり，過酸化水素 (dihydrogen peroxide) H_2O_2[*45] もその一つである。過酸化水素は，常温において無色の液体である。分子構造は，非共有電子対間の反発によりねじれた構造である（図 8.5）。水溶液中では弱酸性である。水と同様に自己解離し（式 8.30），この平衡定数（20 ℃，自己解離定数（イオン積）$K_w = [H_3O_2^+][HO_2^-]$）は，1.5×10^{-12} $(\mathrm{mol\ dm^{-3}})^2$ である。

＊45　融点 −0.89 ℃，沸点 151.4 ℃。双極子モーメント 1.57 D

$$2\,H_2O_2 \rightleftharpoons H_3O_2^{+} + HO_2^{-} \qquad (8.30)$$

過酸化水素は，酸化剤として利用されるが（式 8.31），過マンガン酸イオンのような強い酸化剤に対しては還元剤として作用する（式 8.32）。触媒が存在すると酸素と水へ分解する*46。

$$2\,H_2O_2 + 2\,H^{+} + 2\,e^{-} \longrightarrow 2\,H_2O \qquad (8.31)$$

$$H_2O_2 \longrightarrow O_2 + 2\,H^{+} + 2\,e^{-} \qquad (8.32)$$

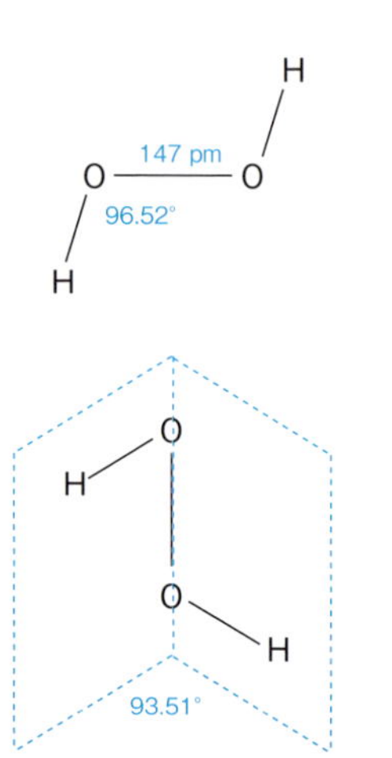

図 8.5　過酸化水素分子の構造

*46　側注 26 参照。

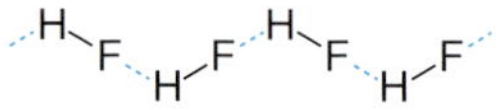

8.5　水素結合

水素が電気陰性度の大きい原子に結合した際に，異なる分子中の原子との間に弱い相互作用が生ずる（図 8.6）。この相互作用は**水素結合**（hydrogen bond）と呼ばれ，共有結合よりはるかに弱いが，ファンデルワールス力に比べて強い*47。

図 8.6　フッ化水素の固体状態での水素結合

*47　水素結合の結合エネルギー：5～25 kJ mol^{-1} の範囲である。

*48　タンパク質の四次構造などで見られる。

水素結合は，原子半径が小さく電気陰性度の大きい原子間に水素が介在してできる結合で，タンパク質などの高分子量の化合物でも水素結合によりコンパクトにまとまった構造となる*48。

分子間に働く水素結合は，化合物の性質に影響を与える。化合物の沸点と融点について見てみよう。一般に沸点や融点は化合物の分子量が大きくなると上昇する傾向にある。図 8.7 に示す化合物について，フッ素，酸素，窒素では同族の元素と比較して沸点や融点が高くなっているのは，水素結合により実質的な分子量が大きくなるためと考えられる。

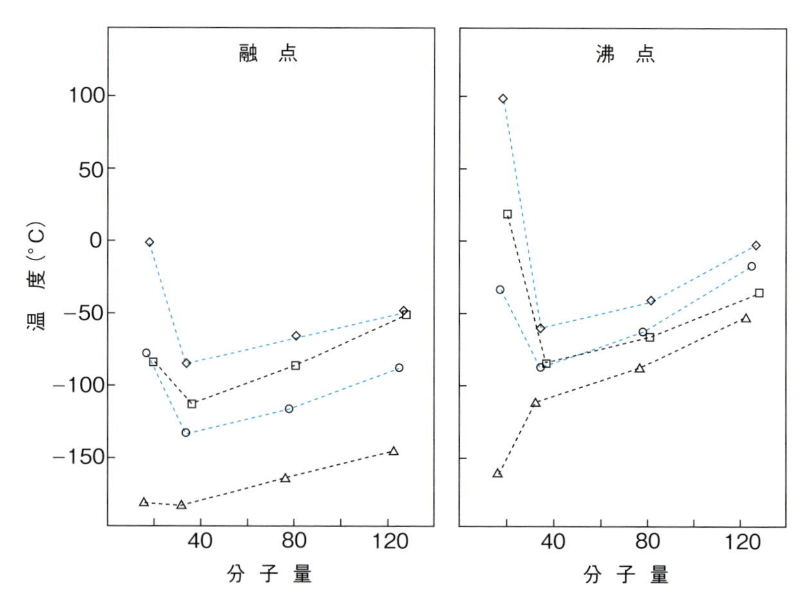

図 8.7　水素化物の分子量と融点（左），沸点（右）の関係
△：14 族元素（C, Si, Ge, Sn），○：15 族元素（N, P, As, Sb），
◇：16 族元素（O, S, Se, Te），□：17 族元素（F, Cl, Br, I）

Column ポリリン酸

リン酸中のリン原子は，4つの酸素が結合した四面体構造である。酸素原子を2つのリン原子が共有してつながったポリマーをポリリン酸と呼ぶ。ポリリン酸イオンは直鎖状と環状の構造をとり，いずれもリン酸の脱水縮合により合成される。リン酸イオンは弱塩基性であり，カルシウムやマグネシウムと錯形成する。ポリリン酸塩は食品添加物，界面活性剤などとして利用され，特に生物における役割も重要である。ポリリン酸の構造やリン酸基の数は，酸塩基滴定により知ることができる。直鎖状ポリリン酸 $H(PO_3H)_nOH$ は，強酸性の水素を n 個（リン原子1個につき1個）と弱酸性の水素を2個（両端に1個ずつ）含む。pH 4 ～ 5付近における当量点は n 個の強酸性の水素，pH 7 ～ 8付近および9 ～ 10付近に現れる当量点は2つの末端の弱酸性の水素の解離に対応する。

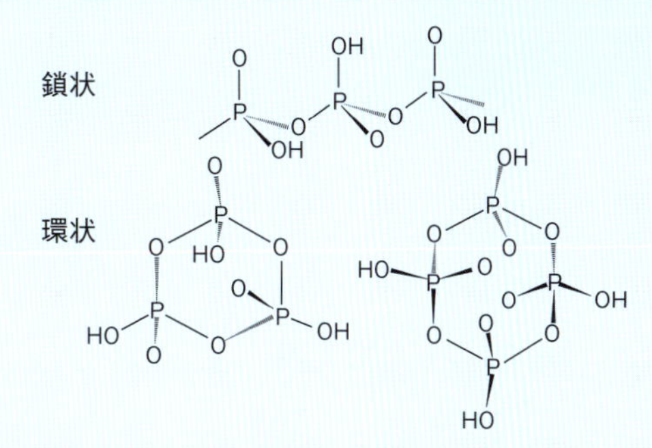

8.1 水素の原子量は1.0079である。天然では ${}^{1}H$ (1.0078 u) と ${}^{2}H$ (2.0160 u) のみが存在するとしたとき，それぞれの同位体の存在割合を算出せよ。

8.2 水素の同位体を化合物に標識することにより，同定や反応追跡に用いられる。このような目的に対して，有効な測定方法をあげよ。

8.3 常温・常圧で水素1Lを得るためには，最低何gの水を電気分解する必要があるか。また，このときに必要な電気量を算出せよ。

8.4 水素とある元素からなる二元水素化物中の結合の性質と，水素の酸化数について各ブロック元素ごとに説明せよ。

8.5 O_2 が二重結合をもつこと，および常磁性であることを，分子軌道のエネルギー準位図を用いて説明せよ。

8.6 二酸素の化学種 O_2^{+}, O_2, O_2^{-}, O_2^{2-} について，酸素－酸素結合の切断が容易な順を示せ。

8.7 O_3 が酸化剤として作用するときの半反応式を示せ。

8.8 次の酸化物を酸性，両性，塩基性に分類せよ。

(1) MgO　(2) B_2O_3　(3) SnO_2　(4) SO_2

8.9 Al_2O_3 と塩酸および水酸化ナトリウムとの反応式を示せ。

8.10 亜硫酸と硫酸の酸としての強さを比較せよ。

8.11 アンモニアの酸化により濃硝酸を合成する際の反応式を示せ。

8.12 次のリン化合物中のリンの酸化数を示せ。

(1) HPH_2O_2　(2) H_3PO_4　(3) H_2PHO_3

8.13 次の硫黄のオキソ酸イオンについて，酸化剤となるものと還元剤となるものに分類せよ。

(1) SO_3^{2-}　(2) SO_4^{2-}　(3) $S_2O_3^{2-}$　(4) $S_2O_4^{2-}$

8.14 氷が水に浮く理由を説明せよ。

8.15 ハロゲン化水素の分子量と融点および沸点との関係について説明せよ。

Inorganic Chemistry

第9章 s-ブロック元素 −1, 2 族元素−

この章で学ぶこと

s-ブロック元素は，貴ガス電子配置の外側にある s 軌道のみに価電子を 1 個（電子配置 ns^1）あるいは 2 個（電子配置 ns^2）もつ元素である。最外殻の s 軌道に 1 個の価電子をもつアルカリ金属元素と 2 個の価電子をもつ 2 族元素がこれに対応する。この章では s-ブロック元素の単体および化合物の性質について見ていこう。

9.1 アルカリ金属元素

植物の灰を語源とする**アルカリ金属**（alkaline metal）**元素**は*1，リチウム，ナトリウム，カリウム，ルビジウム，セシウム，フランシウムである（表 9.1）。ナトリウムおよびカリウムは，地圏や水圏で大量にイオンとして存在している。化学工業的に利用されているのみならず，動植物においても重要な元素である。リチウムは，鉱物，海水，塩湖かん水中に含まれ，ルビジウムは広く鉱物に含まれる。リチウムやルビジウムは，量的にはナトリウム，カリウムに比べて少ない。最近では，リチウム電池のアノード，リチウムイオン二次電池の電解質（electrolyte）やカソードとしての利用からリチウムの需要が高くなっている。セシウムの存在量は，アルカリ金属元素のなかではきわめて少ない。リチウムを含む紅雲母（べにうんも）に含まれるため，リチウム生産の副生成物として得られる。フランシウムの同位体はすべて放射性同位体であり，半減期*2 が短いので天然ではほとんど存在しない。

リチウムやナトリウムの単体は，塩化物などのハロゲン化物を融解し電気的に還元して製造されている。それ以外の元素の単体は，融解した塩を金属ナトリウムにより還元することで製造されている。

*1 陸の植物の灰は K_2CO_3，海藻の灰は Na_2CO_3 が主成分である。古代アラビア人はこれらをアルカリと呼んでいた。灰から抽出した物質の意味で，強い塩基性を示すものを指す。

*2 6.4 節参照。

アルカリ金属元素の名称の由来

*Li ペタル石から発見。ギリシャ語の石 *lithos* にちなんだ名前。
*Na NaOH を電気分解し単離。アラビア語のソーダ *sudá* にちなんだ名前。ナトリウムはラテン名で，Na_2CO_3 *natron* にちなんだ名前。
*K KOH を電気分解し単離。デービーにより草木灰 potash＋ium として名付けられた。
*Rb 紅雲母から光や熱で赤い 2 本のスペクトルを与える成分として発見，単離。ラテン語の赤い *rubidus* にちなんだ名前。
*Cs 濃縮した鉱泉水の炎色反応で青色のスペクトルを与える新成分として発見。ラテン語の青空色 *caesius*（カエジウス）にちなんだ名前。
*Fr ^{227}Ac の壊変産物から発見。フランスにちなんだ名前。

表 9.1 アルカリ金属元素の名称と電子配置

元素記号	日本語名	英語名	電子配置
Li	リチウム	lithium	[He] $2s^1$
Na	ナトリウム	sodium	[Ne] $3s^1$
K	カリウム	potassium	[Ar] $4s^1$
Rb	ルビジウム	rubidium	[Kr] $5s^1$
Cs	セシウム	caesium (cesium)	[Xe] $6s^1$
Fr	フランシウム	francium	[Rn] $7s^1$

9.2 アルカリ金属元素の物性

アルカリ金属元素の単体は，銀白色あるいは黄金色の軟らかい金属である。アルカリ金属元素の物性について表 9.2 にまとめた。金属元素としては融点が低く[*3,4]，広がった s 軌道間の重なりが悪いことで，金属一金属の結合が弱くなることと関連している。原子半径は，同周期の元素中で最も大きく，これはイオン化エネルギーなどの物性と関連が深い[*5]。アルカリ金属元素の金属結晶は体心立方構造であり，原子あたりの金属結合に関与する電子が 1 つであることから密度は小さい。リチウム，ナトリウム，カリウムの密度は水より小さく，これらの金属は水に浮く。アルカリ金属元素は，特徴的な**炎色反応**（flame reaction）が可視光領域で観察されるため，炎色反応は定性・定量分析に利用される[*6]。

＊3　融点が低いことは，凝集エネルギーが小さいことから説明される。

＊4　液体の Na は熱伝導率が大きく，中性子をほとんど減速しないので，高速増殖炉の冷却剤として使用されている。

＊5　3.4 節参照。

＊6　各元素の炎色は下記の通り。カッコ内は炎光分析などに用いられる検出波長/nm：Li 赤（670），Na 黄（589），K 紫（762），Rb 赤紫（780），Cs 青紫（852）

表 9.2　アルカリ金属元素の物性

	融点/℃	沸点/℃	密度（20 ℃）/g cm^{-3}	原子半径/pm
Li	180.54	1347	0.534	132
Na	97.81	883	0.971	154
K	63.65	774	0.862	203
Rb	39.31	688	1.532	216
Cs	28.4	678	1.873	235

アルカリ金属の性質を表 9.3 にまとめた。イオン化エネルギーが同周期の元素と比較して小さいことは，アルカリ金属元素の原子半径が大きいことより説明される。第二イオン化エネルギーが非常に大きく，1 価の陽イオンが安定である。アルカリ金属元素の中で下の周期の元素（高周期元素）ほどイオン化エネルギーが小さいことも原子半径により説明され，高周期元素ほど反応性が高い。1 価の陽イオンになりやすい性質から，強力な還元剤として利用でき，反応性が高い元素である[*7]。

6.2.1 項で説明したように，標準電極電位は，原子からイオンへのなりやすさ，すなわち還元能を示し，式 9.1 で示される[*8]。標準電極電位が低いものほどイオンは還元されにくく，原子の還元能が高いことを示している。

$$M^{+} + e^{-} \rightleftharpoons M \qquad (9.1)$$

＊7　Cs は全元素中で最も電気的陽性が高い（イオン化エネルギーが小さい）ので，銀やアンチモンなどと合金にして光電管の材料として使用される。

＊8　標準電極電位は水中で定義され，昇華熱（M(s) → M(g)），イオン化エネルギー（M(g) → M^{+}(g) + e^{-}），水和エネルギー，電子のエネルギーの総和である。

表 9.3　アルカリ金属元素の性質

	イオン化エネルギー/kJ mol^{-1}		標準電極電位/V	イオン半径/pm	水和半径/pm	水和エネルギー/kJ mol^{-1}
	第一	第二				
Li	520	7298	−3.05	90	340	519
Na	496	4562	−2.71	116	280	406
K	419	3051	−2.93	152	230	322
Rb	403	2632	−2.92	166	230	293
Cs	376	2422	−2.92	181	230	264

標準電極電位から考えると，リチウムは還元能が最も高いと考えられる。しかし，原子の反応性はアルカリ金属の中では最も低い。これは，イオン半径，水和半径，水和エネルギーから説明される。イオン半径の小さなリチウムイオンは，水溶液中では多数の水により強い水和を受けて安定化されることで，水和半径，水和エネルギーが大きくなり，標準電極電位が最も負に大きな値となる。これらの性質により，リチウムは起電力と電流密度の高い電池として利用されている*9。リチウムの安定同位体は ^{7}Li と ^{6}Li で，それぞれ天然での存在比は 92.4，7.6 % である。^{6}Li はトリチウム（T）の原料*10 や核融合反応の中性子吸収剤などとして利用される可能性があり，同位体分離などの研究が行われている。

*9　リチウムイオン二次電池は，Li の化合物をカソードにすることで，ニッケル-水素電池より電流値で 25 % 大きく，電圧は 3.5 V まで上がる。単位体積あたりの蓄積エネルギーが 2 倍になる。

*10　$^{6}Li + n \rightarrow T + {}^{4}He + 4.78\ MeV$

9.3　アルカリ金属元素の反応性と化合物

アルカリ金属元素の主要な反応は，これらの 1 価の陽イオンへのなりやすさに基づいている。アルカリ金属元素の電気陰性度*11 はいずれも小さく，他の元素と化合物をつくる場合に，電気陰性度の差からイオン結合性の化合物になる場合が多い。リチウムは原子サイズが小さく，分極が大きくなる*12。これにより，リチウムの化合物の中には共有結合性を示すものがある。炭素との間に結合を有する有機金属化合物*13 や，グラファイトとの層間化合物などがこれである。アルカリ金属は水銀と合金（**アマルガム**；amalgam）をつくり，強力な還元剤として利用される。

アルカリ金属元素の**ハロゲン化物**（halide）は，代表的なイオン性化合物である。これらのイオン性化合物は，陽イオンと陰イオンがイオン結合により形成され，塩（えん）と呼ばれる。イオン性結晶では，イオン半径と単位格子中のイオンの配列が特徴的である（7.4.4 項参照）。イオン半径は構造と，水和半径は溶解性などと関連していることが知られている。

*11　イオン化エネルギーと電子親和力から求められる電気陰性度（4.4.1 項参照）は，結合の性質を知る指標となる。原子間の結合において，それぞれの電気陰性度の差により共有結合性，イオン結合性の寄与が分かる。差が 2.0 より大きい場合にはイオン結合性，小さい場合には共有結合性の寄与が大きくなる。

*12　HSAB 則で硬い酸に分類される（6.1.3 項参照）。

*13　13.5 節参照。

アルカリ金属は，水やアルコールと激しく反応して水素を発生する（式 9.2，9.3）。高周期元素ほど反応が激しくなることは，イオン化エネルギーの傾向から明らかである。したがって，アルカリ金属の単体は天然では存在せず，空気中の水分との反応を避けるために石油中に保存する。アルカリ金属とアルコールの反応で生成するアルコキシド（式 9.3）は，その塩基性からプロトンの引き抜き試薬として利用される。

$$2\,M + 2\,H_2O \longrightarrow 2\,MOH + H_2 \qquad (9.2)$$

$$2\,M + 2\,ROH \longrightarrow 2\,MOR + H_2 \qquad (9.3)$$

アルカリ金属の単体は，水分を含まない乾燥した酸素と反応して酸化物を生成する。アルカリ金属元素の酸化物は，酸素からなる陰イオンとして酸化物イオン（O^{2-}），過酸化物イオン（O_2^{2-}），あるいは超酸化物イオン（O_2^-）からなる*14。イオン半径の大きなアルカリ金属元素は，

*14　8.3.1 項参照。

大きな陰イオンと安定な対をつくる。それぞれ Li_2O，Na_2O_2[*15]，KO_2，RbO_2，CsO_2 となる。酸化物の組成の違いは，イオンのサイズや酸化物の格子エネルギーの関連から説明される。このような酸化物の安定性は，格子エネルギーが大きいことによる[*16]。さらに，これらも水と反応して水酸化物を与えるので，塩基性酸化物[*17]と呼ばれる（式 9.4 ～ 9.6）。

$$Li_2O + H_2O \longrightarrow 2\,LiOH \quad (9.4)$$

$$Na_2O_2 + 2\,H_2O \longrightarrow 2\,NaOH + H_2O_2 \quad (9.5)$$

$$4\,MO_2 + 2\,H_2O \longrightarrow 4\,MOH + 3\,O_2 \quad (9.6)$$

硫黄やセレンとの化合物では，**硫化物**（sulfide）M_2S や M_2Se が知られている[*18]。これらは，単体同士やアルカリ金属の水酸化物と硫化水素の反応により生成する，イオン結合性の化合物である。アルカリ金属の硫化物を水に溶解すると，硫化水素 H_2S が弱酸であるために加水分解が起こり，水溶液は塩基性を示す（式 9.7）。

$$M_2S + 2\,H_2O \longrightarrow 2\,MOH + H_2S \quad (9.7)$$

水素との反応で生成する水素化物（8.2.2 項参照；式 9.8）はイオン結合性水素化物（塩類型水素化物）であり，還元剤として利用される[*19]。水素化物の反応性は，リチウムが最も激しく，高周期元素ほど低くなる。さらに，ホウ素やアルミニウムの化合物と反応してテトラヒドロホウ酸ナトリウム（**水素化ホウ素ナトリウム** sodium borohydride）$NaBH_4$ やテトラヒドリドアルミン酸リチウム（**水素化アルミニウムリチウム** lithium tetrahydridoaluminate, lithium aluminium hydride）$LiAlH_4$ となり[*20]，これらは強力で有用な還元剤として有機合成などで利用される。

$$2\,M + H_2 \longrightarrow 2\,MH \quad (9.8)$$

アルカリ金属元素の化合物の化学的性質は，s 電子を 1 つ失って貴ガス電子配置になりやすいことに基づいている。リチウムは N_2 と反応して窒化リチウム Li_3N を生成する。質量あたりの物質量が大きいこともリチウムの用途として重要である[*21]。天然での存在量の多いナトリウム，カリウムは生活に関連した化合物が非常に多い[*22]。

*15　空気と Na の反応で同時に Na_2O も生成する。

*16　7.4.5 項参照。

*17　8.3.2 項参照。

*18　M_2S_n（n が 2 以上）の多硫化物も知られている。

*19　MH は水と反応させると水素を発生するので，水素源として使用することができる。

$$MH + H_2O \rightarrow H_2 + MOH$$

*20　$4\,NaH + B(OCH_3)_3 \rightarrow NaBH_4 + 3\,NaOCH_3$

$4\,LiH + AlCl_3 \rightarrow LiAlH_4 + 3\,LiCl$

*21　例えば LiOH は二酸化炭素を吸収するので，宇宙船などの密閉空間での二酸化炭素の固定に使用される。

*22　NaOH：薬品，石けん，紙の製造，$NaHCO_3$：中和剤，ベーキングパウダー，NaCl などの塩（えん）：食用，試薬合成の原料

9.4　2 族元素

2 族元素は，ベリリウム，マグネシウム，カルシウム，ストロンチウム，バリウム，ラジウムである（表 9.4）。最外殻の s 軌道に 2 個の価電子をもち，**アルカリ土類金属**（alkaline earth metal）と呼ばれる。ベリリウムとマグネシウムが化学結合を形成した際の共有結合性の大きさから，アルカリ土類金属には含めないことも多い。2 族元素は 2 価の陽イオンとして広く存在し，カルシウム，マグネシウムの存在量は多い。

2族元素の名称の由来

＊Be　未知の金属酸化物として発見。緑柱石（$3BeO \cdot Al_2O_3 \cdot 6SiO_3$ エメラルド，アクアマリンの宝石）から単離。緑柱石ベリルにちなんだ名前。

＊Mg　塩化マグネシウムを金属カリウムとともに溶融して単離。ギリシャのマグネシア Magnesia 地方から滑石が産出することに由来。

＊Ca　K，Naと同様に溶融電気法で単離。ラテン語の石ころ，砂利の *calx* から転じて石灰石，石灰 calcis に，金属元素共通の -ium を付けた。

＊Sr　電気分解で単離。スコットランドの Strontian 地方特産のストロンチアン石に炭酸ストロンチウムとして含まれることに由来。

＊Ba　電気分解で単離。Be，Mg，Caより重いことから，ギリシャ語の「重い barys」に由来。

＊Ra　閃ウラン鉱から単離。放射線を放出しているのでラテン語の放射 *radius* に由来。

表 9.4　2族元素の名称と電子配置

元素記号	日本語名	英語名	電子配置
Be	ベリリウム	beryllium	[He] $2s^2$
Mg	マグネシウム	magnesium	[Ne] $3s^2$
Ca	カルシウム	calcium	[Ar] $4s^2$
Sr	ストロンチウム	strontium	[Kr] $5s^2$
Ba	バリウム	barium	[Xe] $6s^2$
Ra	ラジウム	radium	[Rn] $7s^2$

カルシウムは生物においても重要な元素の一つである。バリウムやストロンチウムはこれらと比べ少なく，ベリリウムはさらに少ない。ラジウムの同位体はすべて放射性であるが，半減期が長いものがあるので，天然ではウランの鉱石中に微量に存在する。

ベリリウム，マグネシウム，カルシウムの単体は，リチウムやナトリウムの単体と同様に融解した塩化物の電気的還元によりつくられる。それ以外の元素の単体は，塩の金属ナトリウムによる還元で製造される。

9.5　2族元素の物性

2族元素は，灰白色，銀白色の金属である。2族元素の物性について**表 9.5**にまとめた。融点，沸点は，アルカリ金属元素と比較して高く，これは原子半径の減少と核電荷の増加により説明される。2族元素でこれらが規則的に変化しないのは，結晶構造と関連している＊23。原子サイズも小さいため密度は大きくなっている。単体として空気や水に対する安定性が，アルカリ金属元素より若干高い。特にベリリウムは，空気や水に対して安定である。すべての金属元素のなかで最も軽い金属として空気中で利用できる両性金属である。2族元素もアルカリ金属元素と同様に特徴的な炎色反応が観察される＊24。

＊23　Be，Mgは六方最密構造，Ca，Srは立方最密構造，Baは体心立方構造である。

＊24　各元素の炎色は下記の通り。カッコ内は炎光分析などに用いられる検出波長/nm：Be無色（244），Mg無色（285），Ca橙色（423），Sr赤色（461），Ba淡緑色（554）

表 9.5　2族元素の物性

	融点/℃	沸点/℃	密度/g cm^{-3}	原子半径/pm
Be	1282	2970（加圧下）	1.848 †1	89
Mg	649	1090	1.738 †1	136
Ca	839	1484	1.55 †1	174
Sr	769	1384	2.54 †1	191
Ba	729	1637	3.594 †1	198
Ra	700	1140	5 †2	— †3

密度の測定温度　**†1**：20℃，**†2**：25℃
†3：単体の反応性が高く，実験的に決定されていない。

2族元素とアルカリ金属元素との類似性は，共に電子配置が近いs-ブロック元素であることによる。2族元素の性質については**表 9.6**にまとめた。アルカリ金属元素の性質と2族元素の性質を比較すると，2族元

表 9.6　2族元素の性質

	イオン化エネルギー/kJ mol^{-1}			イオン半径/	溶解度積 (K_{sp})*25	
	第一	第二	第三	pm	水酸化物	硫酸塩
Be	899	1757	14848	59	$3 \sim 8 \times 10^{-22}$	大きい
Mg	738	1451	7733	86	1.1×10^{-11}	~ 10
Ca	590	1145	4912	114	1.3×10^{-6}	2.4×10^{-5}
Sr	549	1064	4207	132	3.2×10^{-4}	7.6×10^{-7}
Ba	503	965		149	5.0×10^{-3}	1.5×10^{-9}
Ra	509	979		162		4×10^{-11}

素の方が第一イオン化エネルギーは大きく，原子サイズは小さい。これらのことから，2族元素の反応性がアルカリ金属元素のそれより低いことが理解できる。第二イオン化エネルギーがアルカリ金属元素のものより小さいことは，2族元素が2価の陽イオンになりやすいことを示している。隣にあるアルカリ金属元素のイオンと同じ数の電子を有するが，原子核の電荷が1だけ大きいことから，2族元素のイオン半径が小さいことは理解できる。陰イオン性化合物との化学結合の特徴は，電荷密度の高いベリリウムでは共有結合性が高くなっていることである*26。2族元素のイオン (M^{2+}) は，このような高電荷密度により水和エネルギーが大きく，水溶液中では強く水和している*27, 28。

2族元素のイオンはアルカリ金属元素のイオンと同様に多様な塩をつくるが，サイズと電荷から，アルカリ金属の塩と比べると溶解度 (solubility) は低い。特に炭酸塩の溶解度は低く，天然では様々な塩 (鉱物) として存在しているのはこのためである*29。塩の溶解度は，格子エネルギー (7.4.5項参照) と水和エネルギーの大きさから理解できる。これを説明するため，表9.6に水酸化物と硫酸塩の**溶解度積** (solubility product；K_{sp}) を示した。2族元素の水酸化物の溶解度は低く，陽イオンの半径が大きいほど溶解度は高くなる。一方，硫酸塩の溶解度は逆に高周期元素ほど小さくなる。電荷の大きなイオンは格子エネルギーが大きく*30，水和エネルギーも大きい*31。硫酸イオンのイオン半径は水酸化物イオンより大きく，格子エネルギーに差異がない。硫酸塩では水和エネルギーの差が支配的となり，陽イオンのサイズに依存している。一方，水酸化物では格子エネルギーの違いにより説明できる。

*25　難溶性塩の飽和溶液の陽・陰イオン濃度の積：$M(OH)_2$ $K_{sp} = [M^{2+}][OH^-]^2$，$MSO_4$ $K_{sp} = [M^{2+}][SO_4^{2-}]$。大きい場合にはその塩はよく溶け，小さい場合にはほとんど溶けない。

*26　化学的性質において，BeはAl，MgはLiとの類似性がある (対角関係)。

*27　Be原子は小さく，電気陰性度も高いので特異な挙動を示す。電子が原子核に強く引きつけられており，X線をよく通すためX線管の窓として利用されている。

*28　水和エネルギー，固体の格子エネルギーが大きいので標準電極電位はアルカリ金属と同等である。

*29　天然における炭酸塩：$MgCO_3$ (リョウクド石)，$CaCO_3$ (大理石，石灰石など)，$SrCO_3$ (ストロンチアン石)

*30　格子エネルギーはイオン結合，金属結合および分子間力の指標。格子エネルギーはイオン半径の小さいものが大きく，溶解度を下げる方向に寄与する。

*31　水和エネルギーは水和による安定化の指標。イオン半径の小さなイオンは強く水和し，これは溶解度を上げる方向へ寄与する。

9.6　2族元素の反応性と化合物

2族元素は，酸化数＋Ⅱの安定な化合物となる。ベリリウムの化合物を除いてイオン性の化合物である。アルカリ金属元素より反応性は低いが，水と反応して水酸化物を生成する (式9.9)。ベリリウムは，結合をつくる他の原子との電気陰性度の差も小さいことから，共有結合性化合物を形成する。ベリリウムの単体は安定であるが，酸性あるいは塩基性水溶液とは反応して，水素を発生する*32。マグネシウムは，熱水と反応し水酸化物を生成する。高周期元素は電気的陽性が高く，アルカリ金属と同様に反応性が高い。

$$M + 2H_2O \longrightarrow M(OH)_2 + H_2 \qquad (9.9)$$

2族元素は電荷密度がアルカリ金属元素より高く，イオン半径も小さい。このため，強く水和して錯体をつくる。電荷密度の高いベリリウムでは水和錯体 $[Be(OH_2)_4]^{2+}$が加水分解し，その溶液は酸性を示す*33。これ以外の2族元素は，イオン半径が大きく，電荷密度が低いため酸性は示さない。

ベリリウムを除いた2族元素は水素と反応して水素化物を，すべての2族元素はハロゲンガスと反応してハロゲン化物を生成する（式9.10）*34。水素化カルシウム（CaH_2）は，水と反応して水素を発生するので，水素発生試薬として利用される。

$$M + X_2 \longrightarrow MX_2 \qquad (9.10)$$

ベリリウムのハロゲン化物（BeF_2 や $BeCl_2$）は分子性であり，溶融状態でも電気伝導性がない。これ以外の2族元素のハロゲン化物は，イオン結合性化合物で水溶性である。フッ化物は格子エネルギーが大きいため，溶解性が低い。塩化カルシウムは，水によく溶けるため脱水剤としても利用される。

酸素中で2族元素を燃焼させると酸化物が生成する（式9.11）。これらの酸化物は，対応する炭酸塩や水酸化物を熱分解することによっても得られる*35。BeO は共有結合性化合物であり，その他の酸化物はイオン性化合物と考えられる。酸化物は，水と反応して水酸化物に変化する*36。

$$2M + O_2 \longrightarrow 2MO \qquad (9.11)$$

*32　$Be + 2H^+ \rightarrow Be^{2+} + H_2$
$Be + 2OH^- + 2H_2O \rightarrow [Be(OH)_4]^{2-} + H_2$

*33　$[Be(OH_2)_4]^{2+} + H_2O \rightarrow [Be(OH)(OH_2)_3]^+ + H_3O^+$
$[Al(OH_2)_6]^{3+}$ も同様に酸性を示す。

*34　水との反応で生成する水酸化カルシウムを溶解しない液体状態の有機化合物を精製する際に，脱水剤として利用される。

*35　$MCO_3 \rightarrow MO + CO_2$
$M(OH)_2 \rightarrow MO + H_2O$

*36　CaO は水と反応すると石灰水と呼ばれる溶液となる。
$CaO + H_2O \rightarrow Ca(OH)_2$

Column　生体内の1，2族元素の働き

Na^+，K^+，Mg^{2+}，Ca^{2+}は生体内や環境中に多く存在する金属イオンである。これらのイオンはエネルギー代謝や膜間信号伝達を制御する。その他にもタンパク質，細胞膜や骨格の構造安定化に寄与している。細胞の内外での濃度が異なり（哺乳類の細胞内濃度 mM：Na^+ 10，K^+ 140，Mg^{2+} 30，Ca^{2+} 1，細胞外濃度 mM：Na^+ 145，K^+ 5，Mg^{2+} 1，Ca^{2+} 4），膜間の濃度勾配は，栄養素やイオンの膜内外間での輸送機構において重要な役割を果たしている。

これらの金属イオンの役割は，それぞれの濃度勾配，化学的性質や物理的性質（イオン半径，電荷密度や配位数など）と関連している。生体内の配位原子団やイオンとの相互作用は，Na^+やK^+は弱いが，Mg^{2+}やCa^{2+}はいろいろな配位可能部位と結合する。これらのことは，Na^+やK^+が生化学的活性を誘起しないのに対して，Mg^{2+}やCa^{2+}は誘起することを示している。より生化学反応に有効であるCa^{2+}の細胞内濃度が低いのはこのためである。

ベリリウムやマグネシウムの合金は軽くて強い弾性を示すので，歯車，バネなどの機械部品や，航空機，車など重量減を要求される部品に用いられる。ベリリウムの単体や酸化物は，耐火性に優れた材料として利用される。ジエチルエーテル中でマグネシウムとハロゲン化アルキル（RX）を混ぜると得られる白色固体（**グリニャール試薬**（Grignard reagent）RMgX*37）は，有機化学において重要な化合物の一つである。ケトンやアルデヒドと反応してアルコール，カルボン酸や炭化水素を生成する。グリニャール試薬は，式 9.12 に示す平衡混合物である。マグネシウムとカルシウムは生物においても重要な元素である。光合成色素のクロロフィル（葉緑素）の中心にはマグネシウム錯体があり（14.4.1 項参照），カルシウムは生体の骨の無機物質，生体膜，筋肉の刺激と収縮や内・外分泌腺の刺激と分泌などに関与している。

$$2\,RMgX \rightleftharpoons R_2Mg + MgX_2 \qquad (9.12)$$

グリニャール　V. Grignard

*37　グリニャールが発見した。炭素が陰性，マグネシウムが陽性に強く分極し，有機基は強い求核試薬として作用する。

9.1　塩化ナトリウムの電解による単体生成反応式および金属ナトリウムと塩化カリウムの反応式を示せ。

9.2　アルカリ金属の融点が比較的低いこと，および高周期の元素ほど融点が低くなる理由について説明せよ。

9.3　標準電極電位から予想されるリチウムの反応性と実際の反応性の相違について説明せよ。

9.4　ヨウ化物イオン I^- のイオン半径を 220 pm としたとき，NaCl 型構造となるアルカリ金属はどれか。

9.5　金属ナトリウムとメタノールの反応式を示せ。また，溶液中に生成したアルカリ金属化合物の濃度を求める方法を示せ。

9.6　アルカリ金属単体および水酸化物からアルカリ金属の硫化物 M_2S が生成する反応を示せ。

9.7　アルカリ金属の水素化物の特徴を利用した反応を示せ。

9.8　Be の水酸化ナトリウム水溶液および塩酸との反応式を示せ。

9.9　2 族元素の反応性をアルカリ金属元素と比較せよ。

9.10　2 族元素の炭酸塩の溶解度が低いことにより生成する天然での化合物や現象について記述せよ。

9.11　次のデータを用いて CaF_2 の格子エネルギーを計算せよ。

$Ca(s) \rightarrow Ca(g)$；178 kJ mol^{-1}，$Ca(g) \rightarrow Ca^{2+}(g)$；1735 kJ mol^{-1}，$F_2(g) \rightarrow 2\,F^-(g)$；$-501$ kJ mol^{-1}，$Ca(s) + F_2(g) \rightarrow CaF_2(g)$；$-1220$ kJ mol^{-1}

9.12　金属カルシウムと水の反応で 1.00 mol の水素を発生させるために必要な金属カルシウムの質量を計算せよ。

9.13　塩化カルシウムが融雪剤や除湿剤として利用される理由を考えよ。

9.14　石灰水に二酸化炭素を吹き込むと，溶液の状態はどのように変化するか。

Inorganic Chemistry

第10章 p-ブロック元素（1）―13, 14族元素―

 この章で学ぶこと

p-ブロック元素は，典型元素のなかで最外殻のp軌道に電子が配置される13～18族の元素である。多くの化合物の構成要素として重要であり，電子論，化学結合論的にも多種多様で複雑である。これらを説明するために，いくつかの重要な考えが提案されてきた。この章では，13, 14族元素およびその化合物の性質とともに，関連するいくつかの重要な考え方について見ていこう。

10.1　13族元素（ホウ素族元素）

13族元素は，ホウ素*1，アルミニウム，ガリウム，インジウム，タリウムであり，ホウ素族元素とも呼ばれる（表10.1）。ホウ素の存在量はあまり多くないが，天然ではホウ砂（しゃ） $Na_2[B_4O_5(OH)_4]\cdot 8H_2O$ として存在し，ホウ酸塩は耐熱ガラスの原料，染料，化粧品の原料などとして用いられる。アルミニウムは，地殻に**アルミノケイ酸塩**（aluminosilicate）などとして多量に存在し，密度が小さい金属であることから，航空機，自動車など幅広く用いられている。ホウ素とアルミニウム以外の元素の存在量はわずかであり，半導体材料などとして利用されている。

ホウ砂と酸の反応で生成する**ホウ酸**（boric acid）$B(OH)_3$ を加熱すると脱水が起こり，酸化ホウ素 B_2O_3 となる。これを金属ナトリウムで還元すると無定型ホウ素が得られる*2。アルミニウムは，酸化アルミニウム（**アルミナ** alumina）Al_2O_3 を氷晶石 Na_3AlF_6 とともに電気分解して単体を得る*3。ガリウム，インジウム，タリウムは，鉱物中に微量成分として存在し，これらを含む金属の精錬などの副生成物として得る。

*1　本章コラム参照。

*2　$^{10}_{5}B$ は中性子吸収断面積が大きいので中性子吸収剤として利用される。この反応を利用してガン治療（ホウ素中性子捕捉療法）が行われる。

$$^{10}_{5}B + ^{1}_{0}n\ (\text{中性子}) \rightarrow ^{7}_{3}Li + ^{4}_{2}He\ (\alpha\ \text{線})$$

*3　酸化アルミニウムは，ボーキサイト（bauxite；$Al_2O_3\cdot nH_2O$）から不純物を分離して得た水和アルミナ $Al_2O_3\cdot 3H_2O$ を脱水すると生成する。

13族元素の名称の由来

***B**　酸化ホウ素を還元して単離。ホウ砂が白いことからアラビア語の「白い」に由来。

***Al**　塩化アルミニウムを還元により単離。Alを多く含むミョウバンに由来。

***Ga**　閃亜鉛鉱から発見。フランスのラテン名（*Gallia*）に由来。

***In**　閃亜鉛鉱から発見。輝線スペクトルがインジゴ色（青藍色）であることに由来。

***Tl**　炎光スペクトルで緑色を発する元素として発見。ギリシャ語の「新緑の若々しい小枝」に由来。

10.1.1　13族元素の物性と性質

13族元素の単体は，ホウ素を除いてすべて典型的な金属としての性

表10.1　13族元素（ホウ素族元素）の名称と電子配置

元素記号	日本語名	英語名	電子配置
B	ホウ素	boron	[He] $2s^2\ 2p^1$
Al	アルミニウム	aluminium (aluminum)	[Ne] $3s^2\ 3p^1$
Ga	ガリウム	gallium	[Ar] $4s^2\ 4p^1$
In	インジウム	indium	[Kr] $5s^2\ 5p^1$
Tl	タリウム	thallium	[Xe] $6s^2\ 6p^1$

表 10.2　13 族元素（ホウ素族元素）の物性

	融点/℃	沸点/℃	密度/$g\ cm^{-3}$	イオン化エネルギー/$kJ\ mol^{-1}$
B	2300	3658	2.34 †1	801
Al	660.32	2467	2.6989 †1	578
Ga	27.78	2403	5.907 †1	579
In	156.6	2080	7.31 †2	558
Tl	304	1457	11.85 †1	589

密度の測定温度　†1：20 ℃，†2：25 ℃

質を示す。物性を表 10.2 にまとめた。13 族元素はその電子配置から 3 価の陽イオンが安定になると考えられるが，タリウムは 1 価の方が安定である。これは**不活性電子対効果**（inert pair effect）と呼ばれ，p–ブロック元素の高周期元素で見られる*4。これは，最外殻の s 軌道が貫入効果（3.2.1 項参照）により安定であることによる。

ホウ素の単体には多くの結晶系が存在し，いずれも黒味がかった金属光沢で，金属と非金属の中間の性質を示すため**半金属**（semi metal）と考えられる*5。これは，ホウ素の原子は小さく，原子価電子の内側に第一電子殻（K 殻）しかないためイオン化エネルギーが比較的大きいことが分かる。ホウ素の単体は，ホウ素原子同士が強く共有結合で結合するため非常に硬く，導電に寄与する電子が少ないことから，電気的には半導体的な特性がある。

アルミニウムは反応性が高く，酸とも塩基とも反応する**両性金属**（amphoteric metal）である（式 10.1 および 10.2）*6。しかし，アルミニウム金属の表面において酸化が起こると，不活性な酸化アルミニウム（**不動態**；passive state）が生成する*7。ガリウム，インジウム，タリウムも酸とは反応し，ガリウム，インジウムでは 3 価の陽イオンを与えるが，タリウムは 1 価の陽イオンとなる*8。

$$2\,Al + 6\,H^+ \longrightarrow 2\,Al^{3+} + 3\,H_2 \qquad (10.1)$$

$$2\,Al + 2\,OH^- + 6\,H_2O \longrightarrow 2[Al(OH)_4]^- + 3\,H_2 \qquad (10.2)$$

*4　14 族，15 族，16 族でも見られ，後の族ほど効果が大きくなる。

*5　B は電気陰性度 2.0，他は比較的電気陽性。

*6　アルミニウムを得るのに多量の電気を必要とするため，「電気の缶詰」といわれる。

*7　不動態となるため硝酸とは反応しない。酸化被膜付きのアルミニウムは，耐腐食性，絶縁性からコンデンサーとして用いられる。

*8　Ga は金属単体として，他の金属のような結晶構造とならず，対称性の低い構造であることが融点の低いことと関連している。

10.1.2　ホウ素の特殊性

ホウ素を含む化合物中の結合は，共有結合性が高い。酸や塩基に対して安定であるが*9，ほとんどの金属とともに加熱すると，**金属ホウ化物**（metal boride）（M_2B, MB_2, MB_6 など）が生成する。ホウ素の電子配置（[He] $2s^2\ 2p^1$）から，原子価結合（5.2 節参照）による化合物としては，sp^2 混成軌道の形成による三角形構造（BX_3）が考えられる。しかし，このような化合物では共有結合を形成してもオクテット則を満足しないため，安定な化合物とならないが，2 電子供与が可能なルイス塩基があると，sp^3 混成軌道となり四面体型構造の化合物となる（図 10.1）。**ホウ**

*9　B は，溶融した NaOH でも 500 ℃以上でないと反応しない。
$2\,B + 6\,NaOH \rightarrow 2\,Na_3BO_3 + 3\,H_2$

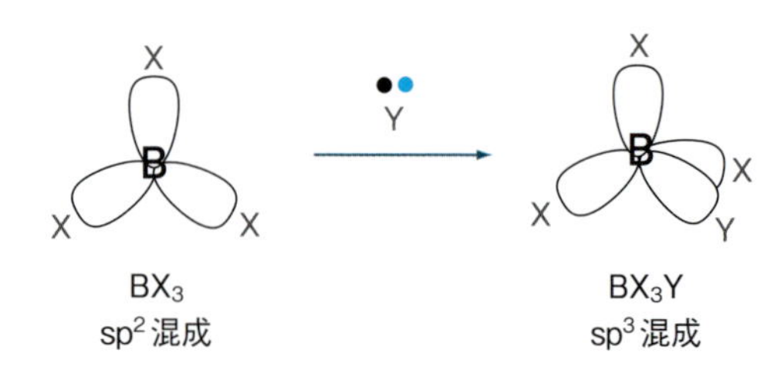

図 10.1　**ホウ素の化合物**

酸 (boric acid) ($B(OH)_3$) とホウ酸イオン ($B(OH)_4^-$) の間には，三角形と四面体の間で構造変化がある。三角形構造をもつ化合物の安定性は，分子がつくる三角形の垂直方向にある，ホウ素の空の p 軌道への電子供与により説明される。ハロゲン化ホウ素は三角形構造となり，ハロゲン原子の満たされた p 軌道からの π 電子供与が重要である。ハロゲン化ホウ素の反応性を理解するには，分子軌道法による電子状態の記述が有効である (図 10.2) *10。

水素化ホウ素 (boron hydride) 化合物 (B_nH_{n+4}, B_nH_{n+6} $n \geqq 2$) は共有結合による**分子性化合物** (molecular compound) であり，種類は非常に多い。最も単純な BH_3 は安定に存在しないが，二量体の**ジボラン** (diborane) (B_2H_6) *11 がハロゲン化ホウ素の還元により生成する (式 10.3)。

$$BF_3 + 3\,NaBH_4 \longrightarrow 2\,B_2H_6 + 3\,NaF \qquad (10.3)$$

図 10.3 に示したジボラン構造では，4 個の末端 B–H 結合 (結合次数 1) と 2 個の架橋 B–H–B 結合 (それぞれの B–H 結合次数は 1/2) がある。B–H–B の架橋結合は，1 組の電子対が 2 つの結合をつくる**三中心**

＊10　原子の座標は，紙面の表裏方向に x 軸を置く。結合性軌道に 4 対の電子対があるため，1 つの B–F 結合あたりの結合次数は 4/3 となる。CO_3^{2-} や NO_3^- にも同じ考え方が適用できる。

＊11　有毒気体 (沸点 −92.5 ℃)，空気中で自然発火。

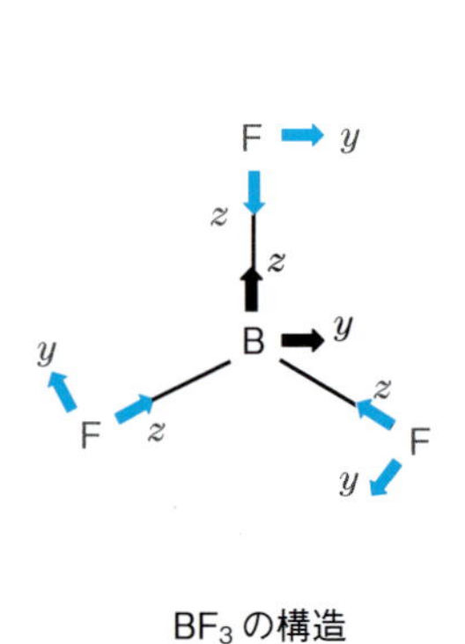

BF3 の構造

2 p
2 s
σ_2^*
π^*
σ_1^*
n
π
σ_2
σ_1
2 p$_z$
2 p$_y$
2 p$_x$
B
BF3
3 F
1s² 2s² 2p¹
1s² 2s² 2p⁵

図 10.2　**BF_3 各原子の座標 (左)，分子軌道図 (右)**

図 10.3　ジボランの構造

結合（three-center bond）により説明される。この結合は，通常の電子対結合では説明できず，電子の非局在化を考慮した**電子欠損分子**（electron deficiency molecule）と呼ばれる。このようなホウ素の化合物の化学結合について理解するためには，分子軌道を用いた考え方が有効である[*12]。

*12　架橋部分の結合状態は，左右の BH_2 ユニットの結合に関与する軌道と 2 つの架橋水素の軌道を群とした軌道の位相を考慮した分子軌道から説明できる。下表により，4 個の電子が結合性 MO に入り，BH 結合の結合次数は 0.5 となる。

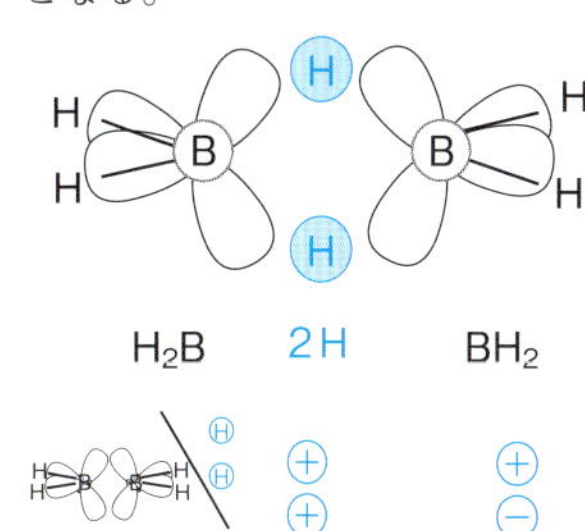

	反結合性 MO 結合性 MO	非結合性 MO
	非結合性 MO	反結合性 MO 結合性 MO
	非結合性 MO	非結合性 MO
	非結合性 MO	非結合性 MO

位相はすべての軌道の正負が逆の組み合わせも考えられる。

10.1.3　13 族元素の化合物の性質

13 族元素のハロゲン化物は，不活性電子対効果により＋1 価が安定なタリウムを除いて，MX_3 型の化合物が知られている。アルミニウムやゲルマニウムのハロゲン化物では，ハロゲンの種類により構造に特徴がある。フッ素の化合物 AlF_3 は，Al を中心とした八面体（AlF_6）が，イオン結合によりポリマー状の固体となっている。$AlCl_3$ でも固体では同じ構造であるが，液・気体状態では Al が四面体型である Al_2Cl_6 の二量体として存在している（図 10.4）。この二量体中の結合は，1 つの Al 中心について 2 つの末端 Cl と 1 つの架橋 Cl 間の Al–Cl 結合が通常の共有結合，もう 1 つの架橋 Cl 間には Cl がルイス塩基として配位結合していると考えられる。臭素，ヨウ素ではさらに共有結合性が強くなっている。

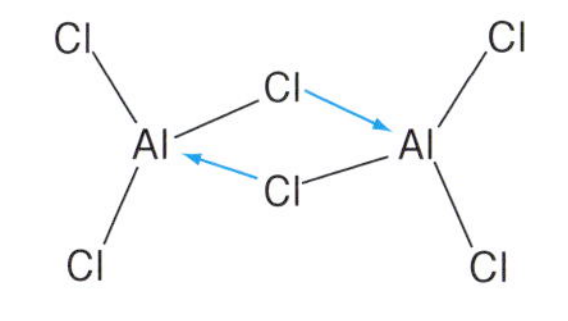

図 10.4　共有結合（実線）と配位結合（矢印）からなる Al_2Cl_6 の構造

水素化物は，前項で示したホウ素については多くの種類が知られているが，他の 13 族元素の水素化物はあまり多くない。水素化物は電子不足な化合物となるため，電子対を供与できるルイス塩基との反応で付加物ができる。これらの付加物の中で，水素化ホウ素ナトリウム（$NaBH_4$，式 10.4）や水素化アルミニウムリチウム（$LiAlH_4$，式 10.5）は還元剤，水素添加剤として利用される[*13]。BH_4^- や AlH_4^- は四面体型構造である。$NaBH_4$ は，水に可溶で比較的安定なため，穏やかな還元剤として，$LiAlH_4$ は水と激しく反応する強力な還元剤として用いられる。

*13　9.3 節参照。

$$B(OCH_3)_3 + 4\,NaH \longrightarrow NaBH_4 + 3\,NaOCH_3 \qquad (10.4)$$

$$AlCl_3 + 4\,LiH \longrightarrow LiAlH_4 + 3\,LiCl \qquad (10.5)$$

酸化物は単体を酸素中で熱することで得られ，M_2O_3 の組成である。高周期となるに従い，酸性酸化物から塩基性酸化物に変化する。高周期の元素は電気的に陽性が大きくなるが，それは酸素との結合にイオン結合性が増すことによる。B_2O_3 は容易に加水分解してホウ酸を生成する弱酸性酸化物である（式10.6）。

$$B_2O_3 + 3\,H_2O \longrightarrow 2\,B(OH)_3 \tag{10.6}$$

Al_2O_3 は不溶性であるが，塩酸や水酸化ナトリウム水溶液には溶解する両性酸化物である。硬く，融点が高いため研磨剤や耐火材料として利用され，カラムクロマトグラフィーの充填剤としての利用も重要である。Al_2O_3 の Al–O 結合は，安定であることにより不動態となる膜を形成する。酸化物の安定性と生成に伴う生成熱が非常に大きいことから，アルミニウム粉と他の金属酸化物を組み合わせた反応が利用される[*14,15]。Al_2O_3 にはいろいろな結晶形があり，比表面積の大きなものは触媒としても知られている[*16]。天然では，微量に金属イオンを含んだ宝石としても産出する[*17]。

ホウ酸は，図10.1で示したルイス塩基との反応により，水溶液は弱酸性を示す。殺菌作用があるので目薬などに用いられる。アルミニウム塩は，水溶液中では $[Al(OH_2)_6]^{3+}$ の形で存在している。この溶液にアルカリ溶液を加えると白色ゼラチン状沈殿を生ずる。これは $Al(OH)_3$ や $Al_2O_3 \cdot nH_2O$ で表されるが，OH基により架橋した多核の複雑な構造をしている。ミョウバン $M^{I}M^{III}(SO_4)_2 \cdot 12H_2O$ は，$[Al(OH_2)_6]^{3+}$ や $[Fe(OH_2)_6]^{3+}$ と $[M^{I}(OH_2)_6]^{+}$ が結晶化して正八面体の大きな結晶となる[*18,19]。

ホウ素と窒素の化合物（窒化ホウ素）は，グラファイトに似た層状の物質となる（図10.5）。白色の絶縁体で，熱伝導率が大きく熱や衝撃への耐性があるため，材料として利用される。ガリウムやインジウムの窒化物（15族元素との化合物）は半導体であり，レーザーや発光ダイオードの材料として重要な化合物である。

＊14　酸化鉄(III) との混合物（テルミット）は，反応時の発熱が大きく，鉄の溶接などに利用される（テルミット反応）。

＊15　アルミニウムによる金属酸化物の還元は冶金に用いられる（ゴールドシュミット法）。

＊16　γ-酸化アルミニウム（アルミナ）はアルコール脱水反応の触媒として利用される。また，触媒活性な金属などを担持する触媒担体としての利用もある。

＊17　酸化アルミニウム Al_2O_3 からできている宝石としてルビーやサファイアがある。赤色のものをルビー，それ以外の色のものをサファイアと呼ぶ。ルビーは少量のクロム Cr，サファイアはチタン Ti や鉄 Fe を含むことにより着色している。

＊18　媒染剤として利用される。

＊19　M^{I}：K^+, Na^+, Ti^+, Pb^+, Ag^+, NH_4^+。M^{III}：Al^{3+}, Fe^{3+}

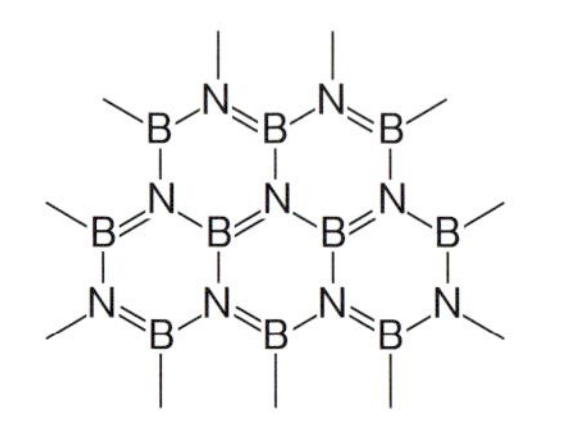

図10.5　窒化ホウ素の構造

10.2　14族元素（炭素族元素）

14族元素は，炭素，ケイ素，ゲルマニウム，スズ，鉛であり，炭素族元素とも呼ばれる（表10.3）。炭素は石油，天然ガス，石炭など，天然には様々な化合物として多量に存在する。炭素と水素などから共有結合により形成される有機化合物は多種多様である。ケイ素は地殻中で二

表10.3　14族元素（炭素族元素）の名称と電子配置

元素記号	日本語名	英語名	電子配置
C	炭素	carbon	$[He]\ 2s^2\ 2p^2$
Si	ケイ素	silicon	$[Ne]\ 3s^2\ 3p^2$
Ge	ゲルマニウム	germanium	$[Ar]\ 4s^2\ 4p^2$
Sn	スズ	tin	$[Kr]\ 5s^2\ 5p^2$
Pb	鉛	lead	$[Xe]\ 6s^2\ 6p^2$

14族元素の名称の由来

＊C　ラテン語の木炭 *carbo* に由来。

＊Si　ラテン語のケイ砂 *silex*（硬い石，火打ち石）に由来。

＊Ge　銀鉱石から発見，ドイツの古名ゲルマニアに由来。

＊Sn　ラテン語のスズ *stannum* に由来。

＊Pb　ラテン語の鉛 *plumbum* に由来。

酸化ケイ素 SiO_2 やケイ酸塩鉱物として存在している。スズ（スズ石，SnO_2）や鉛（方鉛鉱，PbS）も鉱物として存在する。ゲルマニウムは，14 族元素中で最も存在量の少ない元素である。

炭素の単体は，炭素成分の多い油やガスの不完全燃焼や炭化水素の熱分解により生ずるカーボンブラック（carbon black）などの**アモルファス（無定形）炭素**（amorphous carbon）として，化学工業的に生産されている[*20]。ケイ素は，ケイ砂（二酸化ケイ素）を金属マグネシウム（式 10.7），四塩化ケイ素を金属ナトリウムで還元（式 10.8）して得られる。電子材料となる高純度のケイ素を得るために，精製が必要である。ゲルマニウム，スズ，鉛は酸化物を還元して得ることができる。

$$SiO_2 + 2\,Mg \longrightarrow Si + 2\,MgO \qquad (10.7)$$

$$SiCl_4 + 4\,Na \longrightarrow Si + 4\,NaCl \qquad (10.8)$$

*20　炭素の単体は，トナー，顔料，ゴムの補強材などに利用される。微粒子として生産されるが，用途により粒径を制御している。

10.2.1　14 族元素の物性と性質

14 族元素は，典型的な非金属である炭素から典型的な金属である鉛まで性質に大きな違いがある。物性について**表 10.4** にまとめた。基底状態の原子の電子配置から，4 個の原子価電子をすべて放出して 4 価の陽イオンとして安定な化合物となると考えられる。このような化合物の酸化数は，C と Si は＋Ⅳ，Ge も＋Ⅳが安定であるが，GeI_2 のような＋Ⅱのものもある。Sn，Pb は＋Ⅳも＋Ⅱもあり，Sn^{2+} は還元剤（Sn^{4+} となる），Pb^{4+}（PbO_2）は酸化剤として作用する[*21]。これらが +2 価の陽イオンとして安定な化合物を形成するのは，不活性電子対効果による $n\mathrm{s}^2$ の電子構造の安定性による。14 族元素の電子配置が $n\mathrm{s}^2 n\mathrm{p}^2$ から $n\mathrm{s}^1 n\mathrm{p}^3$ へ変化することにより，4 つの共有結合を形成することが可能になる。この際に必要なエネルギーは結合エネルギーにより補われる[*22]。結合エネルギーの大きな C や Si では，結合をつくる相手の元素と電子対を共有した（共有結合）分子性化合物となる。

*21　標準電極電位（25 ℃）
$Sn^{4+} + 2\,e^- \rightleftarrows Sn^{2+}$　0.15 V
$PbO_2 + SO_4^{2-} + 4\,H^+ + 2\,e^- \rightleftarrows PbSO_4 + 2\,H_2O$　1.69 V

*22　結合エネルギー/kJ mol^{-1}
C–C：348，Si–Si：226，Ge–Ge：188

C，Si や Ge の単体は，共有結合による巨大分子を形成するため融点が高い。Pb，Sn は金属結晶を形成するため，C，Si に比べて融点が低い。

表 10.4　14 族元素（炭素族元素）の物性

	融点/℃	沸点/℃	密度/g cm^{-3}	イオン化エネルギー/kJ mol^{-1}
C	3530 †1	— †1	2.26 †2	1087
Si	1410	2355	2.3296 †3	787
Ge	937.4	2830	5.323 †2	762
Sn	231.97	2270	7.31 †4	709
Pb	327.5	1740	11.35 †2	716

†1：黒鉛，昇華
密度の測定温度　†2：20 ℃，†3：25 ℃，†4：20 ℃（正方晶）

単体の電気伝導性には違いがあり，C（ダイヤモンド）では絶縁体，Si や Ge では半導体，Sn や Pb は良導体となる。電気伝導性の違いは，価電子帯（充満帯）と伝導帯のバンドギャップにより説明される（4.8.1 項参照）。いずれの元素も反応性が低く，C の反応性は構造と関連している。酸に対する反応では，Si や Ge はフッ化水素のみ，Sn や Pb は様々な酸と反応する*23。

*23　酸化力のある酸にも酸化力のない酸にも溶解する。
$Sn + 2HCl \rightarrow SnCl_2 + H_2$
$Pb + 2HCl \rightarrow PbCl_2 + H_2$
$Pb + H_2SO_4 \rightarrow PbSO_4 + H_2$
塩化鉛や硫酸鉛は水に不溶なため鉛の表面に析出する。

10.2.2　炭素の巨大化合物*24

炭素の単体では，異なる構造と性質を示す**同素体**（allotrope）が存在する。その一つであるダイヤモンドは，sp^3 混成軌道の炭素（四面体型）が三次元的につながった巨大分子である（図 10.6）*25。炭素間の結合距離（単結合）は 154 pm であり，これが炭素－炭素単結合の標準値である。融点，沸点が高く，熱伝導率*26 や硬さ*27 は物質のなかで最大級である。価電子はすべて共有結合に使われているため，自由電子がなく，電気伝導性がない。

*24　同じ原子が環状，鎖状につながることをカテネーション（catenation）と呼ぶ。高周期の元素では起こりにくくなる。

*25　結晶は，MX 型化合物における閃亜鉛鉱型構造の両イオンのサイトに炭素を配置した構造である。

*26　銅の約 5 倍である。熱伝導は，銅では自由電子，ダイヤモンドでは格子振動による。

*27　物質の硬さを測定する方法には，モース硬度やビッカース硬度などがある。モース硬度は，硬いダイヤモンドを 10，軟らかい滑石を 1 として決められている。

グラファイト（黒鉛）は，sp^2 混成軌道の炭素が平面的につながった二次元巨大分子が上下に積み重なった**層状構造**（layer structure）である。炭素間の結合距離は 142 pm であり，単結合と二重結合（134 pm）の中間的な値である。層間の距離は 335 pm で，弱い分子間力がある。これによりグラファイトはへき開性があり，カーボンブラシや鉛筆の芯として，あるいは層間への物質の取り込みを利用した電極などにも利用される。アルカリ金属元素などを層間に取り込んで，様々な組成の**層間化合物**（intercalation compound）を生成する*28。価電子は，3 つの炭素間の結合と sp^2 混成軌道平面に垂直な p 軌道に π 電子として存在する。導電性や金属光沢（広範囲の光を吸収するので黒色）はこの π 電子によるものである。

*28　リチウム層間化合物（LiC_6 など）はリチウム二次電池の電極としても重要である。

グラファイトを構成する平面シートは**グラフェン**（graphene）と呼ばれる*29。これは sp^2 混成軌道の炭素がつくる六角形がシート状につな

*29　高い電気伝導性を示す網目構造の化合物である。導電性材料や小分子センサーなどの応用が研究されている。

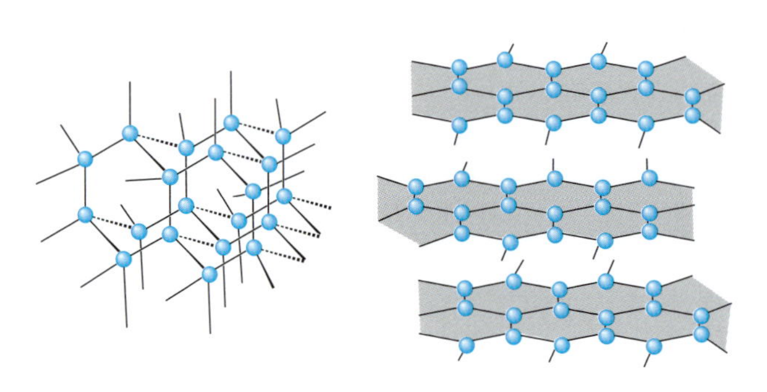

図 10.6　ダイヤモンド（左），グラファイト（右）の構造

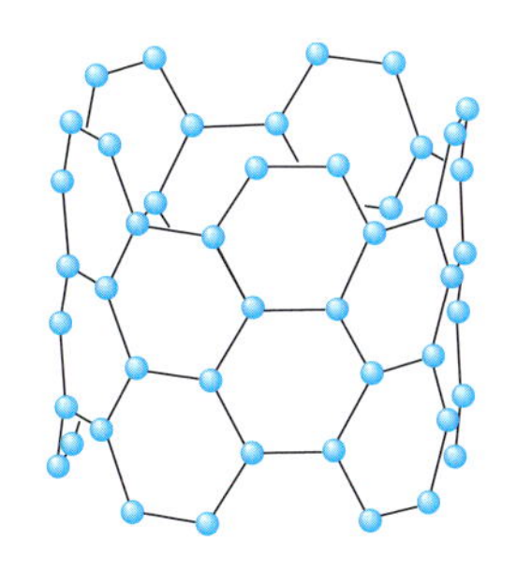
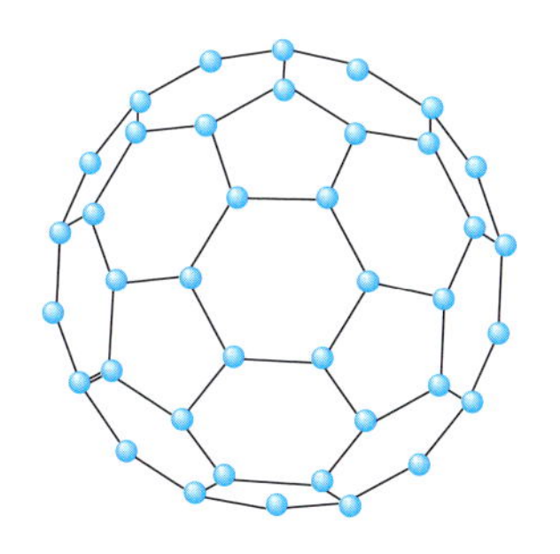

図 10.7　カーボンナノチューブ（左），フラーレン（右）の構造

がった構造で，電気，光学，磁気特性などについて研究が行われている。六員環から構成されるグラフェンが円筒状の構造になった分子は**カーボンナノチューブ**（carbon nanotube）と呼ばれる[*30]。六員環と五員環や七員環が組み合わさると球状やかご状の構造になり，特に球状になった分子を**フラーレン**（fullerene）という（図 10.7）[*31,32]。フラーレンの組成は C_{60} で，20 個の六員環と 12 個の五員環からなり，単結合が 60 本，二重結合が 30 本からなるサッカーボールのような構造である。かご状の分子は C_{70}，C_{76}，C_{80} や C_{90} など多くの組成の分子が合成されている。これらの分子は硬く，密度が小さい材料であり，構造などにより電気伝導性が変化するなどの特性から新素材として研究が進められている。

10.2.3　ケイ素の巨大化合物

ケイ素の単体は，ダイヤモンド型の構造で金属光沢があるが，ダイヤモンドとは異なり半導体である[*33]。単結晶を作製する技術と少量の 13，15 族元素をドープ（添加）する技術の発展により，半導体としての利用がさらに高まっている[*34]。

ケイ素は鉱物中に豊富に存在している元素であり，酸素との親和性の高さにより，二酸化ケイ素 SiO_2 やケイ酸塩として存在している。これは，ケイ素と酸素の結合エネルギーが大きいことによる[*35]。二酸化ケイ素（**シリカ**；silica）の結晶として，石英などの鉱物が知られている[*36]。これらの結晶では，ケイ素に 4 つの酸素が四面体型に結合し，さらに酸

表 10.5　ケイ酸イオンの組成と構造

組成	O/Si 値	構造	鉱物
SiO_2	2.0	三次元巨大分子	石英，鱗珪石　SiO_2
SiO_3^{2-}	3.0	鎖状	透輝石　$CaMg(SiO_3)_2$
SiO_4^{4-}	4.0	単量体	カンレン石　$(Mg, Fe)_2SiO_4$
$Si_2O_7^{6-}$	3.5	二量体	トルバタイト　$Sc_2Si_2O_7$
$Si_3O_9^{6-}$	3.0	環状三量体	ベニト石　$BaTiSi_3O_9$
$Si_6O_{18}^{12-}$	3.0	環状六量体	緑柱石　$Be_3Al_2Si_6O_{18}$

*30　樹脂やゴムとの複合により導電性材料として利用される。リチウムイオン電池電極の電気抵抗を低減する導電助剤としても使用される。

*31　1985 年イギリスのクロトー，米国のスモーリー，カールがグラファイトへのレーザー照射により合成した。彼らは 1996 年にノーベル化学賞を受賞した。

*32　電子材料のみならず，医療や美容，潤滑剤など幅広い用途で用いられている。

*33　ダイヤモンドはバンドギャップが大きいため無色で導電性がないが，グラファイトではバンドギャップがほとんどなく，色は黒く，導電性が高い。ケイ素やゲルマニウムでは中程度で，黒く，半導体である（4.8.1 項参照）。

*34　ゲルマニウムの単体も半導体材料として重要である。

*35　炭素とケイ素の相違点は結合エネルギーの大きさにある（側注 22 参照）。酸素との結合エネルギー：C–O 360 kJ mol^{-1}，Si–O 466 kJ mol^{-1}

*36　SiO_2 の鉱物：石英，鱗珪石，クリストバライト，コーサイトなど

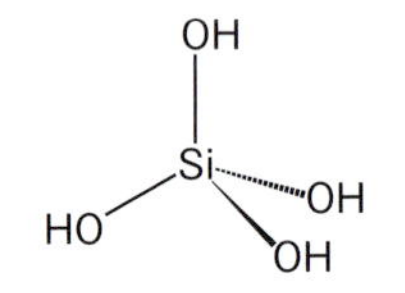

図 10.8　オルトケイ酸の四面体型構造

素は隣のケイ素と結合した構造である。このような構造は，**オルトケイ酸** (orthosilicic acid) $Si(OH)_4$ (**図 10.8**) が脱水縮合 (dehydration condensation) により連結したと考えられる。これらを**ケイ酸塩鉱物** (silicate mineral) と呼び，ケイ酸イオンの酸素による架橋の程度により構造が変化し，酸素とケイ素の比により特徴づけられる (**表 10.5**, **図 10.9**)。ケイ酸塩中の Si^{4+} が Al^{3+} に置き換わった物を**アルミノケイ酸塩** (aluminosilicate)＊37 と呼ぶ。Si^{4+} と Al^{3+} の電荷の違いを補うためにアルカリ金属イオンが含まれ，天然では鉱物として存在している。

＊37　ケイ酸塩の $SiO_4{}^{4-}$ 中の Si に代わって Al が存在する。例えば，正長石 ($KAlSi_3O_8$) は Si が Al になることでケイ酸塩構造中に負電荷が残るのでカリムイオンが加わる。

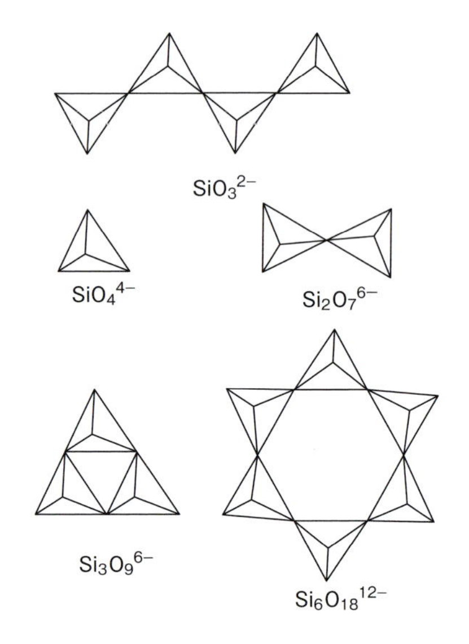

図 10.9　ケイ酸イオンの構造

ケイ酸を含む化合物として重要なものに，ガラスや**セラミックス** (ceramics)＊38 がある。二酸化ケイ素の三次元巨大化合物に Na^+ や Ca^{2+} が含まれた構造である。ケイ砂 SiO_2，石灰石 $CaCO_3$ および炭酸ナトリウム Na_2CO_3 を強熱すると，二酸化炭素や水が揮発した液体となり，これをゆっくり冷却することによりガラスとなる。一方，アルミノケイ酸塩の細かい粒子からなる粘土は，加熱により硬くなる。このように，ケイ酸塩などを高温で処理することにより得られるものをセラミックスと呼ぶ。構造，磁性，イオン伝導性などを制御して様々な機能をもたせた材料として利用されている。

＊38　広義には陶磁器を指し，狭義には無機金属酸化物を高温処理したものを指す。

10.2.4　14 族元素の化合物

炭素の水素化物にはきわめて多くの種類があり，これらは有機化学において扱われる。最もシンプルな水素化物 (XH_4：**メタン** methane CH_4，**シラン** silane SiH_4，**ゲルマン** germane GeH_4，**スタンナン** stannane SnH_4）は，鉛を除いて知られている（8.2.2 項参照）。高周期になると，X–H 結合が弱く不安定になる*39。これらの水素化物は有機化合物，有機金属化合物として重要である。

ハロゲン化物はすべての元素で存在し，四面体型の構造である四ハロゲン化物が知られている。高周期になると，結合するハロゲンの数が多くなり，構造が変化する。Sn(IV) や Pb(IV) の四フッ化物 XF_4 ではフッ素が架橋し，八面体型 XF_6 がつながったポリマー状構造の固体が生成する。スズのハロゲン化物の構造は特徴的で，Sn(IV) と Sn(II) に結合するハロゲン化物イオンの数が異なった安定な化合物がある（図 10.10）。

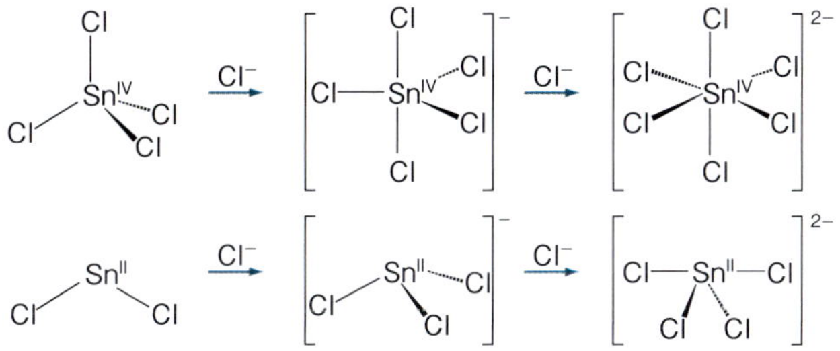

*39 結合エネルギー/kJ mol^{-1}
：C–H 402，Si–H 323，
Ge–H 289，Sn–H 253

図 10.10 ハロゲン化スズの構造

酸化物として，一酸化物 XO や二酸化物 XO_2 が知られている。二酸化物の CO_2，SiO_2 は酸性酸化物，GeO_2，SnO_2 は両性酸化物，PbO_2 は塩基性酸化物である。炭素，ケイ素では共有結合性が強く，これら以外はかなりイオン結合性をもった酸化物である。炭素の酸化物である**一酸化炭素**（carbon monoxide）CO や**二酸化炭素**（carbon dioxide）CO_2 は無機化合物として重要である。CO は N_2 と価電子の数は同じ（等電子）であるが，反応性は高い。図 10.11 の共鳴構造では，左側の極限構造の寄与が大きいため，炭素が少し負に帯電していると考えられる。CO は，遷移金属との間に配位結合を形成して**カルボニル錯体**（carbonyl complex）をつくる*40。CO は炭素，酸素上に非共有電子対を有するが，エネルギーの高い炭素で配位する。二酸化炭素は安定な酸化物であり，温暖化ガスとして環境問題との関連で注目を集めている*41。水と反応し炭酸 H_2CO_3 となる。これは弱酸で，炭酸水素イオン HCO_3^- および炭酸イオン CO_3^{2-} に解離する*42。

*40 第 13 章参照。

*41 CO_2 は赤外線領域に強い吸収帯をもつため，地上の熱が大気圏外に放熱されない。
*42 水に分子のまま溶けて反応するのは 0.17 % 程度である。$pK_{a1} = 6.35$，$pK_{a2} = 10.33$（第 6 章コラム参照）

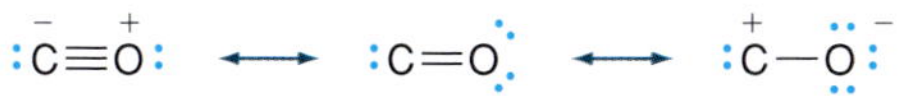

図 10.11 一酸化炭素の共鳴構造

Column　クロスカップリング反応

触媒的な求核置換反応は，有機化学において，有機化合物の骨格を合成するための重要な反応の一つである。共役系有機化合物，医薬品や天然物の合成では，ハロゲン化アリールやスルホン酸アリール[†]の置換反応が利用される。クロスカップリング反応は，有機典型元素金属化合物（典型元素の金属を中心とする有機金属化合物）と有機ハロゲン化合物などとの反応で，遷移金属触媒を用いて，炭素－炭素結合のみならず炭素－ヘテロ原子結合形成へと展開されている。

日本人の名前の付いた根岸クロスカップリングや鈴木－宮浦クロスカップリング反応は，有機亜鉛や有機ホウ素化合物を用いた反応で，いずれもノーベル化学賞を受賞している。用いる反応試薬の毒性が低く，空気や水に対する安定性があり，反応条件も比較的に温和であることから，環境調和型の有機合成反応として発展している。

[†] 芳香族炭化水素の芳香環上の水素原子 1 個を除いた残りの原子団をアリールという。

10.1　酸化ホウ素と金属ナトリウムの反応でホウ素の単体が生成する反応式を示せ。

10.2　不活性電子対効果について説明せよ。

10.3　三角形構造のホウ素化合物がルイス塩基と反応する理由を説明せよ。

10.4　ホウ酸から酸化ホウ素へ変化する際の反応式を示せ。

10.5　アルミニウムのハロゲン化物 AlX_3 の融点（AlF_3：1291 ℃，$AlCl_3$：192 ℃，$AlBr_3$：98 ℃，AlI_3：191 ℃）の違いを説明せよ。

10.6　$LiAlH_4$ は反応性が高く，水とも直ちに反応する。この反応式を示せ。

10.7　13 族元素の酸化物は，高周期の元素ほど塩基性酸化物となる理由を説明せよ。

10.8　方鉛鉱（PbS）を酸素酸化し，続いて炭素で還元することにより鉛の単体が生成するときの反応式を示せ。

10.9　炭素－炭素結合（結合エネルギー/$kJ\ mol^{-1}$ C－C；348，C＝C；612）と酸素－酸素結合（結合エネルギー/$kJ\ mol^{-1}$ O－O；146，O＝O；497）の安定性の違いについて説明せよ。

10.10　炭素の同素体であるダイヤモンド，グラファイト，フラーレンの性質について比較せよ。

10.11　グラファイトにリチウムが挿入した層間化合物の構造を説明せよ。

10.12　ケイ素の単体が半導体としての性質をもつ理由を説明せよ。

10.13　ガラスの特徴についてまとめよ。

10.14　高周期の Sn や Pb のフッ化物において，ポリマーが生成しやすい理由を説明せよ。

10.15　一酸化炭素について，分子軌道のエネルギー準位図を示せ。

第11章 p-ブロック元素 (2) —15～18族元素—

この章で学ぶこと

典型元素では，周期表の族番号が増加するとともに，電気的陽性から中性，陰性へと変化する。典型元素として後半となる15族以降の元素は電気的陰性であり，重要な非金属性元素がある。これらの化合物における原子間の結合では，共有結合が重要な役割を果たしている。この章では，p-ブロック元素のなかで15～18族元素の単体および化合物の性質について見ていこう。

11.1 15族元素（窒素族元素）*1

15族元素は，窒素，リン，ヒ素，アンチモン，ビスマスであり，窒素族元素とも呼ばれる（表11.1）。空気の体積のうち約78％を占める気体は，二窒素 N_2 である。窒素の化学形態は多種多様である。天然では，リンはリン鉱石中でリン酸カルシウム塩として存在している。窒素とリン以外は硫化物 X_2S_3 として存在している。

窒素の単体 N_2（窒素分子）は，液化した空気を分別蒸留することにより得られる。実験室では，亜硝酸アンモニウムやアジ化ナトリウムの加熱や，アンモニアの酸化により得られる*2。リンの単体は，リン鉱石*3を還元することにより，**白リン**（white phosphorus；黄リンとも呼ばれる）が得られる。これ以外のものは硫化鉱などに含まれるため，同様に硫化鉱である方鉛鉱*4中の鉛の精錬において副生成物として得られる。ヒ素やアンチモンの化合物は毒性が高いものがあり*5，取り扱いには注意が必要である。ヒ素やアンチモンの三酸化物を亜鉛などにより還元することでも単体が生成する。これらと対照的にビスマスは医療品として用いられている*6。

表11.1　15族元素（窒素族元素）の名称と電子配置

元素記号	日本語名	英語名	電子配置
N	窒素	nitrogen	[He] $2s^2\ 2p^3$
P	リン	phosphorus	[Ne] $3s^2\ 3p^3$
As	ヒ素	arsenic	[Ar] $4s^2\ 4p^3$
Sb	アンチモン	antimony	[Kr] $5s^2\ 5p^3$
Bi	ビスマス	bismuth	[Xe] $6s^2\ 6p^3$

*1　15族元素はニクトゲンとも呼ばれる。

*2　$NH_4NO_2 \rightarrow N_2 + 2\,H_2O$,
$2\,NaN_3 \rightarrow 3\,N_2 + 2\,Na$,
$4\,NH_3 + 3O_2 \rightarrow 2\,N_2 + 6\,H_2O$

*3　リン鉱石：主としてフッ素リン灰石（$Ca_5(PO_4)_3F$）を含む。

*4　方鉛鉱：主な組成は PbS である。

*5　ヒ素の形式酸化数＋Ⅲの三酸化二ヒ素（亜ヒ酸）As_2O_3 は猛毒性，形式酸化数＋Ⅴの五酸化二ヒ素 As_2O_5 は弱毒性として知られる。いずれもタンパク質中の－SH基と結合するのが毒性を示す原因である。

*6　ビスマスの化合物は，下痢止めや消炎剤として用いられる（14.4.2項参照）。

15族元素の名称の由来

*N　硝酸（nitric acid）の成分であることに由来。"azo" や "窒" は「窒息」に由来。

*P　尿中から発見。単体が自然発火することからギリシャ語の「光を運ぶもの」に由来。

*As　ギリシャ語の「ヒ素を含む鉱物」に由来。

*Sb　ギリシャ語の「孤独を嫌う」に由来。

*Bi　ドイツ語の「白い物質」に由来。

11.1.1　15 族元素の物性と性質

15 族元素は，窒素，リンは非金属性，ヒ素，アンチモンは半金属性，ビスマスは金属元素である。物性を表 11.2 にまとめた。完全なイオン性化合物を与えることはほとんどなく，より陰性な原子と共有結合して最高酸化数 +V まで，より陽性な原子と酸化数 －Ⅲ までの化合物を形成する。すべての元素で酸化数 +V の化合物が存在するが，Bi は不活性電子対効果により +Ⅲ 状態が安定である。最高の酸化数 +V は，リンの化合物については安定であるが，それ以外の元素の化合物は反応性があり，酸化剤として働く。15 族元素では，カテネーション (10.2.2 項側注 24 参照) により原子どうしがつながった化合物となる。リンはこの傾向が強く，高周期の元素では弱くなる。

窒素は，二原子分子の二窒素 N_2 がきわめて安定である。二窒素は，窒素間に三重結合を有していることが安定性の要因である*7。酸化や腐食防止のため缶詰や瓶詰に，あるいは嫌気下で化学反応を行うため，反応容器内の空気を置換するために用いられる。

*7　結合距離：110 pm，結合エネルギー：946 kJ mol^{-1}

リン，ヒ素，アンチモンは四原子分子 X_4 を生ずる。リンでは多くの同素体が知られている*8。白リンは四面体，赤リンは鎖状の高分子，黒リンは六員環がつながった層構造である。反応性は白リン，赤リン，黒リンの順で，白リンは空気中で酸化により自然発火するため水中で保存する。赤リンは発火点が白リンより高く，マッチの頭薬として用いられる。

*8　白リン (黄リン)，黒リン，赤リン，紅リン，紫リンなど。

表 11.2　15 族元素 (窒素族元素) の物性

	融点/℃	沸点/℃	密度/g cm^{-3}	イオン化エネルギー/kJ mol^{-1}
N	−209.86	−195.8	1.2506 †4, 5	1402
P	44.2 †1	280 †1	1.82 †6	1012
As	817 †2	616 †3	5.78 †6	947
Sb	630.63	1635	6.691 †7	834
Bi	271.3	1610	9.747 †7	703

†1　白リン，†2　36 気圧，†3　昇華，†4　g dm^{-3}
測定温度　†5　0℃，†6　25℃，†7　20℃

11.1.2　窒素の化合物

窒素は －Ⅲ～+V の酸化状態の化合物が知られ，化学形態，反応性も多種多様である (図 11.1)。酸化数 0 の二窒素は，大気中の存在量から窒素源として利用が期待されるが，その安定性から変換が容易でない*9。工業的には**ハーバー-ボッシュ法**により，高温，高圧，触媒存在下における N_2 と H_2 の反応で，アンモニア NH_3 を合成している (式 11.1)*10。

$$N_2 + 3\,H_2 \longrightarrow 2\,NH_3 \qquad (11.1)$$

*9　自然界では，マメ科植物に寄生する根粒菌が常温，常圧で二窒素からアンモニアの合成 (窒素固定) を行っている。この反応を行う酵素をニトロゲナーゼという。

ハーバー-ボッシュ
F. Haber
C. Bosch

*10　工業的には，鉄系触媒下で 450℃，100 気圧という過酷な条件で反応させる。N_2 と H_2 から NH_3 を合成する反応は発熱反応である。

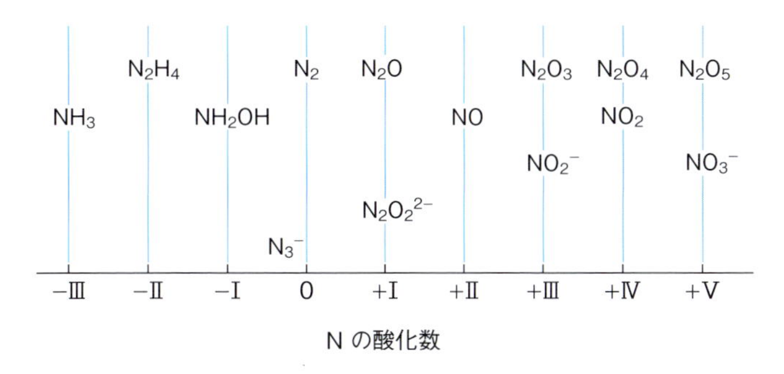

図 11.1　窒素の化合物と酸化数　N_3^- の N の酸化数は −1/3 とした。

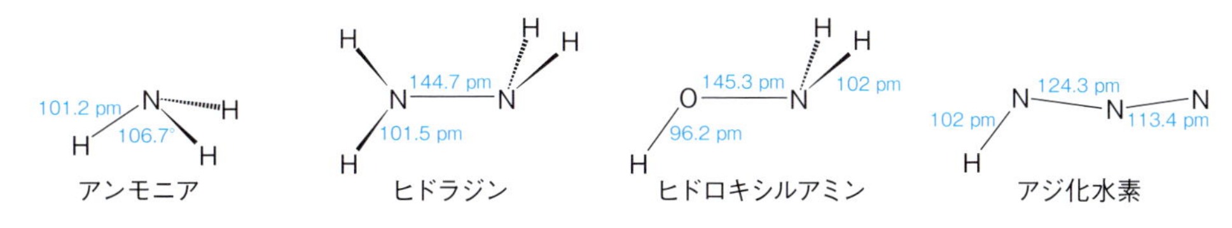

図 11.2　窒素の水素化物の構造

酸化数が −I 以下の化合物としては，水素化物が重要である（図 11.2）。**アンモニア**（ammonia）NH_3 は，様々な窒素化合物を合成するための原料として重要な化合物である*11。NH_3 は，分子間の水素結合（H⋯NH_3）により沸点が高い*12。窒素上の非共有電子対の効果により，H–N–H 結合角は理想的な四面体型 109.5° より若干ひずんだ 106.7° である*13。NH_3 が水によく溶けて*14 塩基性を示すのは，一部の NH_3 が H_2O と反応して NH_4^+ と OH^- になることによる。NH_3 を次亜塩素酸イオン ClO^- により酸化すると**ヒドラジン**（hydrazine）N_2H_4 が得られる（式 11.2，11.3）。これは強い還元剤であり，*N*,*N*–ジメチル誘導体はロケットなどの燃料である*15。

$$NH_3 + ClO^- \longrightarrow NH_2Cl + OH^- \qquad (11.2)$$

$$NH_2Cl + 2\,NH_3 \longrightarrow N_2H_4 + NH_4Cl \qquad (11.3)$$

NH_3 の 1 個の水素をヒドロキシ基に置換した**ヒドロキシルアミン**（hydroxylamine）NH_2OH も還元剤として作用する。ヒドラジンと亜硝酸の反応で，反応性の高いアジ化水素 HN_3 が生成する。アジ化水素は若干屈曲した構造であるが，**アジ化物イオン**（azide ion）では対称的な直線型になる。反応性が高いアジ化物を窒素源として，農薬などの合成に用いられている。

酸化数が +I 以上では酸化物として多くの化合物が存在する。酸化物の窒素と酸素の間には π 結合があり，構造や性質と関連している（図 11.3）。**一酸化二窒素**（dinitrogen oxide）N_2O は無色，香気をもつ気体であり*16，**硝酸アンモニウム**（ammonium nitrate）を加熱することで合

*11　アンモニアは常温・常圧下で刺激臭のある有毒な気体である。

*12　8.5 節参照。

*13　この値は，VSEPR 理論（5.1.2 項参照）における 4 電子対（四面体幾何）の結合角である。

*14　アンモニアの水に対する溶解度（0 ℃，1 気圧）：746.8 mL mL^{-1}

*15　$(CH_3)_2N_2H_2 + 4\,O_2 \rightarrow N_2 + 4\,H_2O + 2\,CO_2$

*16　N_2O を吸うと顔の筋肉がけいれんし，笑ったように見えることから“笑気ガス”とも呼ばれる。

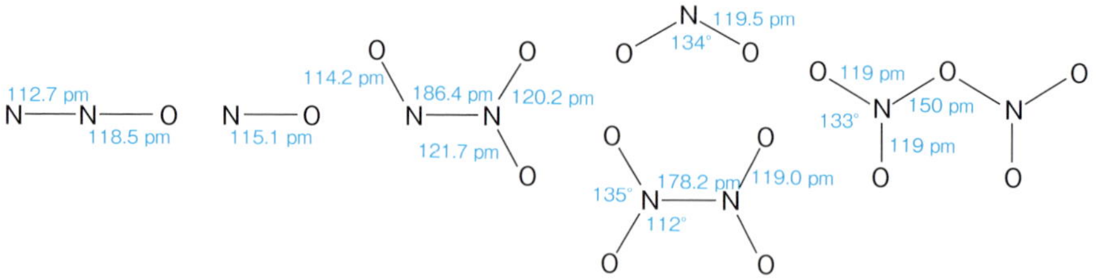

図 11.3　窒素酸化物の構造

成できる (式 11.4)。反磁性の気体で，反応性は比較的低いが，麻酔作用がある。化学工業，自動車排ガスや窒素肥料の使用による分解などにより発生し，大気中にわずかに存在する[*17]。

$$NH_4NO_3 \longrightarrow N_2O + 2\,H_2O \qquad (11.4)$$

一酸化窒素 (nitrogen monoxide, nitric oxide) NO は[*18]，不対電子を 1 個もつ反応性の高い分子である。アンモニアから硝酸を製造する過程で生成し，硝酸や亜硝酸の還元によっても合成できる (式 8.26 ～ 8.28 参照)。不対電子が反結合性 π 分子軌道 (π^* 軌道) にあるため，電子受容性の化学種との反応で，**ニトロソニウムイオン** (nitrosonium ion) NO^+ となる。一酸化窒素は，空気中で容易に褐色の**二酸化窒素** (nitrogen dioxide) NO_2 に酸化される[*19]。常磁性の NO_2 は，二量化して反磁性の**四酸化二窒素** (dinitrogen tetraoxide) N_2O_4 を生成する。NO と NO_2 の反応で**三酸化二窒素** N_2O_3 が生成するが，温度の上昇により可逆的に解離する。**五酸化二窒素** N_2O_5 は，硝酸 HNO_3 を脱水すると得られる。水との反応で硝酸に変化する。

*17　大気中の濃度は低いが，温暖化係数が二酸化炭素の 310 倍であるため，今後問題となる可能性がある。

*18　NO は生体内で発生し，神経伝達や血圧制御等の生理作用に関与する。内皮細胞由来平滑筋弛緩因子が NO であることが明らかになり，多くの研究が開始された (第 4 章コラム参照)。

*19　20℃では NO_2 は褐色の気体，N_2O_4 は無色の液体である。液体，固体状態ではほとんど N_2O_4 として存在している。

11.1.3　15 族元素の化合物

15 族元素の水素化物 XH_3 の構造や性質は，周期に伴い変化する。X–H 結合は高周期の元素ほど弱くなり，不安定になる[*20]。なかでも，ビスマスの水素化物 (BiH_3) は不安定である。塩基性も同様に低下し，酸化されやすくなる。構造的な特徴では，高周期の元素の H–X–H 角度が狭くなる[*21]。より 90° に近くなるのは，高周期の元素ほど不活性電子対効果が大きく，主に p 軌道が結合に関与するようになることから説明される[*22]。リンの水素化物である**ホスファン** (phosphane) は，P_4 と水の反応や亜リン酸 H_2PO_3 の加熱により合成される。PH_3[*23] は反応性が高いが，水素をアルキル基やアリール基[*24] に置換した有機リン化合物は，軟らかいルイス塩基であり，金属錯体の配位子として利用される。

酸化物としては，様々な組成をもつ化合物が知られている。X_2O_5 の組成をもつ化合物は，単体を酸素存在下で燃焼させると生成する。リン

*20　X–H 結合エネルギー/kJ mol^{-1}　NH_3：386，PH_3：317，AsH_3：292，SbH_3：255

*21　H–X–H の角度/°　NH_3：106.7，PH_3：93.5，AsH_3：92.1，SbH_3：91.6

*22　s 軌道と p 軌道のエネルギー差が大きくなり，混成しにくくなる。

*23　常温で気体，可燃性，毒性が高い。空気中で自然発火する。

*24　アルキル基：鎖式飽和炭化水素 (アルカン) の置換基名称。アリール基：芳香族炭化水素から誘導される置換基名称。

の酸化物（**五酸化二リン**；phosphorus pentoxide）の分子構造（図 11.4）は，リンを中心とする 4 つの四面体 PO_4 が，それぞれ 3 つの架橋酸素と 1 つの末端酸素からなる P_4O_{10} である[*25]。水と反応してリン酸を生成するため，脱水剤，乾燥剤として利用される。ヒ素，アンチモン，ビスマスでも同じ組成をもつ酸化物 X_4O_{10} が存在する。これらの構造は，高周期になるに従って，四面体 XO_4 から八面体 XO_6 の構造単位に変わる。この変化は，X–O 間の π 結合が弱くなることと，配位数が多くなることにより架橋と末端の酸素に明確な違いがなくなることから説明される。

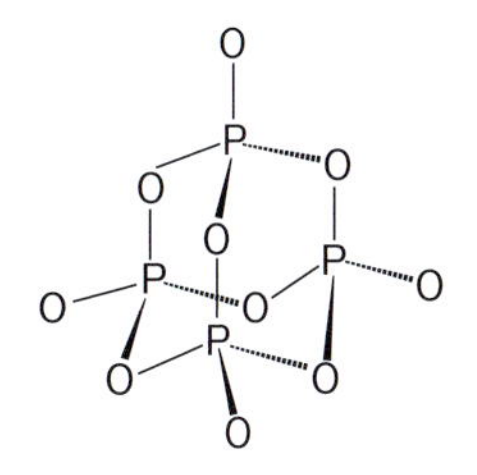

図 11.4　五酸化二リンの構造

＊25　組成に基づいて慣用名"五酸化二リン"で呼ばれる。

ハロゲン化物としては，三ハロゲン化物，五ハロゲン化物が知られている。15 族元素とハロゲン元素の組合せで，反応性・安定性が異なる。すべての元素についてフッ化物が存在する。NF_3，PF_3，AsF_3 は分子性であり，3 つの F 原子と 15 族元素で三角錐構造である[*26]。SbF_3 の Sb の立体配置はひずんだ八面体型配置で，F 架橋をもつポリマーである。BiF_3 はイオン結合性であり，Bi はさらに高い配位数となる。NX_3 は，塩化物，ヨウ化物はきわめて反応性が高い。五ハロゲン化物 PX_5 では，気体状態では三方両錐型構造であるが，固体では PX_4^+ と PX_6^- がイオン対となっている[*27]。特に電気陰性度の高い F では八面体型構造の PF_6^- が安定である。

＊26　結合力　$NF_3 < PF_3 < AsF_3$　中心の 15 族元素の立体配置は，3 つの F と中心元素の非共有電子対でひずんだ四面体型配置である（5.1.2 項参照）。

＊27　PX_4^+ は四面体型，PX_6^- は八面体型構造である。

11.2　16 族元素（カルコゲン）

16 族元素は，酸素，硫黄，セレン，テルル，ポロニウムであり，カルコゲンとも呼ばれる（表 11.3）[*28]。酸素は地球上で最も豊富に存在する元素である。これについては第 8 章に詳しく記載した。硫黄は様々な化学形態をとり，火山地域では単体や硫化水素として，それ以外の地域においても硫化物や硫酸塩などの化合物として存在する。硫酸や二硫化炭素の製造や，紙，繊維，火薬など多くの用途がある。セレンやテルルは硫化物中に存在している。セレンの単体は，半導体性や光伝導性を示すことから，複写機の感光剤などに利用される。ポロニウムには安定同位体がなく，天然ではウラン鉱石中に微量に存在する。

火山地帯で硫化水素や二酸化硫黄が冷却されると自然硫黄が生成す

＊28　カルコゲン chalcogen（chalco は銅の意味）は「造鉱石元素」の意味である。O, S, Se, Te が銅鉱石の成分である。酸素をこれに含めないこともある。

16 族元素の名称の由来

＊O　ギリシャ語 *oxys*「酸」と *gen*「…を生ずるもの」を合わせて命名。

＊S　ラテン語の「燃える石」に由来。

＊Se　ギリシャ神話の月の女神「セレネ」に由来。

＊Te　ラテン語で地球を意味する「*Tellus*」に由来。

＊Po　ラテン語のポーランドに由来。

表 11.3　16 族元素（カルコゲン）の名称と電子配置

元素記号	日本語名	英語名	電子配置
O	酸素	oxygen	[He] $2s^2\ 2p^4$
S	硫黄	sulfur	[Ne] $3s^2\ 3p^4$
Se	セレン	selenium	[Ar] $4s^2\ 4p^4$
Te	テルル	tellurium	[Kr] $5s^2\ 5p^4$
Po	ポロニウム	polonium	[Xe] $6s^2\ 6p^4$

る*29。これらを蒸留することにより高純度の硫黄単体が得られる。セレンやテルルは硫黄化合物に含まれるので，硫酸製造や銅精錬*30 などにおける副生成物として得られる。

*29 硫黄単体は，高温の水蒸気を注入し，融解して汲みだす(フラッシュ法)。

*30 例えばセレン Se の場合，銅の電解精錬において硫化物鉱石中から次式のように単離される：
$Cu_2Se + Na_2CO_3 + 2\,O_2 \rightarrow 2\,CuO + Na_2SeO_3 + CO_2$／
$Na_2SeO_3 \rightarrow H_2SeO_3$(硫酸酸性)／
$H_2SeO_3 + 2\,SO_2 + H_2O \rightarrow Se + 2\,H_2SO_4$

11.2.1　16 族元素の物性と性質

高周期の元素ほど金属性が増し，酸素と硫黄は非金属，セレンとテルルは半金属，ポロニウムは金属である。物性を表 11.4 にまとめた。硫黄については，カテネーションが重要である。酸素では，非共有電子対間の反発により，カテネーションは全く見られない。16 族元素の電子配置から考えられる形式酸化数は＋Ⅵであるが，酸素では電気陰性により＋Ⅱまでにとどまる。硫黄では＋Ⅱが安定な酸化状態となる。高周期の元素では，不活性電子対効果により低い酸化状態が安定になる。

硫黄の単体は，鎖状や環状の構造をもつ，多くの同素体や**多形体**(polymorphism)*31 がある。環状硫黄では，S_6～S_{20} の化学組成の同素体が知られている(図 11.5)。最も安定な同素体は，化学組成が S_8 で直方晶(斜方晶)の**直方(斜方)硫黄**(orthorhombic sulfur)である。これを加熱すると，95.6 ℃で単斜晶の**単斜硫黄**(monoclinic sulfur)に変化する。160 ℃を超える温度*32 では，環状硫黄に加え，鎖状のものが生成するため，これらが絡み合い粘性の高いゴム状硫黄に変化する(**カテナ硫黄**(catena sulfur))。セレンにもいくつかの環状 Se_8 の同素体が知られている。鎖状につながったセレンは金属光沢があり，金属性を示していることがわかる。テルルは鎖状構造で，同素体は存在しない。

*31 同じ化学組成で，結晶構造が異なること。

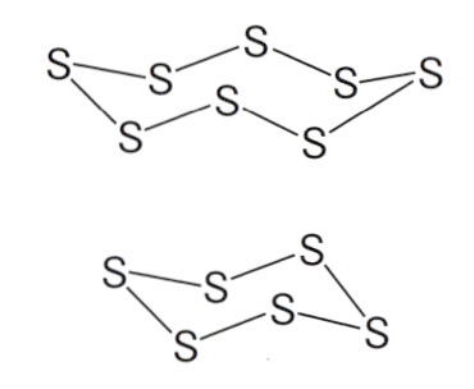

図 11.5　単体硫黄 S_8，S_6 の環状構造

*32 結晶系が変化する温度を転移点という。

表 11.4　16 族元素(カルコゲン)の物性

	融点/℃	沸点/℃	密度/g cm^{-3}	イオン化エネルギー/kJ mol^{-1}
O	−218.4	−182.96	1.429 †2,3	1313.9
S	112.8 †1	444.674 †1	2.07 †1,4	999.6
Se	217	684.9	4.79 †4	940.9
Te	449.5	990	6.24 †5	869.2
Po	254	962	9.32 †4	812.4

†1　直方(斜方)硫黄，†2　g dm^{-3}
密度の測定温度　†3　0 ℃，†4　室温，†5　20 ℃

11.2.2　16 族元素の化合物

水素化物 H_2X は，16 族元素の金属化合物 M_2X (M は Na など)と塩酸の反応で生成し(式 11.5)，高周期の元素ほど不安定になる。

$$M_2X + 2\,HCl \longrightarrow H_2X + 2\,MCl \qquad (11.5)$$

水 H_2O は安定であり，溶媒として有用で，生物にとって重要な化合物である(第 8 章参照)。**硫化水素**(hydrogen sulfide) H_2S，**セレン化水**

素（hydrogen selenide）H_2Se，**テルル化水素**（hydrogen telluride）H_2Te は有臭，猛毒の気体で，還元性がある。水素化物からプロトンが解離するとカルコゲン化物イオン X^{2-} となる。カルコゲン化物イオンは貴ガスと同じ安定な電子配置となる。高周期の元素では，電子を引きつける力が弱くなり，酸化されやすく，H–X 結合が弱くなる結果*33，酸として強くなる。1 族，2 族の金属とのカルコゲン化物は，水と反応して塩基性の水溶液になる（式 11.6）。金属の酸化物，硫化物，セレン化物は天然でも存在し，結晶構造などが重要である（7.4.4 項参照）*34。

$$Na_2S + 2\,H_2O \longrightarrow H_2S + 2\,NaOH \qquad (11.6)$$

酸化物は，多様な組成と構造をもつ。硫黄とセレン単体を空気中で燃焼させると，共有結合性で折れ線型の二酸化物 XO_2 が生成する*35。これらは酸性酸化物である。テルルやポロニウムでは，イオン結合性の両性酸化物となる*36。硫黄，セレン，テルルのオキソ酸，およびこれらのオキソ酸イオンがある。硫黄とセレンは，それぞれに結合する最大の原子団数は 4 であるが，テルルでは 6 の化合物も存在する*37。

*33　H–X 結合エネルギー/kJ mol^{-1} および pK_a
H_2O：464, 15.7，H_2S：368, 7.0，H_2Se：312, 3.9，H_2Te：267, 2.6

*34　金属の硫化物は 2 価の金属イオンと安定な化合物 MS をつくり，金属イオンの系統分析にも用いられる。

*35　SO_2，SeO_2 は X=O 結合をもつ。

*36　TeO_2 は Te^{4+} と O^{2-} のイオン結合性の化合物である。

*37　硫酸 H_2SO_4 やセレン酸 H_2SeO_4 は四面体構造，テルル酸 $Te(OH)_6$ は八面体構造である。

11.2.3　硫黄の化合物

硫黄は，古くから重要な物質と考えられてきた元素の一つである。単体を空気中で燃焼させると，無色，刺激臭の**二酸化硫黄**（sulfur dioxide）SO_2 が生成する*38。水によく溶け，亜硫酸が生成するため酸性の水溶液になる（式 11.7）。分子構造は折れ線型であり，硫黄ー酸素間には π 結合が存在する。SO_2 は，酸化剤（式 11.8）または還元剤（式 11.9）として作用する。

*38　亜硫酸ガスと呼ばれ，火山ガス中にも存在する。

$$SO_2 + H_2O \longrightarrow H_2SO_3 \qquad (11.7)$$

$$SO_2 + 2\,H^+ + 2\,e^- \longrightarrow S + 2\,H_2O \qquad (11.8)$$

$$SO_2 + 2\,H_2O \longrightarrow H_2SO_4 + 2\,H^+ + 2\,e^- \qquad (11.9)$$

三酸化硫黄（sulfur trioxide）SO_3 は，三角形構造の気体分子である（図 11.6）。この分子は気体状態では 3 つの S=O 結合をもつのに対し，固

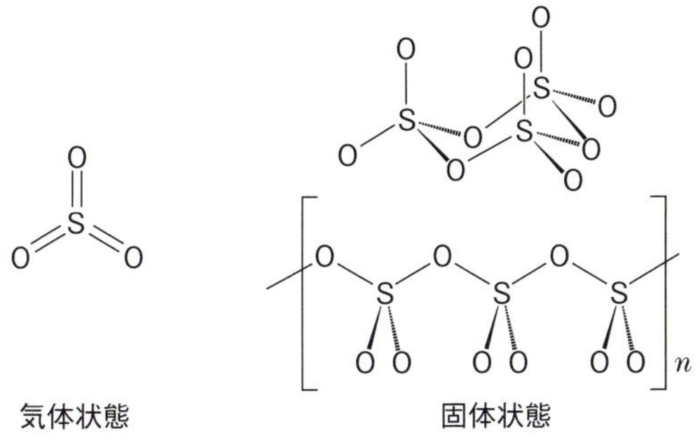

気体状態　　固体状態

図 11.6　三酸化硫黄の気体状態および固体状態での構造

体状態ではπ結合の切断によりσ結合が形成して架橋構造となる。

硫黄はカテネーションによる化合物が多く知られている。水素化物もその一つで，**多硫化水素**（polysulfane ポリスルファン）H_2S_n では $n = 8$ まで安定である。類似の構造をもつハロゲン化スルファン X–S_n–X（X ＝ハロゲン）も存在する。ハロゲンとの化合物としてオキソハロゲン化物があり，強力な酸化剤として利用される。二ハロゲン化二酸化硫黄 SO_2X_2 では，硫黄の形式酸化数は＋Ⅵの四面体型構造である。二ハロゲン化酸化硫黄 SOX_2 は三角錐構造の化合物である。

11.3　17 族元素（ハロゲン）

17 族元素は，フッ素，塩素，臭素，ヨウ素，アスタチンであり，**ハロゲン**とも呼ばれる（表 11.5）。最外殻の電子配置が $(ns)^2(np)^5$ であり，1 個の電子を受け取ってイオン結合，1 個の電子を共有して共有結合を形成する。電子配置からハロゲン化物イオン X^- の形式酸化数は－Ⅰであるが，高周期になると X^- は還元力を有するようになる。フッ素を除くハロゲンでは，正の形式酸化数（＋Ⅰ，＋Ⅲ，＋Ⅴ，＋Ⅶ）をもつ化合物がある。ハロゲンの単体 X_2 は二原子分子であるが，反応性が高いために，天然では化合物として多量に存在している。フッ素は，ホタル石やフッ素リン灰石[*39]などの鉱物に含まれる。塩素や臭素は，ハロゲン化物イオンとして海水，塩水湖やこれらの蒸発により生ずる堆積物にアルカリ金属，あるいはアルカリ土類金属の塩として含まれる。ヨウ素は，かん水にヨウ化物イオンとして含まれる。また，天然では，チリ鉱石鉱床にヨウ素酸ナトリウム $NaIO_3$ として存在している。アスタチンの同位体はすべて放射性で，ウラン鉱石中に微量に含まれる。

フッ素および塩素の単体は，それらの塩を含む溶液の電気分解により得られる。臭素は，臭化物イオンを塩素により酸化すると得られる。ヨウ素の単体は，$NaIO_3$ を還元すると生成する。

表 11.5　17 族元素（ハロゲン）の名称と電子配置

元素記号	日本語名	英語名	電子配置
F	フッ素	fluorine	[He] $2s^2\,2p^5$
Cl	塩素	chlorine	[Ne] $3s^2\,3p^5$
Br	臭素	bromine	[Ar] $4s^2\,4p^5$
I	ヨウ素	iodine	[Kr] $5s^2\,5p^5$
At	アスタチン	astatine	[Xe] $6s^2\,6p^5$

11.3.1　17 族元素の物性と性質

単体の性質では，高周期の元素ほど色が濃くなり[*40]，融点や沸点が高くなる（表 11.6）[*41]。蒸気は刺激臭があり，有毒である。ハロゲンの

＊39　ホタル石：CaF_2，フッ素リン灰石（フルオロアパタイト）：$Ca_5(PO_4)_3F$

17 族元素の名称の由来

＊ハロゲン　halogen はギリシャ語の「塩をつくるもの」に由来する。

＊F　低温で KF 水溶液に HF を作用させ，電気分解し F_2 を遊離する。ホタル石 fluorite に由来。

＊Cl　MnO_2 に塩酸を加え，塩素ガスを発生させる。ギリシャ語の黄緑色 *chloros* またはラテン語 *chlorus* に由来。

＊Br　濃縮した塩湖の水に Cl_2 ガスを通じて赤黒色液体を単離。ギリシャ語の刺激臭，悪臭 *bromos* に由来。

＊I　ギリシャ語のスミレ色「*ioeides*」，日本語名はドイツ語（Jod）の発音に由来。

＊At　ビスマスとα線の反応で得る。ギリシャ語の不安定 *astatos* に由来。

＊40　F_2：黄色気体，Cl_2：淡緑色気体，Br_2：赤色液体，I_2：紫色固体

＊41　Br_2 は非金属元素では唯一室温において液体で，低温では黒色固体（分子結晶）である。

表 11.6　17 族元素（ハロゲン）の物性

	融点/℃	沸点/℃	密度/g cm^{-3}	イオン化エネルギー/kJ mol^{-1}
F	−219.62	−188.14	1.696 †1	1681.0
Cl	−101.0	−33.97	3.214 †1	1251.1
Br	−7.2	58.78	3.12 †2	1139.9
I	113.5	184.3	4.93 †2	1008.4
At	302			917

†1　g dm^{-3}（0 ℃），†2　20 ℃

単体はいずれも酸化剤となり，高周期の元素ほど反応性は低下する*42。ハロゲン単体と水素 H_2 との反応（式 11.10）の様子は，F_2 では爆発的に，Cl_2 では常温で光，あるいは高温で激しく，Br_2 では触媒存在下で加熱により，I_2 では 200 ℃以上で反応が始まる。これらのことから，ハロゲン単体の反応性（酸化力）は $F_2 > Cl_2 > Br_2 > I_2$ であることがわかる*43, 44。

$$X_2 + H_2 \longrightarrow 2\,HX \qquad (11.10)$$

イオン化エネルギーが著しく大きく，電子親和力が大きいことから 1 価の陰イオンになり，たいていの金属イオンと塩をつくる。最も反応性の高いフッ素はヘリウム，ネオン，アルゴンを除くすべての元素と反応して化合物をつくる*45。塩素と臭素も多くの元素と化合物をつくるが，ヨウ素は反応性が低く，反応には加熱が必要である。X_2 の結合エネルギーでは，F_2 を除いて $Cl_2 > Br_2 > I_2$ となる*46。これは，原子サイズが大きくなることにより結合に関与する軌道の重なりが小さくなることから説明できる。F_2 は原子半径が小さく，非共有電子対間の反発が大きくなるため不安定になると考えられる。

*42　単体の原子間の結合次数は 1 である（分子軌道は図 5.19（p. 65）を参照）。

*43　それぞれの水溶液中での標準電極電位（25 ℃）：F_2 / 2 F^- 2.87 V，Cl_2 / 2 Cl^- 1.36 V，Br_2 / 2 Br^- 1.07 V，I_2 / 2 I^- 0.54 V（付録 3 参照）。

*44　電子親和力も同じ順番である。

*45　F はすべての元素中で最も電気陰性度が高い。有機化合物中でも電子求引性により特異な性質を示す（11.4.1 項参照）。

*46　結合エネルギー kJ mol^{-1}：F–F 155，Cl–Cl 242，Br–Br 193，I–I 151

11.3.2　17 族元素の化合物

ハロゲンの化合物は，共有結合性のものとイオン結合性のものがある。単体と水素の反応（式 11.10）で生成する**ハロゲン化水素**は，共有結合性の化合物である。ハロゲン化物の塩と濃硫酸の反応によっても得られる。常温において HF は液体，それ以外のハロゲン化水素は気体である*47。HF の沸点の高さは，強い水素結合が分子間に働くことによる（8.5 節参照）*48。水溶液中での酸としての強さは HF ≪ HCl < HBr < HI である（6.1.2 項参照）。HF は弱酸で，残りはすべて強酸である。

ハロゲンの酸化物は酸性酸化物で，すべて酸化剤となる。ヨウ素の酸化物が最も安定である。フッ素，塩素，臭素の酸化二ハロゲン X_2O は酸化剤となり，OF_2 はきわめて強い酸化力を示す*49。Cl_2O と Br_2O は，水に溶解すると**次亜塩素酸**（hypochlorous acid）HClO，次亜臭素酸 HBrO となる。塩素の酸化物は Cl–O–Cl の構造を含み，ひとつの分子中

*47　融点，沸点は高周期の元素ほど上昇するが，HF は例外である。HF（融点：−84 ℃，沸点：20 ℃），HCl（融点：−114 ℃，沸点：−85 ℃），HBr（融点：−89 ℃，沸点：−67 ℃），HI（融点：−51 ℃，沸点：−35 ℃）

*48　HF は反応性が高く，50 % 水溶液でガラスも溶かす。

*49　OF_2 の形式酸化数は，電気陰性度が高い F が −I であるため，化学式の表記に注意。

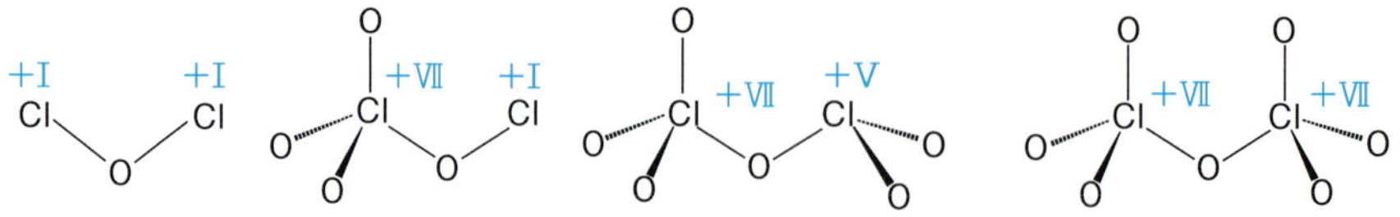

図 11.7　塩素の酸化物の構造

の Cl 元素が異なる酸化数となることがある（図 11.7）。O–Cl 結合が 1 つの場合には＋Ⅰ，3 つでは＋Ⅴ，4 つでは＋Ⅶとなる。ヨウ素は原子サイズが大きいため配位数が大きくなり，酸化数の高いもの（I_2O_5）が安定である[*50]。

オキソ酸も重要な化合物であり，ハロゲン酸と呼ばれる[*51]。異なる酸化数のハロゲン酸 HXO，HXO_2，HXO_3，HXO_4 が知られている。HXO は単体と水酸化物水溶液中で生成し（式 11.11），**次亜ハロゲン酸**として用いられる[*52]。

$$X_2 + 2OH^- \rightleftharpoons XO^- + X^- + H_2O \qquad (11.11)$$

亜ハロゲン酸 HXO_2 は，XO_2 の塩基性水溶液中で生成する。次亜ハロゲン酸の塩基性溶液中では，**ハロゲン酸** HXO_3 も生成する。ハロゲン化物イオンの酸化により，**過ハロゲン酸** HXO_4 が生成する。

二種類以上のハロゲン元素からなる**ハロゲン間化合物**や，複数のハロゲンからなるポリハロゲン化物イオンなども知られている。ヨウ素のトリヨウ化物イオン I_3^- は，I_2 と I^- から生成する。これは，酸化還元滴定において用いられる酸化剤として作用する。

*50　ヨウ素の形式酸化数は＋Ⅴである。
*51　8.3.3 項参照。
*52　洗剤として用いられる次亜塩素酸 HClO は，酸性では塩素ガスが発生して危険である。

11.4　18 族元素（貴ガス）

18 族元素は，ヘリウム，ネオン，アルゴン，クリプトン，キセノン，ラドンであり，貴ガスとも呼ばれる[*53]。これらはすべて**閉殻電子配置**をとるため**単原子分子**となる（表 11.7）[*54]。貴ガスは大気中にわずかに含まれる気体である。ヘリウムは宇宙においては水素に次いで多く存在しているが，大気中ではきわめて少ない。大気中ではアルゴンが最も多く存在する[*55]。貴ガスは液化空気から分留して得ることができる。

表 11.7　18 族元素（貴ガス）の名称と電子配置

元素記号	日本語名	英語名	電子配置
He	ヘリウム	helium	$1s^2$
Ne	ネオン	neon	[He] $2s^2$ $2p^6$
Ar	アルゴン	argon	[Ne] $3s^2$ $3p^6$
Kr	クリプトン	krypton	[Ar] $4s^2$ $4p^6$
Xe	キセノン	xenon	[Kr] $5s^2$ $5p^6$
Rn	ラドン	radon	[Xe] $6s^2$ $6p^6$

*53　以前は「希ガス」と表記されていた（3.1.2 項参照）。
*54　このことは，分子軌道理論により説明できる（5.3.1 項，図 5.15 参照）。
*55　乾燥空気中の体積百分率 He：5.24×10^{-4}，Ne：1.82×10^{-3}，Ar：9.34×10^{-1}，Kr：1.14×10^{-4}，Xe：8.7×10^{-6}

18 族元素の名称の由来

*He　ウラン鉱石から微量の不活性ガスを分離。ギリシャ語の太陽 *helios* に由来。
*Ne　液体空気の分留を繰り返し分離。ギリシャ語の新しい *neos* に由来。
*Ar　空気から得た窒素ガスを除き残ったガスとして分離。ギリシャ語のはたらく *ergon* に an（否定を表す接頭語）をつけた「はたらかない」に由来。
*Kr　液体空気から Xe とともにスペクトル分析で発見。ギリシャ語の「隠れた」*kryptos* に由来。
*Xe　液体空気の分留を繰り返し分離。ギリシャ語の異邦人，なじみにくいもの *xenos* に由来。
*Rn　ラジウムの壊変で生成する気体として発見。ラジウムの壊変で生成することから命名。

反応性が低いことから，気球に詰めるガスやレーザーなどの光源として利用される。

11.4.1　18 族元素の物性と化合物

18 族元素は非常に大きなイオン化エネルギーを示し，安定な元素である（表 11.8）。反応性がないと考えられていたが，1960 年代になり化合物が合成されてきた。イオン化エネルギーは高周期の元素では小さくなり，いくつかの化合物が知られている*56。

貴ガスの化合物として，電気陰性度の高いフッ素との化合物がクリプトンとキセノンについて知られている。クリプトンについては KrF_2 のみが合成されている。クリプトンとフッ素の混合気中で放電をすることで生成する。反応性が高く，フッ素化剤として働く。キセノンのフッ化物は，酸化剤である $[PtF_6]$ との反応により $[XeF]^+$ がフルオロ白金錯体の対陽イオンとして生成する。さらに中性のフッ化物として XeF_2, XeF_4，XeF_6 が合成されている*57。これらはフッ化剤，酸化剤として作用して水を酸素に酸化する（式 11.12）。

$$2\,XeF_2 + 2\,H_2O \longrightarrow 2\,Xe + O_2 + 4\,HF \qquad (11.12)$$

酸素との化合物は，XeF_4 や XeF_6 を加水分解することで三酸化キセノン XeO_3 が生成する（式 11.13，11.14）。

$$6\,XeF_4 + 12\,H_2O \longrightarrow 2\,XeO_3 + 4\,Xe + 24\,HF + O_2 \qquad (11.13)$$

$$XeF_6 + 3\,H_2O \longrightarrow XeO_3 + 6\,HF \qquad (11.14)$$

*56　He では，低圧放電により $He_2{}^+$ が生成していることは確認されているが，不安定で単離は不可能である。

*57　構造は VSEPR 理論（5.1 節参照）で予想される形をしている。XeF_2：直線型，XeF_4：平面四角形型，XeF_6：八面体型

表 11.8　18 族元素（貴ガス）の物性

	融点/℃	沸点/℃	密度/g dm^{-3} †1	イオン化エネルギー/kJ mol^{-1}
He	−272.2 †2	−268.934	0.1785	2372.3
Ne	−248.67	−246.05	0.8999	2080.6
Ar	−189.3	−185.8	1.784	1520.6
Kr	−156.66	−152.3	3.7493	1350.7
Xe	−111.9	−107.1	5.8971	1170.4
Rn	−71	−61.8	9.73	1037.0

†1　0℃，†2　26 気圧

Column　無機材料におけるカーボンリサイクル

成分に炭素を含まない材料を無機材料と呼ぶ。ビルや道路など最も身近な建造物の建材として知られる無機材料がコンクリートであり，その主な原料がセメントである。セメントの製造は，下に示すように石灰岩を熱分解して石灰に変える工程が必要で，この際に大量のCO_2が発生する。

$$CaCO_3\ (石灰岩) \longrightarrow CaO\ (石灰) + CO_2$$

現在，種々のプロセスで発生するCO_2を資源として捉え，分離・回収して様々な製品や燃料に再利用することで，CO_2の排出を抑制する「カーボンリサイクル」の取組みが行われている。CO_2排出量の多いコンクリート・セメント産業においてCO_2を資源として利用できれば，日本のCO_2排出量削減に大きく貢献できる。例えば，コンクリートの混和材にCO_2を吸収する材料を使うとともに，セメントの使用量を減らすことで製造時のCO_2排出量も削減するのが「CO_2吸収型コンクリート」である。これは既に実用化されている製品の一つであり，舗装ブロックや天井パネルなどに使われている。

このように，カーボンリサイクルは様々な分野に適用できる概念であることから，カーボンニュートラル社会を実現するためのキーテクノロジーとして期待されている。

演習問題

11.1　実験室でN_2を合成する反応式を示せ。

11.2　15族元素のカテネーションの傾向を14族元素と比較せよ。

11.3　ハーバー-ボッシュ法において，高温，高圧で行う理由を考えよ。

11.4　15族元素の酸化物X_2O_5の構造は，周期に従ってどのように変化するか。また，その理由を示せ。

11.5　以下の硫黄化合物の硫黄元素の酸化数を示せ。

(1) H_2S　(2) SO_2　(3) S_6　(4) S_8　(5) SO_3

11.6　16族元素の水素化物H_2Xの酸性度の順を示し，その理由を示せ。

11.7　二酸化硫黄の結合状態（ルイス構造，共鳴構造）を示せ。

11.8　二塩化酸化硫黄$SOCl_2$は塩化アルキルRClの合成に利用される。アルコールROHを出発原料とした反応式を示せ。

11.9　ハロゲン単体の色と室温における状態について比較せよ。

11.10　ハロゲン単体X_2の元素Xによる反応性の違いを解説せよ。

11.11　ハロゲン化水素HXの合成反応を2種類示せ。

11.12　ハロゲンのオキソ酸（ハロゲン酸）HXO, HXO_2, HXO_3, HXO_4の酸としての強さについて，理由とともに説明せよ。

11.13　トリヨウ化物イオンI_3^-とチオ硫酸イオン$S_2O_3^{2-}$の反応式を示せ。

11.14　Xeのフッ化物（XeF_2, XeF_4, XeF_6）の分子構造について説明せよ。

Inorganic Chemistry

第12章 d-および f-ブロック元素 ―遷移元素―

この章で学ぶこと

遷移元素は金属としてのみならず，多くの機能性材料の中で必要不可欠な成分となっている。この章では，**d** 電子が価電子となる **d**-ブロック元素を中心にいくつかの性質を取り上げ，その周期性について学ぶ。また，代表的な **d**-ブロック元素を学ぶことで，**d**-ブロック内における性質の主な傾向を理解することができる。最後に，**f** 電子が価電子となる **f**-ブロック元素についても触れる。

12.1 遷移元素：d- および f-ブロック元素

遷移元素は，周期表の中心部にある大きな元素群である。すべて金属であり，第3章で見たように，左側で s-ブロック元素と，右側で p-ブロック元素と接している*1。遷移元素は，含まれる価電子に基づいて，2つのグループに分けられる。第一のグループは **d-ブロック元素**であり，d 軌道の電子を授受する*2。第二のグループは **f-ブロック元素**であり，f 軌道の電子を授受することが特徴である*2。f-ブロック元素は，さらに2つのサブグループに分けられる。ランタンからルテチウムまでの元素を**ランタノイド**，アクチニウムからローレンシウムまでの元素を**アクチノイド**という。

*1 12族は遷移元素に含める（3.1.3項参照）。

*2 原子では ns 軌道に電子が配置されるが，イオンになると $(n-1)$ d 軌道が安定化することで $ns^0(n-1)d^a$ の電子配置となる（12.2.2項参照）。

12.2 d-ブロック元素の性質

d-ブロックの金属は，実に様々な用途に供される。建設資材や製造業において最もよく用いられる金属（鉄），美しさと希少性をもつ金属（金，銀，白金），そして現代の技術を支える金属（チタン）などがある。d-ブロックには，最も重い金属*3（オスミウム，イリジウム），最も融点が高い金属*4（タングステン），最も融点が低い金属*5（水銀），そして放射性元素（テクネチウム）なども含まれる。

水銀を除き，遷移元素はすべて常温で固体であり，高融点，高沸点が特徴である。また，遷移元素は金属光沢をもち，電気や熱をよく伝え，種々の酸化剤と反応してイオン性化合物となることが多い。一方で，金や白金は耐酸化性があり，それ故，宝飾品として用いられている。

多くの遷移金属化合物は発色するため，絵画や染色用の顔料として有用である。例えば，黄色の絵の具には硫化カドミウム（CdS）が，白色

*3
オスミウムの密度：22.57 g cm^{-3}
イリジウムの密度：22.61 g cm^{-3}

*4 タングステンの融点：3410 ℃

*5 水銀の融点：−38.9 ℃

顔料には酸化チタン（TiO_2）が含まれている。結晶状のケイ酸塩やアルミナ中に遷移金属イオンが存在すると，宝石として重宝される。鉄(II) イオンはトパーズ（黄水晶）の黄色を，クロム(III) イオンはルビーの赤色を生み出している。青ガラスは少量の酸化コバルト(III) を含み，酸化クロム(III) をガラスに添加すると，そのガラスは緑色になる[*6]。

d-ブロック元素の中には，生命体にとって重要なものがある（第 14 章参照）。例えば，ヘモグロビンやミオグロビンなどのタンパク質には，その中心に鉄が含まれる。モリブデンと鉄は，硫黄とともに窒素固定を行う細菌に含まれるニトロゲナーゼの反応部位を構成している[*7]。

次項以下で，代表的な d-ブロック元素の性質を概観しよう。

*6　切り子ガラスでは，赤色に呈色させる際には金が，黄色には銀が使われる。

*7　他にも，銅，亜鉛やマンガンなども重要な元素である（第 14 章参照）。

12.2.1　d-ブロック元素の周期性

初めに，周期的に変化する遷移元素の三つの性質（原子半径，密度および融点）について見てみよう。

(1) 原子半径

第 4，第 5 および第 6 周期 d-ブロック元素の原子半径を図 12.1 に示す。d-ブロック元素の半径は，それぞれの周期においておおよそ中央付近の元素が最小となる。原子の大きさは最も外側の軌道にある電子により決定されるが，d-ブロック元素のそれは ns 軌道である（$n = 4$，5 または 6）。同周期において周期表を左から右へ進むと，原子核中の陽子数の増加から大きさの減少が予測されるが，内側にある $(n-1)$d 軌道中の電子の遮蔽により，大きさはほとんど変化しない。

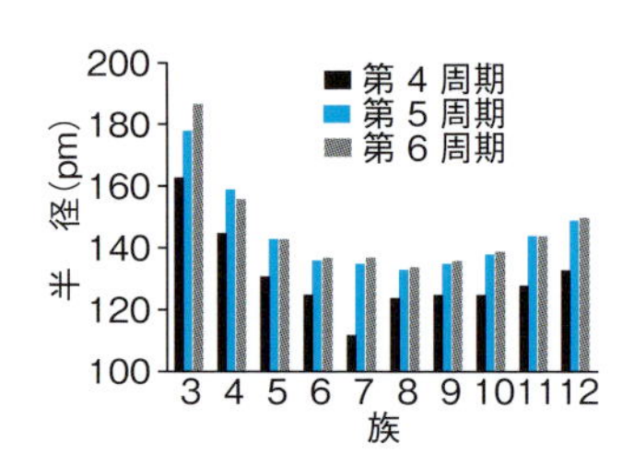

図 12.1　d-ブロック元素の周期性：原子半径

第 5 および第 6 周期の d-ブロック元素についても，内側に f 軌道が新たに加わるが，ほぼ同様な傾向で半径が変化していることが分かる。第 5 および第 6 周期の d-ブロック元素の大きさが類似していることにより，ここに属する元素は化学的にも類似した性質を示す[*8]。よって，これらの金属を含む鉱物が地球上の同じ地質帯で見出されることや，これらの元素を互いに分離するのが難しいことは，容易に理解できる。

*8　例えば「白金族元素」(Ru, Os, Rh, Ir, Pd, Pt) はみな酸化されにくく，酸や塩基性の水溶液に対して安定である。

(2) 密 度

原子半径の変化は遷移元素の密度にも影響しており，同周期の元素の密度は原子番号の増加に伴い増大した後，徐々に減少する（図 12.2）。d-ブロック元素全体の半径の変化は小さいが，体積は半径の 3 乗に比例するため（$V = (4/3)\pi r^3$），その効果は大きくなる。第 6 周期の遷移金属は，比較的半径が小さく原子質量が大きいため，それらの密度は他の周期と比べて非常に高くなる。

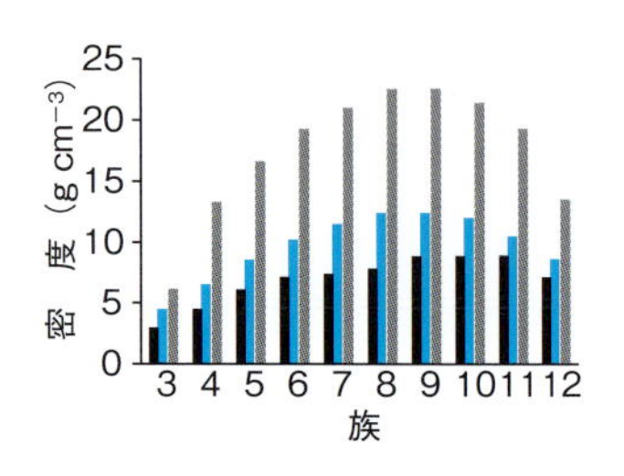

図 12.2　d-ブロック元素の周期性：密度
（凡例は図 12.1 参照）

(3) 融 点

物質の融点は，その固体を構成する原子，分子，またはイオン間の引力を反映している。d−ブロック元素において，融点は同周期で比べるとおおよそ中央付近が最も高い（図 12.3）。融点変化から，d 副殻が半分満たされるとき金属結合が最も強いことが示唆される。これは，金属中の結合性軌道*9 に最も多くの電子が収容されている場合とも言い換えられる。

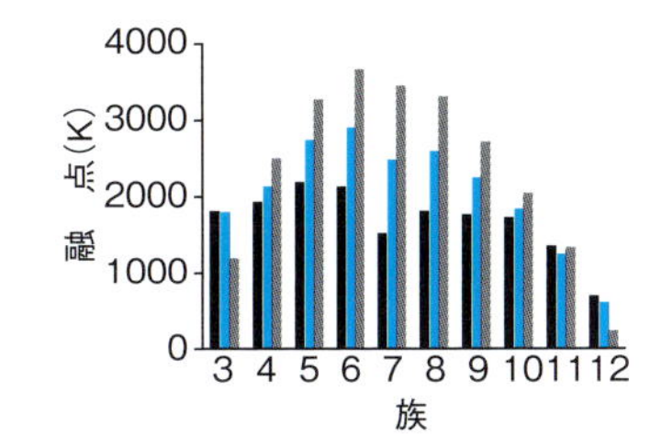

図 12.3 d−ブロック元素の周期性：融点
（凡例は図 12.1 参照）

*9 一般に，d−ブロック元素は同様のバンド構造（4.8.1 項参照）が存在する。$(n+1)$s 軌道から s バンドが，nd 軌道から d バンドが形成される。結合性軌道は，価電子帯の下部領域を占めている。

*10 色を示す要因は 13.3.3 項を参照のこと。

12.2.2 酸化数

遷移金属が酸化されると，d 電子を失うより先に外側の s 電子を失う。ほとんどの遷移金属イオンは，部分的に占有された d 副殻をもつため，以下のような特徴をもつ。

(1) 複数の安定な酸化状態を示すことが多い

(2) 色を呈する化合物が多い*10

(3) 特徴的な磁気特性を示す金属単体や化合物が多い

図 12.4 に，第 4 周期の d−ブロック元素における代表的な酸化状態をまとめた。丸で示した酸化状態は，化合物中で最もよく見られるものである。三角で示した酸化状態はそれほど多くない。スカンジウムと亜鉛以外の金属は複数の酸化状態をとる。例えばマンガンは通常，溶液中で＋Ⅱ価（Mn^{2+}）および＋Ⅶ価（Mn^{7+}）の酸化数で存在する。固体状態では＋Ⅳ価（MnO_2）で存在する。他の酸化数はあまり一般的ではない。

＋Ⅱ 価という酸化数は，ほとんどの第 4 周期遷移金属でとりうるものである。なぜなら，外側にある 2 個の 4 s 電子を失いやすいためである。しかしスカンジウムは例外で，貴ガス電子配置となる＋Ⅲ価イオンが特に安定となるため，＋Ⅱ価はとらない*11。

*11 スカンジウムの電子配置

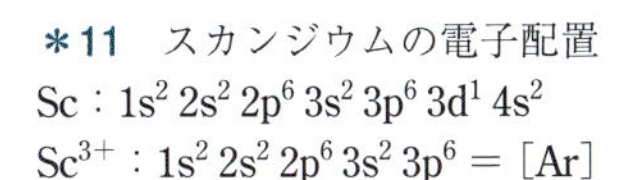
Sc：$1s^2\,2s^2\,2p^6\,3s^2\,3p^6\,3d^1\,4s^2$
Sc^{3+}：$1s^2\,2s^2\,2p^6\,3s^2\,3p^6$ = [Ar]

＋Ⅱ価を越える酸化数をとるということは，3 d 電子を連続的に失うことを意味する。スカンジウムからマンガンにかけて，最高の酸化数は

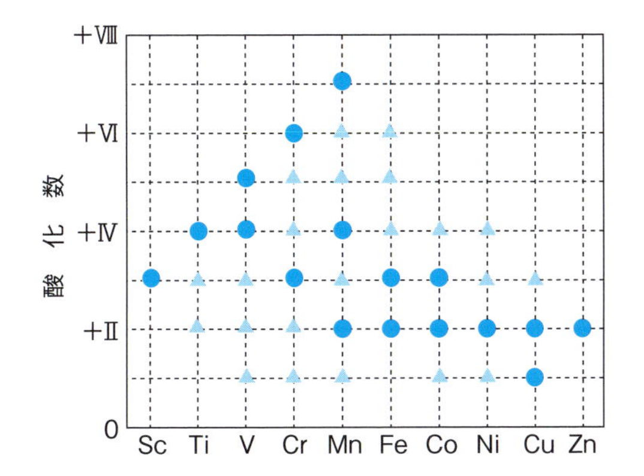

図 12.4 第 4 周期の d−ブロック元素がとる酸化状態
● は代表的な酸化状態を示す。

＋Ⅲから＋Ⅶ価に増加しているが，この数は原子中の4sと3d電子の合計に等しい*12。また，マンガン以降では最高の酸化数が減少してくる。これは，原子核とd軌道電子との引力に起因している。したがって，d電子は原子番号が増えるにつれて，より取れにくくなる。12族の亜鉛になると，化学的酸化では3d軌道から電子を除くことは困難となる。一方，第5および第6周期のd-ブロック元素では，4dや5d軌道が大きくなるため，酸化数は＋Ⅷ価までとることが可能である*13。ほとんどの場合において，最高の酸化状態は酸素やフッ素，塩素といった電気陰性な元素と結合したときに見られる。

*12　マンガンの場合だと，最高の酸化数はⅡ＋Ⅴ＝Ⅶとなる。これは，[Ar] 電子配置になることを意味する。

*13　RuO_4 や OsO_4 中の酸化数は＋Ⅷである。それに対し，同族の鉄では $FeO_4{}^{2-}$（＋Ⅵ 価）が最高の酸化状態となる。

12.2.3　磁 性

遷移金属およびその化合物の磁気特性は重要である。磁気特性の測定により，化学結合や構造についての情報が得られる。電子は，磁気モーメントを与える「スピン」をもっており，それにより小さな磁石のように振る舞う（2.6.2 項参照）。反磁性固体においては，すべての電子は対をつくっており，上向きスピンと下向きスピンは互いを効果的に打ち消し合う。

構成原子またはイオンに不対電子が存在すると，その物質は常磁性となる。常磁性固体中では，配列した原子またはイオン上の電子は，隣接した原子やイオン上の不対電子に対しては影響を与えない。結果的に，独立した原子やイオン上の磁気モーメントは無秩序な方向を向く（図 12.5 (a)）。しかし，これを磁場中におくと磁気モーメントはほぼ平行に揃うようになり，磁石との間で引力が生じる。

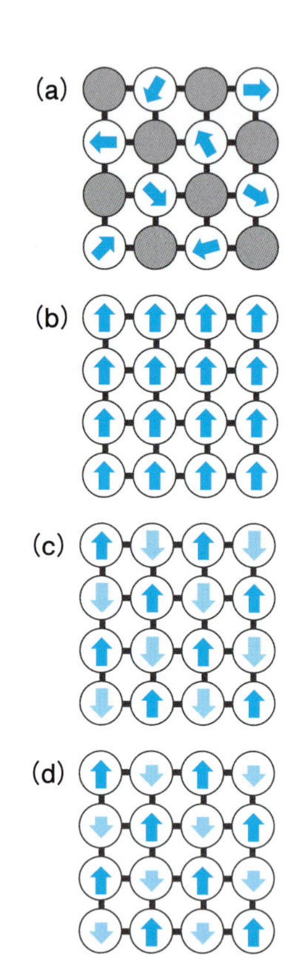

図 12.5　様々な磁性　(a) 単純な常磁性体，(b) 強磁性体，(c) 反強磁性体，(d) フェリ磁性体
矢印は電子スピンの向きを表す。

最もよく知られている磁石は鉄磁石だろう。鉄は**強磁性** (ferromagnetism) を示す。強磁性は常磁性よりはるかに強い磁性をもつ。強磁性は，固体中の原子やイオンの不対電子が，隣接した電子の配向により影響を受けると発現する。配列した原子やイオン上の電子スピンが同じ方向にあるときに，最も安定な（最低エネルギーの）配向となる（図 12.5 (b)）。強磁性固体が磁場中に置かれると，電子は磁場と平行な方向へ強く整列するようになる。その結果，磁場への引力は純粋な常磁性物質と比べて圧倒的に強くなる。外部磁場を取り除いても，電子間の相互作用により，その固体全体が磁気モーメントを維持するようになる。このような状態を永久磁石とみなしている。強磁性を示す遷移金属は，鉄，コバルトおよびニッケルのみである。多くの合金も強磁性を示すが，中には純金属より強い磁性を示すものもある*14。

*14　$SmCo_5$ や $Nd_2Fe_{14}B$ などが知られている。

図 12.5 (c) に，異なったタイプの秩序だった不対電子の配列状態を示す。**反強磁性** (antiferromagnetism) を示す物質中では，ある原子上

の不対電子は，そのスピンが隣接した原子上のスピンと反対方向を向くように配列される。反強磁性物質では，上向きスピンと下向きスピン電子は互いに相殺される。反強磁性体には，純金属，合金，そして遷移金属酸化物がある[*15]。

フェリ磁性（ferrimagnetism）は，強磁性体および反強磁性体の両方の性質をもつ物質である[*16]。反強磁性体と同様，それぞれの不対電子は隣接した電子と反対方向に配列される。しかし反強磁性体とは異なり，一方のスピン電子の磁気モーメントは他方のスピン電子によって完全には相殺されない（図 12.5 (d)）。磁気モーメントは完全に相殺されないので，フェリ磁性体の性質は強磁性体と類似している。

磁気的に規則正しく配列した物質，すなわち強磁性，反強磁性およびフェリ磁性体は，ある温度以上に熱すると常磁性になる。これは，隣接したスピン間に働く力を打ち消すのに十分な熱エネルギーが得られるためである。この臨界温度を，強磁性体およびフェリ磁性体では**キュリー温度**[*17]（T_C），反強磁性体では**ネール温度**（T_N）と呼ぶ。

*15　純金属の例：Cr
合金の例：FeMn
遷移金属酸化物の例：
Fe_2O_3，MnO

*16　フェリ磁性を示す物質には，$NiMnO_3$，$Y_3Fe_5O_{12}$，Fe_3O_4 などがある。

キュリー　P. Curie

*17　強磁性金属元素のキュリー温度は次の通り。
Fe：770 ℃，Co：1115 ℃，
Ni：354 ℃

ネール　L. E. F. Néel

12.3　代表的な d-ブロック元素

前述したように，d-ブロック元素の物理的性質は類似しているが，化学的性質は多岐にわたる。しかし，代表的な元素の性質を概観することにより，d-ブロック内の化学的性質の傾向が理解できる。

12.3.1　第 4 周期遷移元素[*18]

第 4 周期の遷移元素は，鉱石から金属を抽出して得られる。この操作は，**乾式冶金**（やきん）[*19]（pyrometallurgical）または**湿式冶金**[*20]（hydrometallurgical）と呼ばれる。

*18　第一遷移系列ともいう。

*19　高温を利用する場合をいう。

*20　水溶液を利用する場合をいう。

(1) スカンジウム (Sc)，チタン (Ti) およびバナジウム (V)

スカンジウムは銀白色の軟らかい金属で，主にウランの製錬における副生成物として得られる。スカンジウムはハロゲンに対して非常に反応性が高く，容易に三ハロゲン化物を生成する。高価なため用途は限られるが，高輝度ランプや，強靭なアルミ合金をつくるために用いられる。

銀色固体または暗灰色粉状で存在するチタンは，軽くて強靭な金属である。金属チタンは主に，イルメナイト（チタン鉄鉱，$FeTiO_3$）やルチル[*21]（TiO_2）といった鉱石から得られる。最初にコークス存在下で塩素と鉱石を反応させて揮発性の塩化チタン (IV)（$TiCl_4$）を得る。その後，高温下で塩化物をマグネシウムに通して還元する（式 12.1）。

$$TiCl_4(g) + 2\,Mg(l) \longrightarrow Ti(s) + 2\,MgCl_2(s) \quad (12.1)$$

チタンがもつ，強くて軽くてさびにくいという特徴を活かして，ジェッ

*21　結晶構造の「ルチル型」(p. 92 の表 7.6 参照) と関連している。

元素名の由来
Sc：スカンジナビア（地名）に由来。
Ti：ギリシャ神話に登場する地球の最初の子ども *Titans* にちなむ。
V：スカンジナビアの女神 *Vanadis* にちなむ。

トエンジンや歯科用器具などに用いる。チタンの最も重要かつ安定な化合物は酸化チタン(IV)(TiO_2)である(本章コラム参照)*22。チタンはオレフィン(不飽和炭化水素)重合触媒にも使用されており*23，その発明は高分子化学の発展に大きく貢献した。

バナジウムは軟らかい銀灰色の金属で，延性および耐食性がある。地殻中にかなり豊富に存在し(約0.02 %)，褐鉛鉱などのバナジウム鉱石から得られる酸化物を，テルミット反応*24により還元することで単体を得る(式12.2)。

$$3\,V_2O_5(s) + 10\,Al(l) \longrightarrow 6\,V(s) + 5\,Al_2O_3(s) \qquad (12.2)$$

バナジウムと鉄の合金はバナジウム鋼として知られ，強靱で耐摩耗性に優れることから，工具や建築資材などに用いられる。橙色の五酸化バナジウム(V_2O_5)は最も重要な化合物であり，硫酸の製造における接触法*25の酸化触媒や媒染剤*26として使われる。また，バナジウムは海産生物のホヤや海藻中にも含まれている。

(2) クロム(Cr)およびマンガン(Mn)

クロムは，白色で硬く耐食性をもつ金属である。金属クロムは，クロム鉄鉱($FeCr_2O_4$)を電気炉中で炭素により還元して得られる(式12.3)。

$$FeCr_2O_4(s) + 4\,C(s) \longrightarrow 2\,Cr(l) + Fe(l) + 4\,CO(g) \qquad (12.3)$$

一方，高純度のクロムは，クロム鉄鉱から生じる酸化クロム(III)をテルミット反応で還元して得られる(式12.4)。

$$Cr_2O_3(s) + 2\,Al(s) \longrightarrow 2\,Cr(l) + Al_2O_3(s) \qquad (12.4)$$

金属クロムはステンレス鋼などの合金に用いられる。クロムは色彩に富む化合物が多く，古くからクロムイエローやクロムレッドなどの顔料が知られていた。様々な宝石(ルビー，エメラルドなど)の色は，微量のクロムイオンが含まれることに起因している。また，高酸化状態のクロム化合物も数多く存在する。クロム(V)のCrF_5は揮発性の赤色固体であり，クロム(VI)化合物には鮮やかな橙色の$K_2Cr_2O_7$や赤色のCrO_3*27などがある。二クロム酸塩の酸性溶液は，ガラス器具に付着した有機物を除去するのに便利な酸化剤である*28(式12.5)。

$$Cr_2O_7^{2-}(aq) + 14\,H^+(aq) + 6\,e^- \longrightarrow 2\,Cr^{3+}(aq) + 7\,H_2O(l)$$
$$E^\circ = +1.38\,V \quad (pH = 0) \qquad (12.5)$$

一方で，クロム化合物には毒性があり，発ガン性も疑われている。

マンガンは鉄に似た性質をもつが，鉄より硬くてもろい銀色の金属である。マンガンの豊富な供給源として，海底に散在している鉱石の塊がある*29。しかし，この塊を利用することは技術的に難しいため，軟マンガン鉱からテルミット反応により得られる(式12.6)。

$$3\,MnO_2(s) + 4\,Al(s) \longrightarrow 3\,Mn(l) + 2\,Al_2O_3(s) \qquad (12.6)$$

*22　チタニアともいう。

*23　チーグラー-ナッタ触媒と呼ばれ，エチレンなどのオレフィン類をポリエチレンなどのポリマーへ変換する反応を触媒する。

*24　第10章側注14(p. 118)参照。

*25　反応式：
$2\,SO_2 + O_2 \longrightarrow 2\,SO_3$
$SO_3 + H_2O \longrightarrow H_2SO_4$

*26　繊維に染料を定着させる媒介物質のこと。

*27　CrO_3に希硫酸を加えたジョーンズ試薬は，様々な有機反応に，例えば，アルコールをケトンやカルボン酸に変換する反応に用いられる。

*28　毒性があるため，最近はほとんど使われない。

*29　マンガン団塊(だんかい)という。直径数ミリメートルから数十センチメートルの大きさで，鉄，マンガン，その他の元素の酸化物または水酸化物からなる。マンガン等の希少金属を多く含むため，将来的な鉱物資源として注目されている。

元素名の由来

Cr：ギリシャ語の色 *chroma* にちなむ。

Mn：ギリシャ語の浄化 *manganizo*，ラテン語の磁石 *magnes* が語源。

マンガンは，我々の生活や地質学研究において重要な役割を担う元素である。マンガンは単独で用いられることは稀で，合金の重要な成分の一つとなる*30。一方，約4～18億年前の堆積岩中にマンガンが含まれていないことから，その時代の海洋中の酸素は低濃度であったと考えられている。マンガンは周期表上，遷移元素系列の中央にあり（7族），多様な酸化状態をとるとともに，その酸化状態に応じて様々な美しい色を呈する*31。最も重要な化合物は酸化マンガン(IV)（MnO_2）である。この化合物は古くから知られ，黒色顔料として3万年以上前の壁画にも使われている。また，実験室での過酸化水素を用いた酸素発生の触媒としても知られている*32。高酸化状態（Mn(VII)）の過マンガン酸カリウム（$KMnO_4$）は，酸性溶液中で強力な酸化剤として知られ（式12.7），有機化合物の酸化*33に用いられる。

$$MnO_4^- + 8\,H^+ + 5\,e^- \longrightarrow Mn^{2+} + 4\,H_2O \quad (E^\circ = 1.51\ V) \quad (12.7)$$

*30 例えば，鉄との合金であるマンガン鋼はマンガンを13％含み，電車や重機などの骨格に用いられる。

*31 例えば，Mn(VII)は青紫色，Mn(VI)は緑色，Mn(V)は青色を呈する。

*32 反応式：

$$2\,H_2O_2 \xrightarrow{MnO_2} O_2 + 2\,H_2O$$

*33 例えば，アルケンの酸化によるアルデヒドの合成などに用いる。

(3) 鉄（Fe）

鉄は金属光沢がある銀灰色の元素で，地球上で最も多く存在すると同時に，自然界で最も安定な元素でもある*34。d-ブロック元素の中で最も広く使われている金属である。主要な鉱石は，赤鉄鉱（Fe_2O_3）と磁鉄鉱（Fe_3O_4）である。銑鉄*35は式12.8に示すように，コークスから生じた一酸化炭素と酸化物が反応することで得られる。

$$Fe_2O_3(s) + 3\,CO(g) \longrightarrow 2\,Fe(l) + 3\,CO_2(g) \quad (12.8)$$

鉄は反応性が高く，純鉄は湿った空気中で酸化されるため（さびの生成），純鉄はもちろんのこと，鉄(II)化合物さえ安定に存在することは稀である。鉄は有史以前から知られており，隕石から回収した鉄を利用していたようである。他の金属（またはケイ素や炭素のような非金属）と鉄鋼*36をつくり，性質を自在に変えることができる。鉄鋼は，建築，運輸，電気等，あらゆる機械産業に用いられ，我々の生活と最も密着した材料である。また，存在量が多くて毒性が低いため，鉄は様々な触媒としても用いられており*37，現在広く用いられている白金などの貴金属触媒に代わる存在となりうる。一方で，鉄は生命にとって必須元素のひとつである。人体中では酸素の運搬・貯蔵などに深く関わっている（14.3.1項参照）。

*34 原子核を構成する核子（陽子と中性子）あたりの結合エネルギーは，質量数56で最大となるため，^{56}Feが最も安定な元素となる。

*35 炭素を数パーセント含む鉄のこと。

*36 鉄を主成分とする金属材料を鉄鋼といい，鉄に加える元素とその割合により，鉄の硬度や耐性の向上を図ることができる。例えば，クロム（18％）とニッケル（8％）を加えると18-8ステンレス鋼となり，さびにくい合金となる。

*37 例えば，ハーバー-ボッシュ法（11.1.2項参照）において，鉄触媒が用いられている。

元素名の由来

Fe：英語名（iron）の語源はラテン語の鉱石*aes*にあるといわれる。約5000年前に，エジプトなどで既に鉄鉱からつくった鉄を使用していた。

Co：山の神のギリシャ名*Kobolos*による。

Ni：スウェーデン語の“取り柄のないもの”（*nickel*）という意味。

(4) コバルト（Co）およびニッケル（Ni）

コバルトは銀灰色の強磁性体で，鉄より安定な金属である。存在量は遷移元素中スカンジウムに次いで少なく，工業的には輝コバルト鉱やニッケル，銅などを含む鉱石から分離される。鉄との合金であるコバルト鋼は，ドリルの先端や旋盤として使われる。他にも，磁石用合金，触媒，セラミックス，塗料などにも使われる。コバルトガラスの色は，酸化コバルト(II)をシリカやアルミナとともに加熱して生成する青色顔料*38に起因する。生体内ではビタミンB_{12}の構成成分*39としても重要な元素であり，また，コバルトの同位体(^{60}Co)はガンの治療に用いられる。

ニッケルは光沢がある銀白色の強磁性金属であり，熱および電気伝導性に優れる。純ニッケルは水素を吸蔵することも知られている。ニッケルは，最初に鉱石を空気中で加熱して酸化ニッケル(II)とし，それを水素ガスまたは炭素で還元して得られる(式12.9)。

$$\mathrm{NiO\,(s)} + \mathrm{H_2\,(g)} \longrightarrow \mathrm{Ni\,(s)} + \mathrm{H_2O\,(g)} \qquad (12.9)$$

この後，粗製ニッケルは電気分解または一酸化炭素との反応を経て精製される*40。ニッケルは主にステンレスの製造や，銅との合金(ニッケル硬貨)*41に用いられる。これらの用途に加えて，ニッケル水素電池や触媒*42などにも用いられる。

12.3.2　11および12族元素

11および12族元素は，d軌道が完全に占有されている*43。11族元素(銅，銀および金)は**貨幣金属**(coinage metal)と呼ばれる。貨幣金属の反応性が低いのは，d電子の遮蔽能が劣ることによって，原子核が最外殻のs電子と強く相互作用するためである*44。12族には亜鉛，カドミウム，水銀がある。12族元素は最外殻電子を見るとアルカリ土類金属と同様であるが，アルカリ土類金属と比べて反応性は低い。

(1) 11族元素：銅(Cu)，銀(Ag)および金(Au)

銅は比較的安定な軟らかい赤みを帯びた金属で，銀に次いで高い熱伝導性および電気伝導性を示す。銅は単体としても産出するが，そのほとんどが硫化物，特に黄銅鉱($CuFeS_2$)から得られ，鉱石を熱して得られる硫化物を溶融して製錬する(式12.10)。

$$\mathrm{CuS\,(s)} + \mathrm{O_2\,(g)} \longrightarrow \mathrm{Cu\,(l)} + \mathrm{SO_2\,(g)} \qquad (12.10)$$

最終的に，この過程で得られる粗銅を電気的に精製する*45。この操作で，貴金属類(白金，金および銀)がアノード側の沈殿物(陽極泥)から得られる。銅は，その高い伝導性を活かして調理鍋や電線に用いられる。また，一円硬貨以外のすべての硬貨に銅が含まれる。他にも，亜鉛との合金である真鍮(しんちゅう)(ブラス)や，スズとの合金である青銅(ブロンズ)などが，様々な分野で用いられる。また，銅板は屋根材としても使用され，新品時には赤銅(しゃくどう)色に輝いているが，徐々に緑青(ろくしょう)(青さび)のまだらな緑色に変化する*46。表面に付着した緑青は，銅を腐食から保護する役割を果たす。加えて，銅が示す多様な化学的性質に基づき，ルイス酸触媒やカップリング反応の触媒などとして，天然物の全合成，ポリマー合

*38　例えば，アルミン酸コバルト($CoAl_2O_4$)は「コバルトブルー」と呼ばれる顔料である。

*39　ビタミンB_{12}はビタミン類の中で唯一金属を含む。コバルトを中心に，コリン環と呼ばれる大環状配位子がその周囲を取り囲んだ構造をとる。

*40　一酸化炭素を用いた精製方法をモンド法という。

*41　五十円硬貨と百円硬貨は，いずれもニッケルを25 %含む(残りは銅)。

*42　アルデヒドの水素化反応などに用いる「ラネーニッケル触媒(ニッケルとアルミニウムの合金)」が有名である。最近では，マーガリンの製造(不飽和脂肪酸の水素化)にも応用されている。

*43　11族の外殻電子配置は$(n-1)\mathrm{d}^{10}n\mathrm{s}^1$，12族の外殻電子配置は$(n-1)\mathrm{d}^{10}n\mathrm{s}^2$となる。

*44　3.2節参照。

*45　粗銅をアノードに，純銅をカソードにして電解する($E° = 0.34$ V)。

*46　この反応は，銅が酸素および二酸化炭素存在下，湿った空気中で腐食することで起こる(下式)。

$$2\,\mathrm{Cu} + \mathrm{H_2O} + \mathrm{O_2} + \mathrm{CO_2} \rightarrow \mathrm{Cu(OH)_2\text{-}CuCO_3}$$

淡緑色の生成物(塩基性炭酸銅)が緑青である。

元素名の由来

Cu：古代の銅の産地キプロス(Cyprus)島に由来。6000年前の遺跡から発掘され，鉄よりも古くから人類が使用していたと考えられている。

Ag：元素記号の語源は，ラテン語の白色*argentum*に由来。装飾用として，有史以前から知られていた。

Au：元素記号はラテン語の光***aurum***に由来。銀とともに，有史以前から利用されている。

成，ならびに医薬品合成に広く利用されている。また，銅は重要な生体必須元素のひとつである*47。

銀は，延性および展性をもつ銀白色の金属である。鉱物中にも存在するが，主に銅や鉛を精製する際の副生成物として得られる。銀は，金属中最高の電気および熱伝導性ならびに光反射性を示す。銀は，酸素に対して安定であるが，硫黄や硫黄化合物と容易に反応し，銀製の食器や宝飾品は黒く変色してしまう。純銀は軟らかいため合金とすることが多い*48。銀の最も重要な化合物としてハロゲン化銀があげられる。ハロゲン化銀は，写真フィルムや電気化学測定用の参照電極*49，人工降雨用の雲の生成に使われる*50。この他，銀は不均一触媒*51に，銀ナノ粒子および銀イオンは抗菌剤として用いられる。

金は軟らかくて光沢のある黄金色金属であり，ほとんどが自然金として単体で産出する。金は最も高価な元素であることから，古代より芸術，宝飾品，そして世界金融の中心であった。金は展性，延性に富み，1 g の金は長さ 3 km 以上の金線となり，また厚さ 0.1 μm 以下の金箔になる。金は赤外線の良好な反射材となるため，宇宙船や高層建築を太陽熱から保護するのに使われる。24 金が純金（100 %）であり，18 金に含まれる金の含有量は 75 %（18/24）となる。銀や銅との合金は，含まれる金の比率によってその硬さや色合いが異なる*52。金は標準電極電位が高いためきわめて安定であり*53，空気やほとんどの薬品に対して不活性であるが，王水（体積比 1：3 の濃硝酸－濃硫酸 混合物）*54とは反応し，錯イオン（$[AuCl_4]^-$）を生成して溶ける（式 12.11）。近年，金ナノ粒子は様々な酸化反応の触媒として用いられている。また，金の化合物は関節炎の治療にも使われる（14.4.2 項参照）。

$$Au + 6H^+ + 3NO_3^- + 4Cl^- \longrightarrow [AuCl_4]^- + 3NO_2 + 3H_2O \qquad (12.11)$$

(2) 12 族元素：亜鉛（Zn），カドミウム（Cd）および水銀（Hg）

亜鉛という名称は，色と形が鉛に類似していることに由来し，空気中で徐々に金属光沢を失う。亜鉛は主に閃亜鉛鉱中に硫化物（ZnS）として存在しており，この鉱石を焼いて ZnO とし，コークスとともに製錬する（式 12.12）。

$$ZnO(s) + C(s) \longrightarrow Zn(l) + CO(g) \qquad (12.12)$$

亜鉛は主に鉄をメッキ*55するのに用いられる。亜鉛はアルミニウムと同じ両性元素であり，酸と反応して Zn^{2+} イオンを，塩基性の水溶液中では亜鉛酸イオン（$[Zn(OH)_4]^{2-}$）を生じる（式 12.13）。亜鉛は標準電極電位が低いことから，犠牲電極*56や乾電池に広く使われている。酸化亜鉛は日焼け止めやコピー機に用いられる。また，亜鉛－炭素結合を

*47 14.3.2 項参照。

*48 例えば，スターリングシルバー 925 は 92.5 質量％の銀を含み，銅などを加えて硬度を上げ，耐変色性を向上させる。

*49 特定の電極反応を起こす際の電位を知るために用いる電極を参照電極という。銀／塩化銀を用いた参照電極は下式で示される。

$$Ag + Cl^- \rightleftarrows AgCl + e^- \quad (0.20\ V\ vs.\ SHE)$$

*50 人工雲の生成に用いるヨウ化銀の結晶格子は，氷の格子と格子定数が一致することが重要であると考えられている。

*51 ディーゼルエンジンの排気ガス浄化などに使用されている。

*52 18 金のピンクゴールドは Ag を 10 %，Cu を 15 % 含む。一方，イエローゴールドは Ag，Cu をともに 12.5 % 含む。

*53 金属単体の中では最も高い（$E^\circ = 1.52$ V）。

*54 酸化力と配位力に優れ，金や白金をも溶解する。

*55 金属などの材料表面に，金属の薄膜を被膜した表面処理のこと。鉄に亜鉛をメッキしたものをトタン，スズをメッキしたものをブリキという。

*56 亜鉛は鉄よりも酸化されやすいので，電気的に接続されると亜鉛が先に腐食する。この現象を利用して，橋脚やタンク，レールなどをさびから保護している。

元素名の由来

Zn：ドイツ語の“とがったもの” *Zinke* に由来。昔から銅の赤色を淡くする材料として知られていた。

Cd：ギリシャ語の亜鉛華 *kadmeia* に由来。

Hg：元素記号の語源となったラテン語の *hydrargrum* は，ギリシャ語の水（*hydr*）＋銀（*argyros*）に由来する。紀元前 300 年ごろ，ローマでの報告が最初とされる。日本でも奈良時代，仏像に金を塗るのに利用されていた。

もつ有機亜鉛試薬は，一般的なグリニャール試薬よりも穏和で選択性が高い。亜鉛は生体必須元素のひとつである＊57。

＊57　ヒトの体内には約2gの亜鉛が存在する（14.3.3項参照）。

$$Zn + 2OH^- + 2H_2O \longrightarrow [Zn(OH)_4]^{2-} + H_2 \quad (12.13)$$

カドミウムは亜鉛と同様な銀色で，ナイフで切れるほど軟らかい金属である。ほとんどが亜鉛鉱物の精錬における副生成物として得られる。カドミウムは酸には容易に溶けるが，亜鉛と異なり塩基性の水溶液中では反応しない。この金属はメッキ，電池，合金などに用いられる。8種の同位体があり，中でも ^{113}Cd は放射性核種である＊58。カドミウムの化合物（CdS，CdSe）は，半導体材料として利用される。また，カドミウムは鉛や水銀と同様，環境や人体に対して有害な元素である＊59。

＊58　^{113}Cd は天然存在比12.2％で，長寿命の β 壊変核種である（半減期：9×10^{15} 年）。

＊59　神通川流域で起こったイタイイタイ病が知られている。

水銀は銀白色の液体金属である。水銀は，天然には主に辰砂（しんしゃ）という鉱物中に硫化物として存在する。これを焼いて酸化物とし，加熱すると分解して水銀が単離される（式12.14）。

$$2HgO(s) \longrightarrow 2Hg(l) + O_2(s) \quad (12.14)$$

水銀は，室温で液体として存在する唯一の金属元素であり，この現象は相対論的効果＊60によるものである。高密度の液体金属は非常に有用な材料であり，水銀は温度計や圧力計などの用途に適する。水銀は極低温（4.2K以下）で電気抵抗がゼロとなる超伝導性を示す。一方，非常に揮発性が高く，その蒸気は水銀灯の光源として利用されている。水銀はほとんどの金属と合金をつくり，水銀を含む合金はアマルガムと呼ばれる。他の12族元素とは異なり，水銀は化合物中で＋Iまたは＋II価の酸化数をとる＊61。水銀(I)イオンを含む化合物の代表例は甘（かん）コウ（Hg_2Cl_2）であり，飽和甘コウ溶液は，電気化学測定用の参照電極として用いられる＊62。水銀を含む化合物，特に有機水銀化合物は有毒である。水銀蒸気の寿命が1年以上と長いため，大気中に放出された水銀は地球上のいたるところに拡散する。拡散した水銀は微生物によりメチル水銀に変換され，これが体内に取り込まれると，神経機能障害などを起こす＊63。

＊60　原子番号の大きな原子は核電荷により，原子軌道が強く原子核に引きつけられる。相対性理論により，光速付近で運動する電子の質量増加が無視できなくなるため半径が小さくなる。水銀が常温で液体となるのはこの効果による。

＊61　水銀(I)陽イオンが共有結合性の高い二原子イオン（Hg–Hg）$^{2+}$ となるためである。

＊62　$Hg + Cl^- \rightleftarrows 1/2\,Hg_2Cl_2 + e^-$（0.24 V vs. SHE）

＊63　水俣病は，メチル水銀（CH_3Hg^+）が原因とされる。

12.4　f-ブロック元素

ランタノイド＊64とアクチノイド系列からなるf-ブロック元素は，一般的な周期表の下欄に位置しており，しばしば「周期表の脚注」と呼ばれる。実際，これらの元素が周期表のどこにあるのかが曖昧で，これらの元素の化学を合理的に解釈するのは難しいと感じている化学者も多い。しかし，ランタノイド系列の元素は産業において重要になることもあり，新規の触媒からハイテク材料まで多岐にわたって用いられると同時に，有機合成の試薬など用途が広い。

＊64　ランタノイド元素と3族のスカンジウム，イットリウムを合わせて希土類（レア・アース）と呼ぶこともあるが，その存在量からはそれほど「希（レア）」な元素群ではない。

ランタノイド (Ln) およびアクチノイド (An) の無機化合物*65 は，含ランタノイド，含アクチノイド化合物の出発原料として重要である一方，様々な有機ランタノイド化合物や有機アクチノイド化合物も合成されるようになった。

*65 主に，酸化物やハロゲン化物である。

12.4.1 ランタノイド系列

原子番号 57 番のランタン (La) から 71 番のルテチウム (Lu) までを総称してランタノイドという*66。これらのうち，ランタン，セリウム，ネオジムは鉛よりも産出量が多い。ランタノイド元素の化学的性質は非常に類似している。この原因は，完全に満たされた 5 s および 5 p 軌道による 4 f 価電子の遮蔽によるもので，結果として物理的および化学的性質がよく似ている。とりわけ，原子半径 (イオン半径) や磁気的性質がその代表例である。ランタノイド系列においては，原子番号の増加に伴い内殻電子が満たされていくが，電子数の増加そのものは原子半径に影響を与えず，逆に，核電荷の増加により外殻電子が引きつけられて半径が減少する。これを**ランタノイド収縮** (lanthanoid contraction) という*67。

*66 ランタノイドという名前は，ギリシャ語の *lanthaneis* (隠れている) にちなむが，それほど極端に「隠れて」はいない。

*67 イオン半径は La^{3+} (106 pm) から Lu^{3+} (85 pm) まで徐々に減少する。

すべてのランタノイドは非常に反応性が高く，電気陽性である*68。ランタノイド金属は銀白色で，空気中では酸化されやすく，セリウム以外は Ln_2O_3 となる*69。ランタノイド金属は炭素，窒素，ケイ素，リン，硫黄，ハロゲンなどの非金属とは高温で反応し，また，高温では水とも反応して水素を発生する。ランタノイドのケイ素化合物は，鉄鋼の強度を改善するのに用いられる。他のランタノイドは，光学レンズや磁石に用いられたり，医療現場で利用されている。

*68 酸化数は＋Ⅲ価が最も多い。

*69 セリウムの場合は Ce(Ⅳ) が安定なため CeO_2 となる。

12.4.2 アクチノイド系列

原子番号 89 番のアクチニウム (Ac) から，103 番のローレンシウム (Lr) までを総称してアクチノイドという。アクチノイド系列に属する元素はすべて放射性である。5 f 軌道が満たされていくアクチノイド元素は，4 f 軌道が満たされていくランタノイド元素と非常に類似した性質を示す*70。5 f 軌道のエネルギーは，6 d，7 s および 7 p 軌道とそれほど変わらない。結果として，これらの軌道を混成することで様々な酸化数 (＋Ⅲ，＋Ⅳ，＋Ⅴなど) をもつ化合物が存在する。アクチノイド系列は，ウランまでの元素が天然に存在するが，それ以降の元素*71 は人工的に得られる。

*70 ランタノイド元素と同様に，原子番号が増加するに従いイオン半径が減少する (アクチノイド収縮)。

*71 ウラン以降の元素を「超ウラン元素」という。

Column　酸化チタンから始まった光触媒研究

酸化チタン（TiO_2）は紫外線が当たると「光触媒効果」を発揮する。光が当たることにより，通常の触媒プロセスでは困難な化学反応を常温で行わせることが光触媒の本質であり，酸化チタンは光触媒の代表的な材料である。

光触媒の実用化は日本人の研究から始まった。1967 年，本多健一，藤嶋昭の両氏は，水溶液中の酸化チタン電極に強い光を当てると表面から気泡が発生することを発見した。この気泡の正体は酸素であり，対極の白金電極からは水素が発生していることが分かった。酸化チタンに光を照射して水が分解される現象は，酸化チタン表面で起こる光触媒反応であり「本多–藤嶋効果」と呼ばれる。

その後，光触媒の実用化研究は一時停滞したが，1980 年代後半から，酸化チタンのもつ強い酸化力や分解力に注目が集まり，微量な汚染物質の分解などに適用することを目指した研究が新たに展開された。様々な産学官による共同研究を経て，例えば舗装道路に酸化チタンを含む塗装を施して排気ガス中の窒素酸化物（NOx）を分解除去したり，酸化チタンをコーティングした種々の防汚・セルフクリーニング製品などが実用化されている。

酸化チタンに代表される光触媒は，日本発の技術として，環境分野だけでなく様々な分野で応用可能な技術として期待が高まっている。次世代の太陽電池の一つである色素増感太陽電池も，光触媒の原理を応用したものである。

12.1　以下のイオンの電子配置を示せ。

(a) Ru^{2+}　(b) Ir^{+}　(c) Au^{3+}

12.2　ニオブとタンタルはともに 5 族遷移元素である。これらの元素の原子半径がほぼ等しい理由を説明せよ。

12.3　ほとんどの遷移金属が複数の酸化状態をとる理由を説明せよ。

12.4　Ti^{2+} と Ni^{2+} のどちらがより酸化されやすいと予想されるか説明せよ。

12.5　以下の元素が最高酸化状態をとるとき，そのフッ化物の組成を示せ。

(a) Sc　(b) V　(c) Zn　(d) Os

12.6　バナジウム，クロム，マンガンの中で，MO_3 という組成をもつ酸化物を最もつくりやすい元素はどれか。

12.7　d–ブロック元素において，同族元素間での酸化状態の傾向を述べよ。また，この傾向を p–ブロック元素と比較せよ。

12.8　原子レベルで見たとき，強磁性体，フェリ磁性体および反強磁性体の中で，永久磁石をつくるのに適切ではない物質はどれか。

12.9　身の回りにある合金を取り上げ，(a) 含有金属，(b) その成分割合，(c) 合金の用途，についてまとめよ。

12.10　鉱石から金属を得る際に用いる還元剤を本文中から書き出せ。

12.11　以下の水溶液中で起こる反応の反応式をそれぞれ示せ。

(a) V_2O_5 と酸が反応して VO_2^{+} イオンが生じた。　(b) V_2O_5 と塩基が反応して VO_4^{3-} イオンが生じた。

12.12　Cu(I) は水溶液中で次のように不均化する。

$$2\,Cu^{+}(aq) \rightleftharpoons Cu^{2+}(aq) + Cu(s)$$

この反応の平衡定数（25 ℃）を求めよ。ただし，以下の標準電極電位を用いよ。Cu^{2+}/Cu^{+}：0.16 V, Cu^{+}/Cu：0.52 V

Inorganic
Chemistry

金属錯体化学

この章で学ぶこと

この章では，分子やイオンに囲まれた金属の複雑な集合体 ―金属錯体― に関する化学に焦点を当てる。金属錯体は，塗料の色や酸素運搬を担うヘモグロビンの機能などに関わっていることから，非常に興味がもたれている化合物群である。最初に，金属錯体の構成および構造と異性現象について概説する。次に電子構造の理論について説明し，錯体が示す色や磁性の要因を理解する。さらに，錯体の化学反応や，有機化学と錯体化学が融合した有機金属化学についても触れる。

13.1　金属錯体（配位化合物）

遷移金属は**錯イオン**（complex ion）を形成しやすい。錯イオンは，複数の**配位子**（ligand）*1 と結合した**中心金属**（central metal）イオンをもつ。配位子はルイス塩基（または電子供与体）であり，自身がもつ非共有電子対を用いて金属との間に配位結合（4.6.2 項）を形成する。錯イオンが対イオン*2 と化合すると中性の化合物が生じ，それを**金属錯体**（metal complex）（**配位化合物**；coordination compound）*3 という。最初の金属錯体は 18 世紀初めに発見されたが，その性質は発見後 200 年近くを経てようやく明らかとなった*4。例えば，黄色の化合物 $CoCl_3 \cdot 6\,NH_3$ は $[Co(NH_3)_6]Cl_3$ と書く（図 13.1）。

表 13.1 に，代表的な配位子を示す*5。中心金属へ非共有電子対を 1 組供与する配位子を**単座**（monodentate）配位子という。配位子の中には金属へ 2 組の電子対をそれぞれ異なる原子から供与するものもあり，これを**二座**（bidentate）配位子という。二座配位子にはシュウ酸イオン（ox）やエチレンジアミン分子（en）などがある。3 組以上の電子対を 3 組以上の原子から金属へ供与する配位子を**多座**（polydentate）配位子という。最もよく知られている多座配位子は，エチレンジアミン四酢酸イオン（edta）である。二座を含む多座配位子は**キレート**（chelate）配位子*6 と呼ばれる。多座配位子はキレート試薬として，分析化学で金属イオンの定性・定量に用いられる*7。

ほとんどの金属錯体は，2 から 12 の**配位数**（coordination number）をとる。最も一般的な配位数は 6（例えば，$[Co(NH_3)_6]^{3+}$）および 4（例えば，$[Ni(CN)_4]^{2-}$）である。配位数 7 以上の錯体は，第 4 周期遷移元素（第一遷移系列）では稀である。また，奇数の配位数も知られている

*1　錯イオンにおいて，金属を取り囲むイオンや分子のこと。

*2　錯イオンと反対の電荷をもつ，配位子にならないイオンのこと。この用語の読みは「たいいおん」である。

*3　結合した配位子により，金属錯体が中性となる場合もある。

*4　スイスの化学者ウェルナーがその中心的な研究者で，特にアンモニアを含む一連のコバルト(III) 化合物（$CoCl_3 \cdot 6\,NH_3$, $CoCl_3 \cdot 5\,NH_3$，$CoCl_3 \cdot 4\,NH_3$）について研究した。

*5　配位子は固有の名称をもつものが多い（水 → アクア，アンモニア → アンミンなど）。

*6　カニのはさみのように金属イオンを保持することから，「カニのはさみ」を意味するギリシャ語 *chele* に由来した名称である。

*7　例えば，EDTA（配位子以外の場合には大文字で表記）をキレート試薬として，環境水に含まれる Ca^{2+} や Zn^{2+} を定量する。

表 13.1　代表的な配位子の例

一般名称	配位子名称	化学式
アンモニア	アンミン	NH_3
水	アクア	H_2O
一酸化炭素	カルボニル	CO
亜硝酸イオン	ニトリト	NO_2^-
塩化物イオン	クロリド	Cl^-
シアン化物イオン	シアニド	CN^-
シュウ酸イオン (ox)	オキサラト	$C_2O_4^{2-}$
エチレンジアミン (en)	エチレンジアミン	$H_2N(CH_2)_2NH_2$
エチレンジアミン四酢酸イオン (edta)	エチレンジアミンテトラアセタト	$(^-OOCH_2C)_2N(CH_2)_2N(CH_2COO^-)_2$

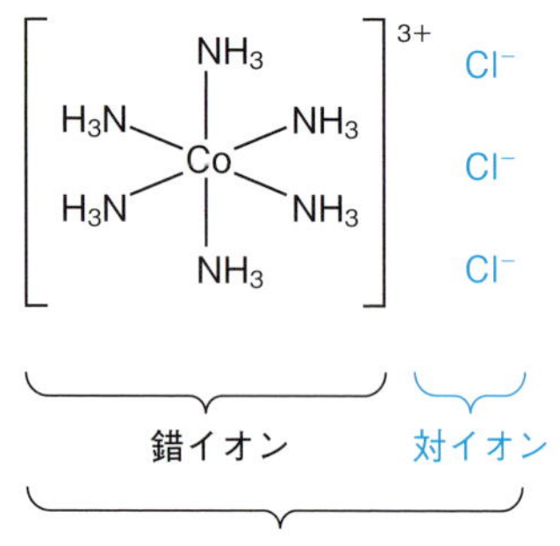

図 13.1　錯イオンと金属錯体（配位化合物）の概念図
この化合物は $[Co(NH_3)_6]Cl_3$ であり，$[Co(NH_3)_6]^{3+}$ 錯イオンと 3 つの Cl^- 対イオンから構成される。錯イオン中には 6 個の Co−NH_3 結合が含まれる。

が，それほど多くない。

錯イオンの代表的な幾何構造は，中心原子を金属イオンとみなした VSEPR モデル（5.1 節）と合致する。すなわち，配位数 2 の場合は直線構造をとり，配位数 6 の場合は八面体構造をとる。配位数 4 の場合は，金属イオンの d 電子数に依存して異なる幾何構造をとる。d^8 電子配置の金属イオン（$[Ni(CN)_4]^{2-}$ など）は平面四角形，d^{10} 電子配置の金属イオン（$[Zn(NH_3)_4]^{2+}$ など）は四面体構造となることが多い。

13.2　構造と異性化

異性現象は金属錯体においてよく見られることから，異性体を区別することはとても重要である。例えば，白金錯体（$[PtCl_2(NH_3)_2]$）には 2 種類の異性体があるが（図 13.4 (a) 参照），そのうち一方の異性体のみ抗ガン剤として機能する（14.4.2 項参照）。錯体において観測される異性

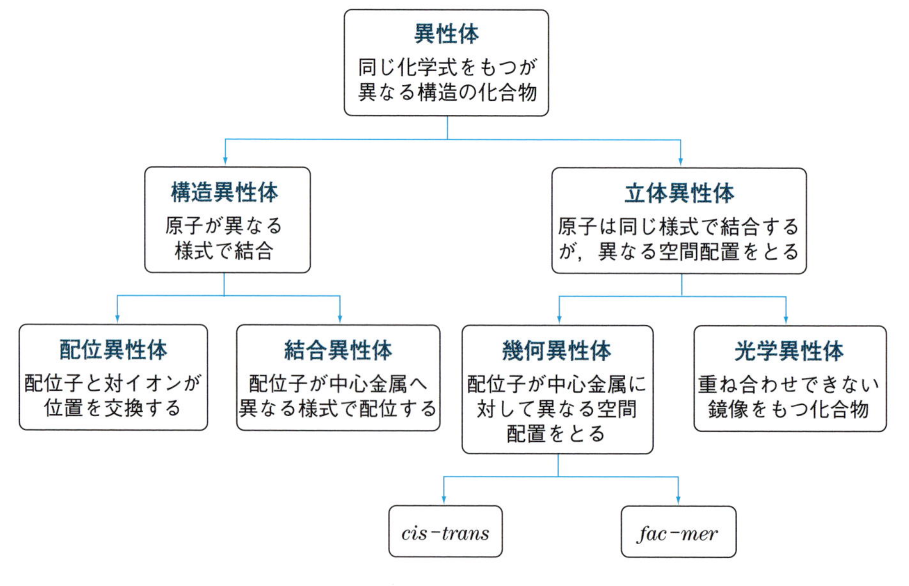

図 13.2　金属錯体における異性体の分類

現象は大きく二つに分類できる（図 13.2）。**構造異性体**（structural isomer）は，構成原子が互いに異なる様式で結合しているものを指す。それに対して**立体異性体**（stereoisomer）は，原子は同じ様式で結合するが，配位子が中心金属の周りに異なった空間配置をもつものを指す。

13.2.1　構造異性

構造異性体はさらに二つの種類に分けられる*8。**配位異性体**（coordination isomer）は，金属に配位した配位子と配位していない対イオンとが位置を交換することで生じる。例えば，$CoBrCl(NH_3)_5$ という化学式をもつ化合物は二種類考えられる。一つは臭素が中心金属へ配位し，塩素が対イオンとなるもの（$[CoBr(NH_3)_5]Cl$），もう一つは塩素が中心金属へ配位し，臭素が対イオンとなるもの（$[CoCl(NH_3)_5]Br$）である。

配位子の中には金属へ異なる様式で配位するものもあり，これを**結合異性体**（linkage isomer）という。例えば，亜硝酸イオン（NO_2^-）は窒素原子上に 1 組の非共有電子対，酸素原子上にも複数の非共有電子対をもつ。そのため，これら 2 つの原子はそれぞれ金属に配位できる。窒素原子で配位する亜硝酸イオンをニトロ（またはニトリト-*N*）といい，NO_2^- と表す。一方，酸素原子で配位するときはニトリト（またはニトリト-*O*）といい，ONO^-と表す。結合異性体には，コバルト(III) を含む黄橙色の $[Co(NH_3)_5(NO_2)]^{2+}$と，赤橙色の $[Co(NH_3)_5(ONO)]^{2+}$などがある。結合異性化を起こす配位子（**両座配位子**；ambidentate ligand）の例を図 13.3 に示す。

*8　構造異性体をイオン化異性体，水和異性体，配座異性体，結合異性体の 4 種に分類する場合もある。本書では，結合異性体以外の 3 種を配位圏内での構造異性体として一つにまとめて扱う。

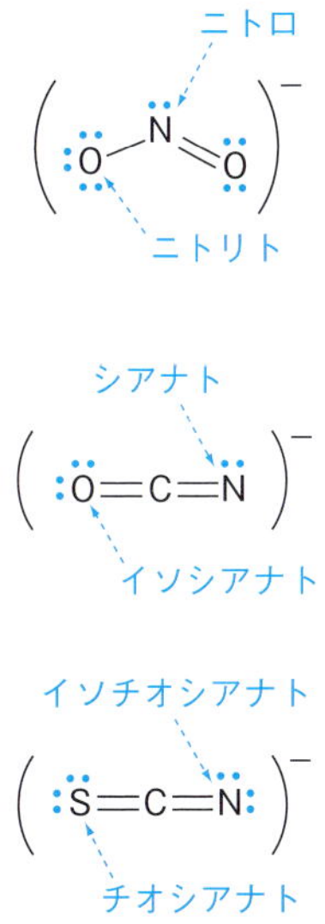

図 13.3　両座配位子の例

13.2.2　立体異性

立体異性体もさらに二つに分けられる。**幾何異性体**（geometric isomer）は，中心金属へ配位した配位子が異なる空間配置をとる際に生じる。代表的な幾何異性体には ***cis–trans* 異性**（*cis–trans* isomerism）があり，一般式 Ma_2b_2（a, b：単座配位子）をもつ平面四角形錯体，または一般式 Ma_4b_2 をもつ八面体錯体において見られる*9。図 13.4 (a) において，一方では 2 つの Cl^- 配位子が分子の片側に存在している（*cis* 異性体）。もう一方では，2 つの Cl^- 配位子が中心金属を挟んだ反対側にある（*trans* 異性体）。同様に，幾何異性体は八面体錯体でも見られる（図 13.4 (b)）。一方，四面体錯体の場合には金属周りのすべての結合角が 109.5° であり，4 つの位置はすべて等価であるため *cis–trans* 異性は起こらない。

幾何異性には *cis–trans* 異性の他に ***fac–mer* 異性**（*fac–mer* isomerism）があり，これは一般式 Ma_3b_3 をもつ八面体錯体に見られる*9。例えば，

*9　*cis–trans*，*fac–mer* 異性は同じ配位子である必要はなく，注目する 2 つの配位子に関して *cis–trans* 異性，注目する 3 つの配位子に関して *fac–mer* 異性が生じると考える。配位子が異なる場合，例えば *cis*(Cl, NO) などと書くことがある。

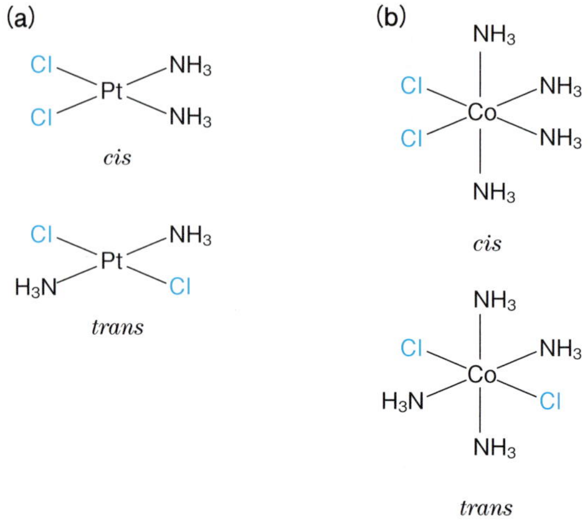

(a)

cis

trans

(b)

cis

trans

図 13.4　***cis–trans*** **異性の例**
(a) 平面四角形錯体（$[PtCl_2(NH_3)_2]$），
(b) 八面体錯体（$[CoCl_2(NH_3)_4]^+$）

fac

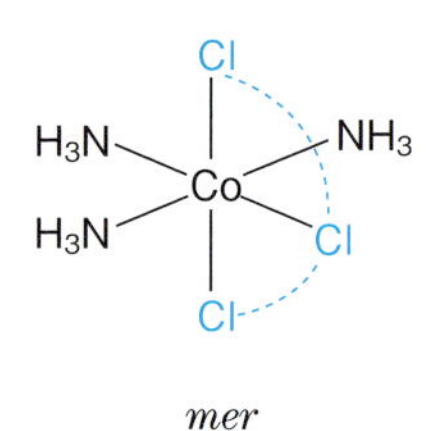

mer

図 13.5　**$[CoCl_3(NH_3)_3]$ における *fac–mer* 異性**

*10　*fac* は，「面の」を意味する facial の略。
*11　*mer* は，「子午線の」を意味する meridional の略。
*12　右手と左手の関係と同様である。
*13　光学異性体とは，偏光を回転させる性質（旋光性）がそれぞれ異なることからこう呼ばれる。特定の波長 λ，温度 t（℃）における偏光面の回転角度を旋光度といい，$\alpha^{\lambda}t$ で表す。例えば，25 ℃でナトリウムランプ（589 nm）を用いて旋光度 α の場合は $[\alpha]^{25}_{589}$ と表す。

$[CoCl_3(NH_3)_3]$ 中の配位子には二種類の配置のしかたがある（図 13.5）。*fac* 異性体*10 では，3 つの Cl^- 配位子はすべて分子の片側にあり，八面体の 1 つの面を構成している。一方 *mer* 異性体*11 では，同一の 3 つの配位子は八面体の中央周りに弧を描くように配置され，3 つの配位子を結ぶ線が八面体の子午線に相当する。

二つ目の立体異性は光学異性（鏡像異性）で，2 つの異性体（実像と鏡像）を重ね合わせることができない*12。このような性質を示す分子やイオンを**キラル**（chiral）といい，光学活性である。これらの異性体は**光学異性体**（optical isomer）*13 あるいは**鏡像異性体**（enantiomer）と呼ばれる。図 13.6 のように，錯イオン $[Co(en)_3]^{3+}$ はその鏡像体と重ね合わせることができないことから，キラルな錯体である。

四面体錯体も鏡像異性を示すことがあるが，それは 4 つの配位部位がすべて異なる配位子で占められている場合に限られる。平面四角形錯体

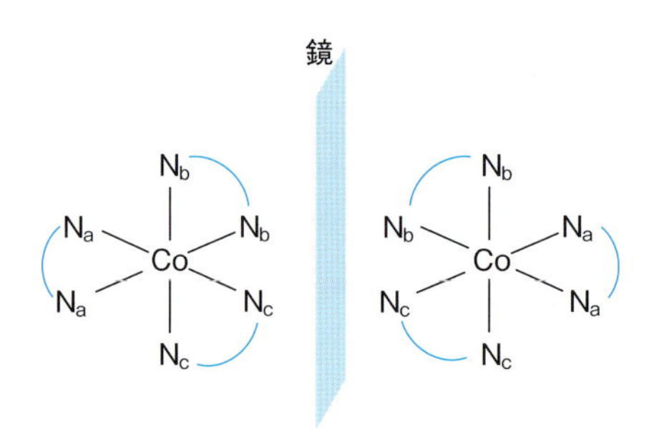

図 13.6　**$[Co(en)_3]^{3+}$ における光学異性**
N͡N はエチレンジアミン配位子（en）を表す。

は，4つの配位子がすべて異なる場合でも鏡像体を重ね合わせることができるため，鏡像異性は見られない*14。

*14　配位子自身がキラルな場合にはその錯体もキラルになる。

13.3　金属錯体の電子構造

多くの金属錯体には色や磁性に関してそれぞれ特徴がある。これらの性質を理解するためには，錯体の電子構造を学ぶ必要がある。遷移金属錯体には二つの重要な結合理論がある*15。**結晶場理論**（crystal field theory）は，固体物質の色を説明するのに考案された。しかし，結晶場理論だけでは錯体のすべての性質を説明することはできない。より発展したもう一つの理論に，共有結合の考え方を取り入れた**配位子場理論**（ligand field theory）がある。

*15　5.2節で扱った原子価結合理論を用いて錯体の電子構造を記述することもできるが，電子スペクトルを説明できない等の理由のため，現在ではほとんど使われていない。

13.3.1　結晶場理論

結晶場理論は，中心金属原子（またはイオン）の環境を単純化して表したものである。すなわち，それぞれの配位子は負の点電荷で表されると仮定する。錯体の中心にある金属原子は正に帯電しているとすると，配位子を表す負の点電荷は中心金属へと引き寄せられる*16。この静電引力により錯体が形成される。このように，結晶場理論はイオン結合モデルである。一方ほとんどの場合，中心金属イオン上にはd電子が存在するため，配位子を表す点電荷はd軌道と大小様々な強さで静電的に相互作用する。結晶場理論はこれらの差異を明らかにし，錯体の光学的ならびに磁気的性質を説明するのに用いられる。

*16　6配位八面体型錯体の場合

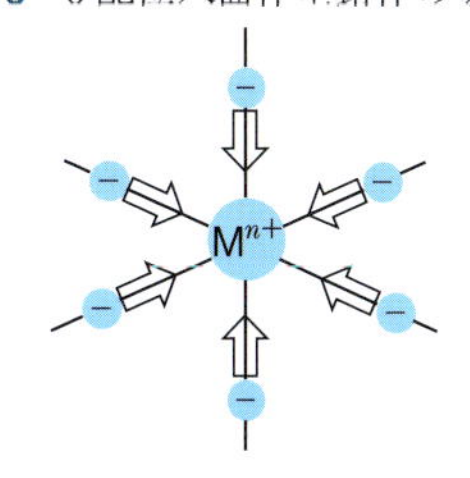

八面体の頂点に位置する6つの負の点電荷と，中心のTi^{3+}（[Ar] $3d^1$）がもつ1個のd電子との間の相互作用を考えてみよう。配位子との間に相互作用のないTi^{3+}（自由イオン）では，5つの3d軌道すべてが等価であるため，d電子は等しい割合でそれぞれの軌道中に存在するだろう。しかし，$[TiF_6]^{3-}$のような八面体錯体においては，3d軌道はもはや等価ではなくなる。配位子を表す6つの点電荷は，x, y, z軸上に中心金属イオンを挟んでそれぞれ反対側に位置している（図 13.7 中の黒丸）。図13.7から，3つの軌道（d_{xy}, d_{yz}, d_{zx}）は点電荷の間の方向に広がっていることが分かる。結晶場理論においては，これら3つのd軌道を**t_{2g}軌道**（t_{2g} orbital）という。他の2つのd軌道（d_{z^2}, $d_{x^2-y^2}$）は点電荷の方を向いており，これらを**e_g軌道**（e_g orbital）という*17。

*17　t_{2g}，e_gは，数学の群論で用いられる記号であり，tは三重縮重，eは二重縮重を意味する。また，2やgの意味は7.2.2項を参照のこと。

配位子を表す負の点電荷はd軌道中に存在する電子と反発するため，すべてのd軌道エネルギーは増大する。しかし，t_{2g}軌道はe_g軌道よりも配位子から遠いため，t_{2g}軌道中の電子はe_g軌道中の電子よりも配位子からの反発が小さい。結果的に，t_{2g}軌道のエネルギーはe_g軌道のエ

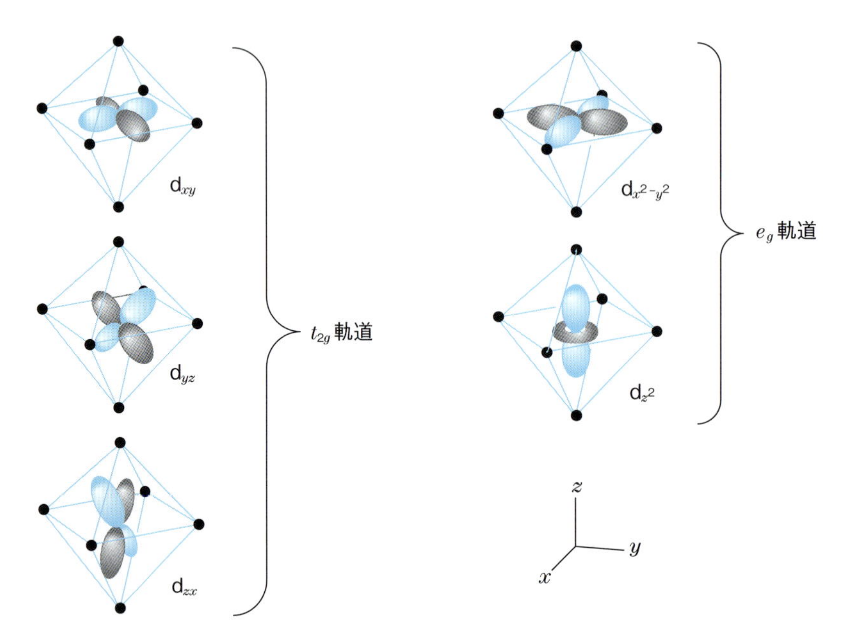

図 13.7　八面体錯体における中心金属原子（またはイオン）の d 軌道[*18]

ネルギーより相対的に低くなる。t_{2g} 軌道と e_g 軌道のエネルギー差は，錯体の性質を決定づける主な要因となっている。

図 13.8 (a) に示すエネルギー準位図は，上述したことを視覚的に表している。二種の軌道間のエネルギー差を**結晶場分裂** (crystal field splitting) (Δ_o)[*19] という。3 つの t_{2g} 軌道のエネルギーは，d 軌道エネルギーの平均よりも 2/5 Δ_o だけ低く，2 つの e_g 軌道は 3/5 Δ_o だけ高い。t_{2g} 軌道は e_g 軌道よりエネルギーが低いので，Ti(III) 錯体の基底状態においては，1 個の d 電子はエネルギー準位の低い t_{2g} 軌道を占有する。

4 配位幾何構造である平面四角形錯体は，八面体錯体の z 軸上の 2 つの配位子が無限に遠ざかったものと解釈できる。その結果，z 軸方向に

*18　t_{2g} 軌道は配位子の間を向いているため，相対的に低エネルギーとなる。e_g 軌道は配位子の方を向いているため，相対的にエネルギーが高くなる。

*19　o は八面体 (octahedron) を表す。

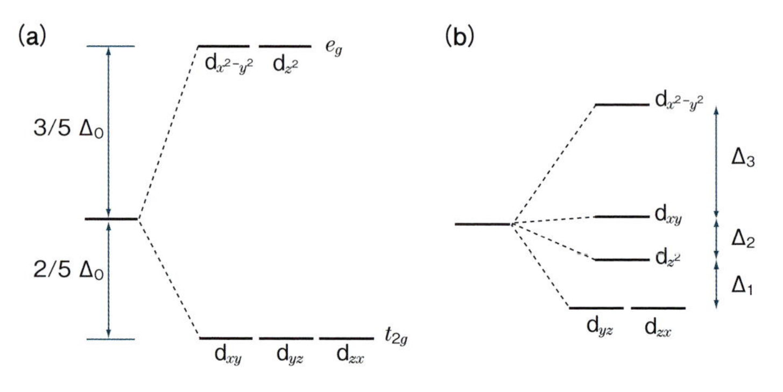

図 13.8　(a) 八面体錯体および，(b) 平面四角形錯体における d 軌道のエネルギー準位図[*20]

*20　それぞれの図の左端のエネルギー準位は，錯体を形成する前の d 軌道のエネルギーを表す。なお，(b) において $\Delta_1+\Delta_2+\Delta_3=\Delta_{sp}$ となる (sp は平面四角形を表す)。

広がったd軌道 (d_{z^2}) および yz, zx 平面上に広がったd軌道 (d_{yz}, d_{zx}) と配位子との反発は小さくなり，xy 平面上に広がったd軌道 ($d_{x^2-y^2}$, d_{xy}) は逆に少しだけ中心金属に近づくため，反発が大きくなる (図 **13.8 (b)**)。これにより，$d_{x^2-y^2}$ と他の4つのd軌道とのエネルギー差が非常に大きくなることから，この構造は d^8 電子配置をとる金属イオンに多い ($[PtCl_4]^{2-}$ など)。同様の考え方で，四面体錯体におけるd軌道の分裂を記述できる。四面体錯体では (図 **13.9 (a)**)，3つの t_2 軌道 (d_{xy}, d_{yz}, d_{zx}) は他の2つの e 軌道 (d_{z^2}, $d_{x^2-y^2}$) に比べて配位子の方を向いている*21。結果的に四面体錯体では，t_2 軌道は e 軌道よりもエネルギーが高くなる (図 **13.9 (b)**)。通常，Δ_t (tは四面体を表す) は八面体錯体よりも小さい (半分程度)*22。これは，八面体錯体に比べてd軌道電子と配位子の負電荷との間の反発が小さいためである。

*21 四面体には反転中心がないため，軌道の対称性を表す記号 g は使用しない。記号 t_2 および e の意味については側注17を参照のこと。

*22 本書では扱わないが，より進んだ電子構造モデル (角重なりモデル) を用いて計算すると，$\Delta_t = 4/9\Delta_o$ となる。

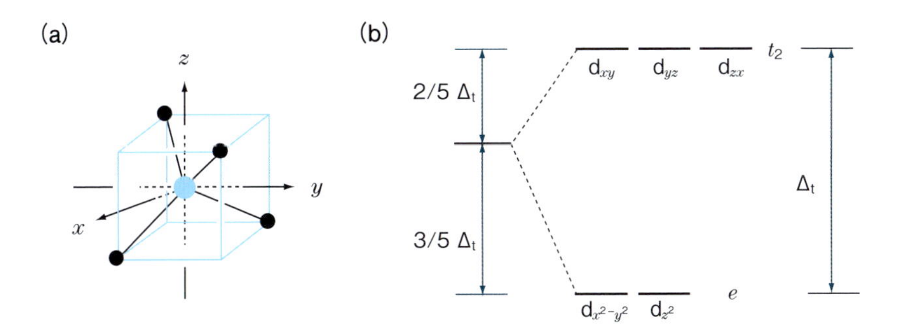

図 13.9 (a) 立方体の中心に中心金属 (イオン) がある四面体錯体 (黒丸：配位子，黒線；配位結合)，(b) 四面体錯体における d 軌道のエネルギー準位図

5配位幾何構造 (三方両錐および正方錐) をとる錯体は，上述した6配位または4配位錯体の反応中間体としても重要である。これらの幾何構造における d 軌道のエネルギー準位は図 **13.10** のように分裂する。

13.3.2 分光化学系列

配位子が異なると，金属原子 (またはイオン) の d 軌道と相互作用する強さが異なるため，その結果生じる結晶場分裂の大きさに違いが生じる。配位子がつくり出す結晶場分裂の相対的な大きさに従って並べたものを**分光化学系列** (spectrochemical series) という*23。

$CO > CN^- > \underline{N}O_2^- > en > NH_3 > \underline{N}CS^- > H_2O > ox > OH^- > F^- > \underline{O}NO^- > Cl^- > \underline{S}CN^- > Br^- > I^-$

*23 分光化学系列は，大阪帝国大学の槌田龍太郎博士が実験的に求めたものである。下線の原子は，両座配位子における配位原子を表す。

カルボニル (CO) など序列の高い配位子を含む錯体の結晶場分裂は大きいことから，**強い場の配位子** (strong-field ligand) という。一方，クロリド (Cl^-) など序列の低い配位子を含む錯体の結晶場分裂は小さい

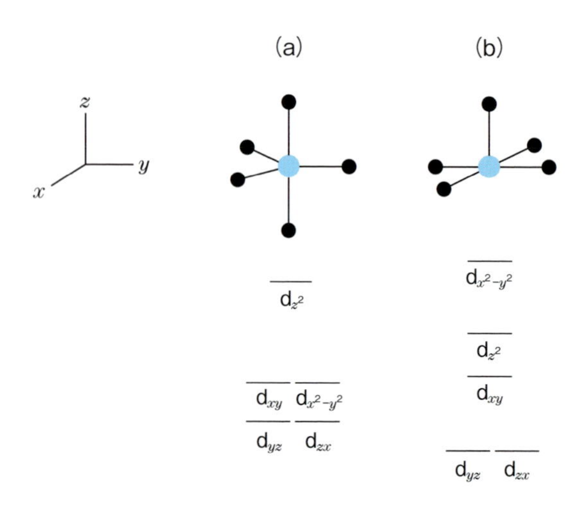

図 13.10　(a) 三方両錐および，(b) 正方錐錯体における d 軌道のエネルギー準位図

ため，**弱い場の配位子** (weak-field ligand) という*24。

*24 「強い場」および「弱い場」をそれぞれ「強結晶（強配位子）場」「弱結晶（弱配位子）場」ということもある。

配位子の相対的な強さが分かると，錯体の色や磁気的性質の違いを理解することができる (13.3.3, 13.3.4 項)。この理由を考えるために，八面体錯体の中心金属について注目してみよう。d 軌道のエネルギーは，図 13.8 (a) のように分裂する。d^1 錯体中の 1 個の d 電子は，t_{2g} 軌道の 1 つを占有し，基底状態の電子配置は $t_{2g}{}^1$ となる。同様に，d^2 錯体は $t_{2g}{}^2$，d^3 錯体は $t_{2g}{}^3$ となる。フントの規則 (3.1.1 項参照) に従い，これらの電子はすべて平行スピンとなる (図 13.11)。

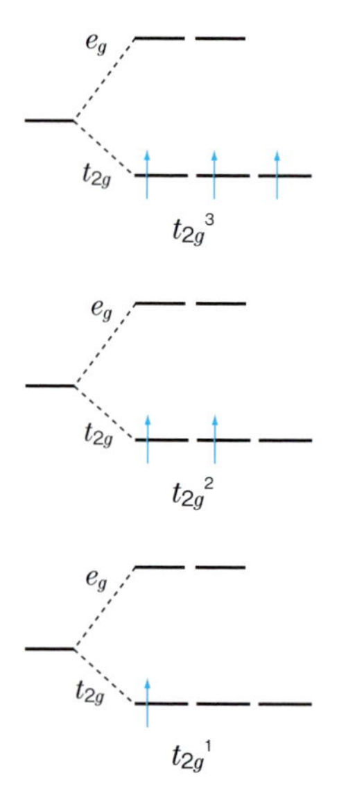

図 13.11　d 軌道への電子の入り方 (d^1–d^3)

ところが，d^4 錯体では電子の入り方に複数の可能性が生じる。4 番目の電子は t_{2g} 軌道に入り，$t_{2g}{}^4$ 配置となる可能性がある。しかし，そのためには電子対をつくらねばならず，その結果，既に入っている電子から強い反発を受けることになる。このクーロン斥力をスピン対生成エネルギー (P) という。この反発を避けるため，空の e_g 軌道に入り $t_{2g}{}^3\,e_g{}^1$ 配置ともなりうるが，e_g 軌道に入る電子は t_{2g} 軌道に比べて配位子との反発が大きくなり，Δ_o だけエネルギーが高くなる (図 13.12)。どちらの配置のエネルギーが低くなるかは，Δ_o と P の大きさによって決まる。もし $\Delta_o > P$ ならば (強い場の配位子が存在するとき)，$t_{2g}{}^4$ 配置の方が $t_{2g}{}^3\,e_g{}^1$ よりもエネルギーは低くなるだろう。逆に，$\Delta_o < P$ ならば (弱い場の配位子が存在するとき)，$t_{2g}{}^3\,e_g{}^1$ の方が低エネルギーとなるだろう。

表 13.2 に，八面体錯体の d^4 ～ d^7 電子配置を示す*25。不対電子が多い d^n 錯体 (n：4 ～ 7) を**高スピン錯体** (high-spin complex) という。一方，不対電子が少ない d^n 錯体を**低スピン錯体** (low-spin complex) とい

*25 d^1 から d^3 および d^8 から d^{10} の電子配置は一義的に決まる (d^1：$t_{2g}{}^1$，d^2：$t_{2g}{}^2$，d^3：$t_{2g}{}^3$，d^8：$t_{2g}{}^6\,e_g{}^2$，d^9：$t_{2g}{}^6\,e_g{}^3$，d^{10}：$t_{2g}{}^6\,e_g{}^4$)。

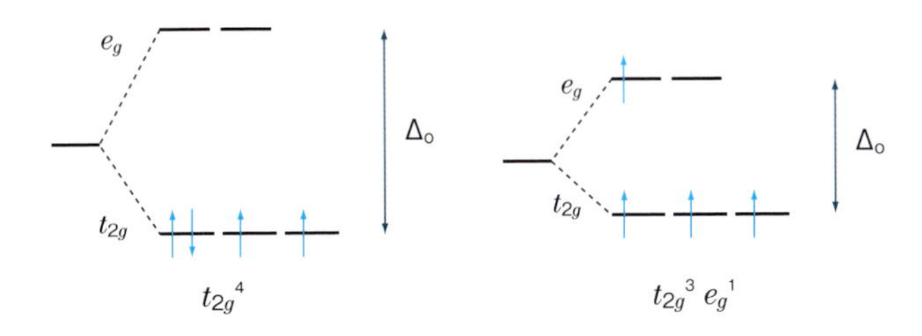

図 13.12 d^4 錯体における二通りの電子の入り方

う。一般に，弱い場の配位子は高スピン錯体となり，強い場の配位子は低スピン錯体となる*26。

四面体錯体の場合には高スピン錯体のみを考えればよい。前項で説明したように，四面体錯体の結晶場分裂（Δ_t）は八面体錯体のそれよりも小さい（$\Delta_t < \Delta_o$）。したがって，八面体錯体において強い場の配位子であっても，t_2 軌道と e 軌道がエネルギー的に近い四面体錯体においては，結晶場分裂が小さいため高スピン錯体の方がエネルギー的に有利となる。

表 13.2 八面体錯体における d 電子配置（d^4–d^7）

d 電子の数	電子配置	
	低スピン	高スピン
d^4	$t_{2g}{}^4$	$t_{2g}{}^3\ e_g{}^1$
d^5	$t_{2g}{}^5$	$t_{2g}{}^3\ e_g{}^2$
d^6	$t_{2g}{}^6$	$t_{2g}{}^4\ e_g{}^2$
d^7	$t_{2g}{}^6\ e_g{}^1$	$t_{2g}{}^5\ e_g{}^2$

*26 中心金属および配位子の種類により，結晶場の強さ（Δ_o）とスピン対生成エネルギー（P）が異なるため，配位子の分光化学系列の序列のみで高スピン錯体と低スピン錯体のどちらになるかは特定できないが，3 d 金属イオン（第一遷移系列の金属イオン）の場合は分光化学系列から予測できることが多い。

13.3.3 金属錯体の色

可視光は，約 400 nm（紫色）から 800 nm（赤色）までの波長域の光である。可視光から赤色領域の光が吸収されると，透過光は緑色に見える。逆に，緑色領域の光が吸収されると，その光は赤く見える。赤と緑は互いに補色の関係にあるため，一方が除かれると我々の目は残りの色を感じることになる*27。錯体の色は **d–d 遷移**（d–d transition）に由来することが多い。d–d 遷移は，ある d 軌道から別の d 軌道への電子の励起に起因し，八面体錯体では t_{2g} 軌道から e_g 軌道への励起となる。弱い場の配位子を用いると結晶場分裂は小さいため，弱い場の配位子からなる錯体は低エネルギー（長波長）の光を吸収する。長波長領域の可視光は赤色光に相当することから，これらの錯体は緑色に近い色を示す。一方，強い場の配位子では大きな結晶場分裂が生じるため，強い場の配位子からなる錯体は高エネルギー（短波長）の光を吸収する（これは可視光の紫色に相当する）。そのような錯体は，紫色の補色である黄色に近い色を示すことが予想される。

d–d 遷移とは別に，**電荷移動遷移**（charge transfer transition）という電子遷移も知られている。この遷移は，電子が配位子から中心金属へ（LMCT）（またはその逆；MLCT）励起することによる*28。電荷移動遷移は非常に強い色を示すことが多く*29，遷移金属錯体が示す特徴的な色の原因となっている。例えば，過マンガン酸イオン（$MnO_4{}^-$）の濃紫

*27 可視光の色と補色の関係

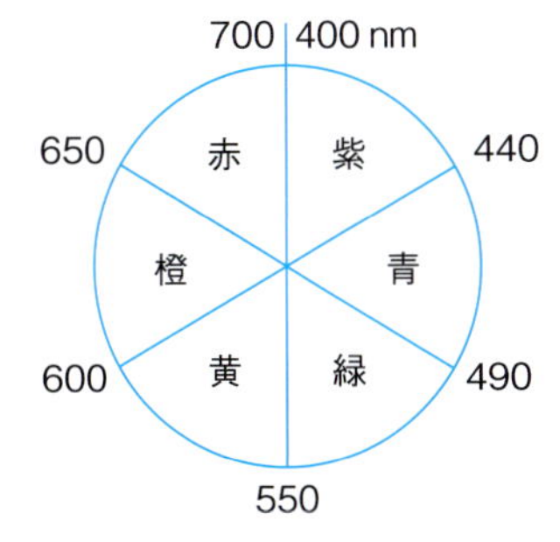

吸収される光の反対側にある色が見える。

*28 LMCT：ligand-to-metal charge transfer
MLCT：metal-to-ligand charge transfer

*29 物質が吸収する色の強さはモル吸光係数（ε；単位は $dm^3\ mol^{-1}\ cm^{-1}$）で表され，この値が大きいほど強い色を示す。電荷移動遷移の ε は大きく（～ 10^4），d–d 遷移の ε は小さい（1 ～ 10^2 程度）。

色は，酸素配位子から中心金属への電荷移動（LMCT）に由来する。

13.3.4　金属錯体の磁気的性質

遷移金属錯体は，不対 d 電子をもつ場合に常磁性となる*30。前述したように，高スピン d^n 錯体（n：4～7）は低スピン d^n 錯体よりも多くの不対電子をもっている。それ故，高スピン錯体はより強い常磁性となり，磁場の方に強く引き寄せられる。一方，不対電子をもたない物質は反磁性で，磁場から押し出される性質がある。この現象を利用して，錯体の電子配置（高スピンか低スピンか）を実験的に判定できる。n 個の不対電子をもつ単核錯体の有効磁気モーメント（μ_{eff}）は次式で近似される（スピンオンリーの式：μ_s）*31。

$$\mu_s = \sqrt{n(n+2)} \quad \text{（単位はボーア磁子）} \tag{13.1}$$

鉄(III) 錯体（d^5）について見てみよう。$Na_3[FeF_6]$の室温*32 における μ_{eff} の実測値は 5.76 であり，高スピン錯体としたときの値（式 13.1 に $n = 5$ を代入すると $\mu_s = 5.92$）とよく一致する。一方，$K_3[Fe(CN)_6]$ の μ_{eff} の実測値は 2.26 であることから，低スピン錯体に帰属できる。

*30　12.2.3 項参照。最近では，配位子の不対電子に基づいた常磁性錯体も知られている。

*31　厳密には，磁気モーメントは軌道角運動量とスピン角運動量の両方によって生じるが，特に 3 d 金属錯体においては前者の寄与が小さいので，スピン角運動量のみを考慮したスピンオンリーの式で近似できる。

*32　常磁性物質の磁化（外部磁場に対して磁気的に分極する現象）の大きさは，磁場に比例し温度に反比例する（キュリー則）。

13.3.5　配位子場理論

結晶場理論は単純な結合モデル（イオン結合モデル）を用いている。しかし，実際の配位子は負の点電荷ではなく分子やイオンである。結晶場理論では分光化学系列の序列，例えば中性分子のカルボニル（CO）が強い場の配位子で，負電荷をもつ Cl^- が弱い場の配位子となる理由を説明できない。

錯体の結合モデルを改良するため，結晶場理論に共有結合の概念を取り入れたものが配位子場理論である。配位子場理論は，金属の d 軌道と配位子軌道から構築された分子軌道を用いて，錯体の結合を記述するものである。金属－配位子間にイオン結合を仮定した結晶場理論と異なり，配位子場理論では共有結合を仮定している*33。このような違いはあるが，結晶場理論を用いて説明した事象のほとんどは，配位子場理論へそのまま適用できる。

*33　共有結合では，金属と配位子間の結合は σ 結合と π 結合を考慮することが多い。

錯体の電子構造を記述するために，最初に錯体中の適用可能な原子軌道から分子軌道を組み上げる。ここでは，第 4 周期の遷移金属を中心とした八面体錯体を考えてみよう。中心金属の 3 d，4 s および 4 p 軌道は，エネルギー準位が近接しているので，これら 9 つの軌道を考慮する必要がある。議論を簡単にするため，それぞれの配位子の 1 つの原子軌道のみを用いることにする。例えば，F^-（フルオリド配位子）の場合には金属イオンの方を向いたフッ素の 2 p 軌道を，NH_3（アンミン配位子）の場合には窒素上に非共有電子対をもつ sp^3 混成軌道を用いる。それぞれの軌道は，金属ー配位子結合軸周りに対称であることから，σ 結合を形成する[*34]。

金属原子上に9つの軌道，配位子上に6つの軌道があることから，合計15個の分子軌道が組み上がる。このうち6つが結合性，6つが反結合性，そして残りの3つが非結合性である。これら15個の分子軌道エネルギー準位を，軌道の対称性を表す記号とともに図 13.13 に示す。この図において，金属原子由来の t_{2g} 軌道は配位子からの寄与がないため，3つの t_{2g} 軌道は非結合性軌道となる[*35]。

＊34

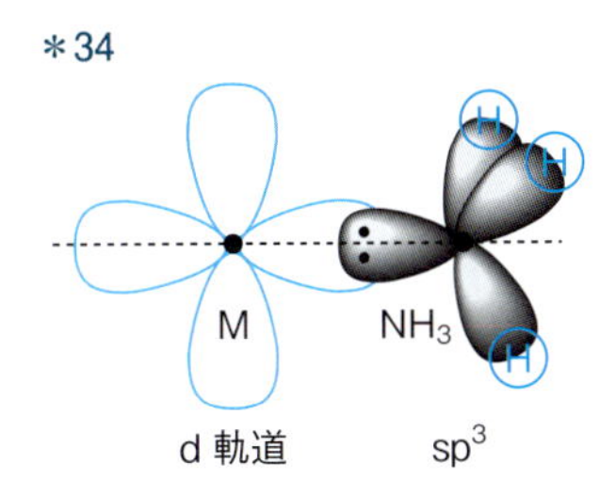

＊35　複数の軌道の相互作用は，軌道の対称性とエネルギー準位，位相を考慮する必要がある。t_{2g} 軌道は，σ 結合では対称性が一致する軌道がないため，非結合性軌道として残る。

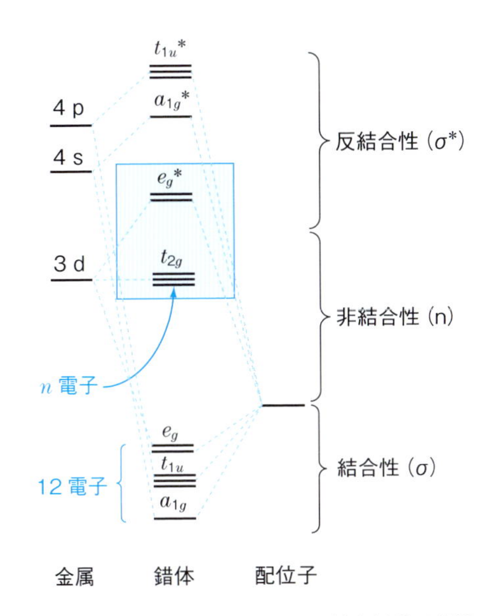

図 13.13　八面体錯体における σ 結合性分子軌道のエネルギー準位図[*36]

＊36　中心金属から提供された n 個の d 電子は，囲み中の軌道（フロンティア軌道；第5章 p. 64 の側注34参照）に入る。

基底状態の電子配置を理解するために，第3章で学んだ構成原理を思い出そう。d^n 錯体では，n 個の電子が金属から提供される。また，それぞれの配位子軌道には2個の電子があるので，12個の電子が配位子から提供される。よって合計 $(12+n)$ 個の電子を配置する。最初の12電子は6つの結合性軌道に入り，n 個の電子が残る。次に入ることが可能な軌道（図 13.13 中の囲みの部分）は，結晶場理論で学んだものと同じ分裂パターンになっていることが分かる[*37]。

＊37　図 13.8 (a) 参照。

二種類の軌道（t_{2g} と $e_g{}^*$）への電子の入り方は結晶場理論と同様である。もし**配位子場分裂**（ligand field splitting）[*38]が大きければ，t_{2g} 軌道が先に満たされて低スピン錯体になる。逆に配位子場分裂が小さければ，t_{2g} 軌道にスピン対をつくる前に $e_g{}^*$ 軌道が占有され，高スピン錯体になる。

＊38　t_{2g} と $e_g{}^*$ とのエネルギー差：結晶場分裂に相当する。

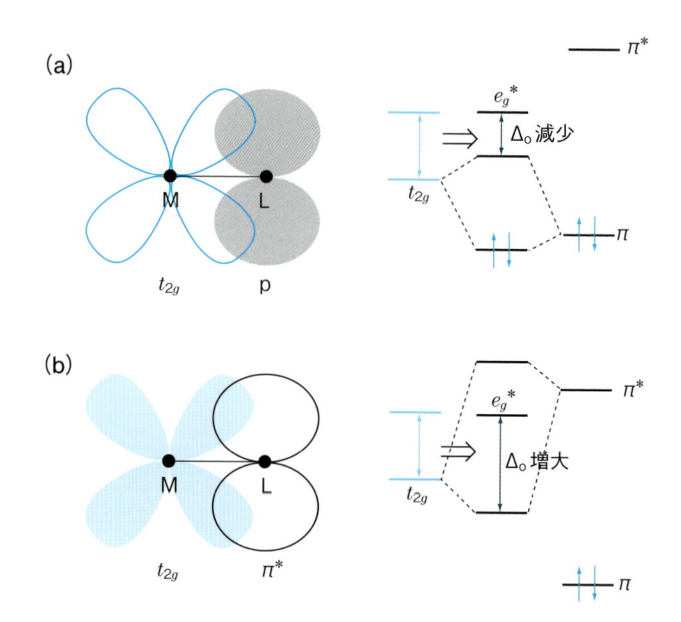

図 13.14　配位子場分裂における π 結合の効果（M は金属，L は配位子。M–L は結合軸）
(a) π 供与性配位子（Cl^- など）の場合，(b) π 受容性配位子（CO など）の場合

配位子の中には，金属ー配位子結合軸に対して直交した軌道を用いて π 軌道を形成する場合がある。図 13.14 に示すように，金属ー配位子結合軸に対して直交した配位子上の p 軌道は，t_{2g} 軌道の 1 つと重なり合い，2 つの新しい分子軌道（1 つは結合性，もう 1 つは反結合性）を形成する。生じた結合性軌道は，元の t_{2g} 軌道のエネルギーより低い位置にあり，反結合性軌道はそれよりも高い位置にある。

π 供与性[*39]の Cl^- 配位子の場合，金属ー配位子 π 軌道を形成するのに用いられる塩素の 3 p 軌道は満たされている。Cl^- は 2 電子供与し，結合性軌道を占有する（図 13.14 (a)）。それ故，金属から提供される n 個の d 電子は反結合性軌道を占有せざるを得ない。この分子軌道は元の t_{2g} 軌道よりもエネルギーが高いので，π 結合により配位子場分裂（Δ_o）は減少する。この結果，Cl^- は負電荷をもつにもかかわらず弱い場の配位子となる。

次に，π 受容性[*40]の CO 配位子について考えてみる。金属 t_{2g} 軌道と重なり合う軌道は，CO 分子の満たされた結合性 π 軌道か空の反結合性 π^* 軌道のどちらかである[*41]。後者の軌道は金属軌道とエネルギー的に近接しており，金属との結合生成において主要な役割を果たす（π 逆供与：13.5.2 項参照）。このとき CO 分子の π^* 軌道は空なので，配位子から提供する電子はない。それ故，d 電子が結合性軌道へ入る（図 13.14

＊39　π 供与性配位子には，ハロゲンやアクアなどがある。

＊40　π 受容性配位子には，カルボニルやシアニド，ホスフィンなどがある。

＊41

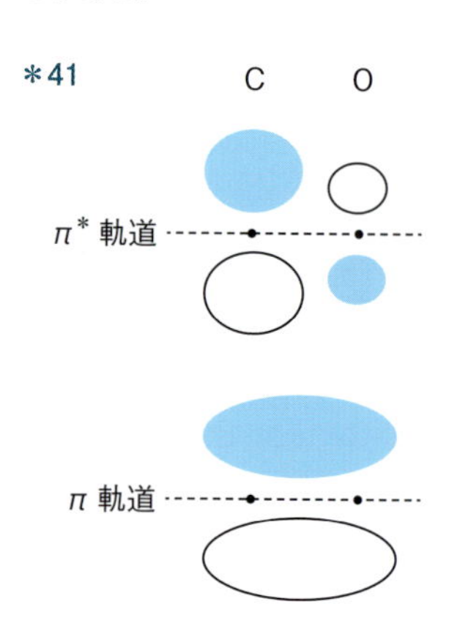

(b))。この分子軌道は元の t_{2g} 軌道よりエネルギーが低くなり，π 結合により配位子場分裂 (Δ_o) は増大する。結果的に，CO は電気的に中性であるが強い場の配位子となる。

13.4　金属錯体の反応

無機化学・有機化学を問わず，化学において重要な研究の一つは化合物の合成である。金属錯体の合成には，配位子の置換反応や酸化還元反応を組み合わせた方法がよく用いられる。

13.4.1　錯体の安定度

溶液中では，金属イオンは様々な配位子との間で錯形成反応を起こし，各段階の溶媒置換反応における平衡定数を考えることができる。例えば，水溶液中での銀イオンとアンミン配位子との反応においては以下のようになる (水分子は省略)。

$$Ag^+(aq) + NH_3(aq) \overset{K_1}{\rightleftharpoons} Ag(NH_3)^+(aq) \qquad (13.2)$$

$$Ag(NH_3)^+(aq) + NH_3(aq) \overset{K_2}{\rightleftharpoons} [Ag(NH_3)_2{}^+](aq) \qquad (13.3)$$

ここで求められる平衡定数 K_1 および K_2 を**逐次安定度定数** (stepwise stability constant) (**逐次生成定数**；stepwise formation constant) という。この定数は，反応性と構造との間にある関係を理解するためのものである。

$$K_1 = \frac{[Ag(NH_3)^+]}{[Ag^+][NH_3]} \qquad K_2 = \frac{[Ag(NH_3)_2{}^+]}{[Ag(NH_3)^+][NH_3]} \qquad (13.4)$$ *42

一方，最終生成物の各成分の相対的濃度を表すには，**全安定度定数** (overall stability constant) (**全生成定数**；overall formation constant) β_n を用いる *43。全安定度定数は，式 13.5 に示すように逐次安定度定数の積となる。

$$\beta_n = K_1 \cdot K_2 \cdots K_n \qquad (13.5)$$

したがって，上の例では全安定度定数は $\beta_2 = K_1 \cdot K_2$ となる。

錯体の安定性は，その静電的状態，つまり金属の電荷とその大きさの影響を受ける。錯体中で中心金属と配位子の電荷が互いに逆で，それぞれの電荷が大きく，さらに中心金属や配位子となるイオンや分子の大きさが小さいほど安定になる。また，中心金属はルイス酸，配位子はルイス塩基であることから，HSAB 則 (6.1.3 項参照) に基づいて考えることもできる。すなわち，硬い酸 (金属) は硬い塩基 (配位子) と，軟らかい酸 (金属) は軟らかい塩基 (配位子) と安定な錯体を形成する。

*42　Ag^+ と NH_3 配位子の場合，$K_1 = 2.34 \times 10^3\ mol^{-1}\ dm^3$，$K_2 = 7.59 \times 10^3\ mol^{-1}\ dm^3$ である (25 ℃)。

*43　n は配位子置換反応の段階数を表す。

配位子については，多座配位子を用いることにより錯体の安定性が大きく向上し，これを**キレート効果**（chelate effect）という。さらに，立体的効果（キレート環の員数やひずみ）や電子的効果（電子の非局在化）も安定性において重要となる。

13.4.2 置換反応

金属錯体中の配位子が他の配位子と速やかに置換されるとき，その錯体を**置換活性**（substitutionally labile），配位子置換反応が遅い錯体を**置換不活性**（substitutionally inert）という。これを定量化するため，25 ℃，0.1 mol dm^{-3} で配位子置換が 1 分以内に完了する錯体を置換活性と分類する*44。ここで，金属錯体の安定度と置換活性度の違いに注意する必要がある。つまり，安定な錯体が常に置換不活性であったり，不安定な錯体が常に置換活性であるとは限らない*45。

置換活性および置換不活性な錯体の電子構造と反応速度との間には，密接な関係が認められる。例えば，八面体錯体において d^3 および低スピン d^4–d^6 錯体は置換不活性である。一方，d 電子数が少ない錯体（d^0–d^2）や e_g 軌道（e_g* 軌道）に電子をもつ錯体は置換活性であることが多い。

一般に，配位子置換反応は**解離機構**（dissociative mechanism；***D* 機構**）と**会合機構**（associative mechanism；***A* 機構**）に分類される。6 配位錯体において，解離機構は 5 配位中間体を，会合機構は 7 配位中間体を経由するものである。しかし，ほとんどの置換反応では反応中間体が検出できず，二種類の機構の中間的な振る舞いをする（金属一配位子の結合切断と結合生成が同時に起こる）。このような中間的な場合を**交換機構**（interchange mechanism；***I* 機構**）という*46。

配位数が 6 よりも小さい金属錯体，特に平面四角形錯体は，進入してくる配位子の配位が容易であるため，会合的な機構で反応する傾向が強い。種々の実験から，平面四角形錯体中の配位子の種類により，そのトランス位にある配位子の置換速度が大きく異なることが分かった。これは**トランス効果**（trans effect）として以下のように序列化されている*47。

$CO, CN^-, C_2H_4 > PR_3, H^- > CH_3^- > C_6H_5^- > NO_2^-, SCN^-, I^- > Br^- > Cl^- >$ ピリジン，$NH_3 > OH^- > H_2O$

この序列をみると，強い π 受容性配位子が上位に並んでいることが分かる。トランス効果は，平面四角形錯体の合成経路や構造を決定する際に利用される。また，これと関連したものに**トランス影響**（trans influence）がある。トランス影響とは，錯体の平衡状態においてある配位子がそのトランス位の結合を弱める（結合を長くする）度合いのことである*48。それ故，トランス影響は静的トランス効果ともいわれる。

*44　アメリカの化学者タウビーにより提案された。タウビーは金属錯体の電子移動反応機構の解明により，1983 年にノーベル化学賞を受賞した。

*45　例えば，$[Co(NH_3)_6]^{3+}$ は酸性溶液中では不安定であるが，その分解速度が遅いため，数ヶ月後でも反応はほとんど進行しない（対応するアクア錯体は生成しない）。したがって，この錯体は熱力学的に不安定であるが，速度論的には置換不活性である。

*46　交換機構は，さらに解離的交換機構（I_d 機構）と会合的交換機構（I_a 機構）に分類される場合もある。

*47　トランス効果とは，注目している配位子のトランス位にある配位子を活性化させる度合いのことである。トランス効果は，平面四角形型 Pt^{2+} 錯体において実験的に見出された。

*48　一般的なトランス影響の序列は次の通り：Ph, Me, H > PR_3, CN > CO > I > Br > Cl > NH_3, OH_2 > OH

13.4.3　酸化還元（電子移動）反応

金属錯体の酸化還元反応は，錯体間（主に中心金属間）での電子移動に基づく反応を指す。電子移動には 2 つの反応機構が考えられており，**外圏機構**（outer-sphere mechanism）では 2 つの離れた錯体間で電子移動が起こる（式 13.6）[*49]。外圏機構は置換不活性な錯体において見られることが多い。一方，**内圏機構**（inner-sphere mechanism）では 2 つの錯体分子が配位子を共有し，共有した配位子（架橋配位子）を通って電子が移動する（式 13.7）[*50]。

*49　$[Fe^{II}(CN)_6]^{4-}$ と $[Ir^{IV}Cl_6]^{2-}$ との反応では，電子が Fe(II) から Ir(IV) へ直接移動する。

*50　$[Co^{III}Cl(NH_3)_5]^{2+}$ と $[Cr^{II}(OH_2)_6]^{2+}$ との反応では，Cl 架橋二核錯体が中間体として生成し，電子は Cr(II) から Co(III) へ架橋した Cl^- 配位子を通して移動する。なお，生成した Co(II) は置換活性なため，速やかにアクア配位子と置換する。

$$[Fe^{II}(CN)_6]^{4-} + [Ir^{IV}Cl_6]^{2-} \longrightarrow [Fe^{III}(CN)_6]^{3-} + [Ir^{III}Cl_6]^{3-} \qquad (13.6)$$

$$[Co^{III}Cl(NH_3)_5]^{2+} + [Cr^{II}(OH_2)_6]^{2+} \xrightarrow{H_3O^+} [(NH_3)_5Co^{III}\text{–}Cl\text{–}Cr^{II}(OH_2)_5]^{4+} \; (e^-)$$

$$\xrightarrow{H_3O^+} [Co^{II}(OH_2)_6]^{2+} + [Cr^{III}Cl(OH_2)_5]^{2+} + 5\,NH_4^+ \qquad (13.7)$$

13.5　有機金属化合物

ここ半世紀の間に，最も大きくかつ活発になった化学分野の一つに有機金属化学があげられる。**有機金属化学**とは，金属－炭素結合をもつ化合物を扱う分野である。数多くの有機金属化合物が合成・同定されているが，そのほとんどが遷移金属を含み，独特な結合様式や構造をもつものが多い。有機金属化合物は，工業的に重要な化学反応の触媒や有機合成の反応試薬[*51]としてよく見られる。

*51　例えば，工業的な酢酸合成に $[Rh(CO)_2I_2]^-$（モンサント法），有機合成にグリニャール試薬（RMgX：9.6 節参照）が用いられる。

13.5.1　金属カルボニル化合物

最も単純な有機金属化合物は，遷移金属とカルボニル（CO）からなる物質群である。遷移金属カルボニル化合物の合成法の一つに還元的カルボニル化があり，これは高圧の一酸化炭素存在下で金属塩が還元を受ける反応である。遷移金属を含むほとんどの金属カルボニルは，この経路で合成できる。例えば，6 族金属を含むヘキサカルボニル（$[Cr(CO)_6]$，$[Mo(CO)_6]$，$[W(CO)_6]$）や，$[Ni(CO)_4]$，$[Fe(CO)_5]$，$[Mn_2(CO)_{10}]$ などの金属カルボニルが知られている（図 13.15）。

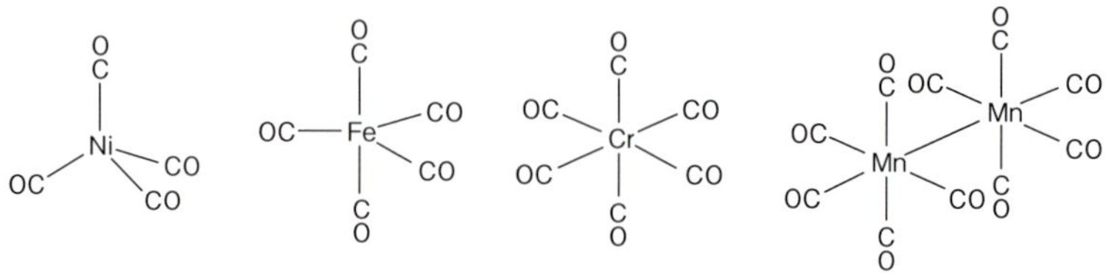

図 13.15　代表的な金属カルボニル
$[Ni(CO)_4]$ は四面体，$[Fe(CO)_5]$ は三方両錐，$[Cr(CO)_6]$ および $[Mn_2(CO)_{10}]$ は八面体構造である。

13.5.2　有機金属化合物における 18 電子則および結合

様々な金属カルボニルが知られているが，これらの分子組成を説明する重要な考え方が **18 電子則**（eighteen-electron rule）（有効原子番号則；EAN ともいう）である。これは，金属の価電子と配位子から供与される電子の総数が 18[*52] だと安定になりやすい，という規則である。18 電子則に従って化合物の化学量論を予測できる。例えば，鉄(0) には 8 個の価電子が含まれるので，2 電子供与する CO 配位子が 5 つ配位すると予想される[*53]。18 電子則は，4.1.2 項で述べた典型元素におけるオクテット則と類似した考え方である。

＊52　二核錯体の場合は 36 電子，三核錯体の場合は 48 電子で安定となるものが多い。また，最近では 17 電子や 16 電子で安定となる化合物も知られている。

＊53　金属上の 8 個の価電子に CO の供与電子 10 個を加えると，Fe 原子の周りは合計 18 電子となる。

金属カルボニル中の金属－CO 結合は，他の配位化合物に見られるイオン性の結合とは異なる。配位子場理論を用いて説明したように，金属と CO との間は共有結合として記述できる。CO 配位子は金属原子へ炭素原子上の非共有電子対を供与して σ 結合を形成する（図 13.16 (a)）。カルボニルは非常に弱い供与体であるため，金属－CO 部位は安定とはならない。一方，σ 結合とともに電子に富む低原子価金属が電子対を供

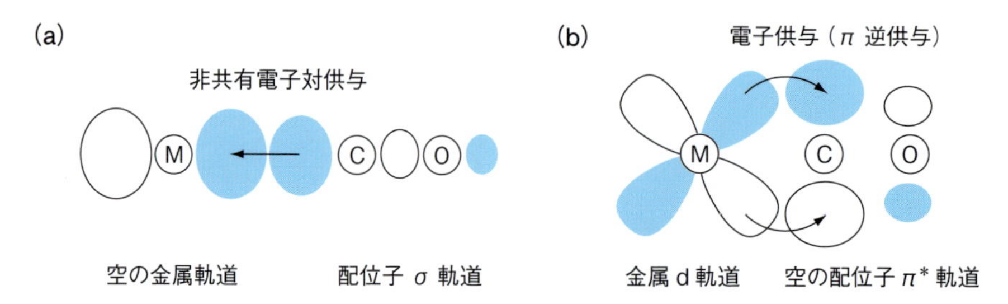

図 13.16　金属カルボニル中の結合
(a) 配位子から金属への σ 供与（金属上の空軌道への CO の非共有電子対供与），(b) 金属から配位子への π 逆供与（満たされた金属 d 軌道から CO 上の空の π* 軌道への電子供与）

与して，金属 d 軌道と CO の π^* 軌道との重なりにより π 結合を形成する（**π 逆供与** pi-backdonation；**図 13.16 (b)**）。この結合モデルに基づけば，金属カルボニル中の一酸化炭素は σ 供与性かつ π 受容性配位子となる。

13.5.3　有機金属化合物の配位子

低原子価で，すべてまたは部分的に満たされた d 軌道をもつ金属は，一酸化炭素（CO）と安定な結合を形成できる。逆に，金属と π 結合を形成できる配位子のみが低原子価金属化合物を形成できる。したがって，ほとんどの有機金属化合物は，低原子価金属と π 結合可能な特別な配位子から構成される。トリフェニルホスフィン（PPh_3）などのホスフィン類は，リン原子上の非共有電子対を用いて金属と σ 結合を形成する。加えて，リン原子は空の 3 d 軌道をもつため，**図 13.17** に示すように低原子価金属の満たされた d 軌道との間で π 結合（π 逆供与）を形成することができる。

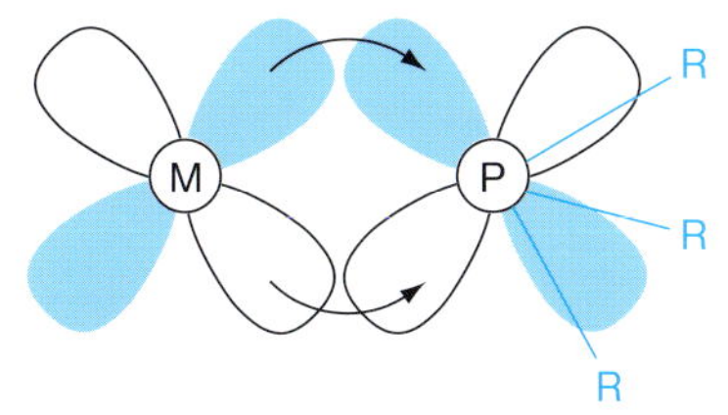

図 13.17　**金属から配位子（PR_3）への π 逆供与（満たされた金属 d 原子からリン原子の空の d 軌道への電子供与）**

金属錯体化学における一般的な配位子の中には π 結合に関与できないものもあり，それらは遷移金属と低原子価化合物を形成できない。例えば，NH_3 をもつ低原子価金属錯体は存在しない。アンモニア中の窒素原子は金属 d 軌道と重なる空の軌道がなく，π 結合が形成できないためである。

ツァイゼ　W. C. Zeise

この他，有機金属化合物の配位子として用いられる分子に，エチレン（C_2H_4）やベンゼン（C_6H_6）のような有機化合物がある。例えば，ツァイゼ塩（$K[PtCl_3(C_2H_4)]$）の錯イオン部分は，エチレンが C=C 結合上の 2 つの π 電子供与を通して Pt^{2+} イオンへ結合している（**図 13.18 (a)**）。加えて，金属カルボニルと同様，金属の満たされた d 軌道と配位子の π^* 軌道との重なりによる，金属から配位子への π 逆供与が存在する。このような結合様式の組合せにより，金属－エチレン配位子結合は強くなる。

ベンゼンは，3 つの π 電子対を金属原子へ供与する三座配位子と考え

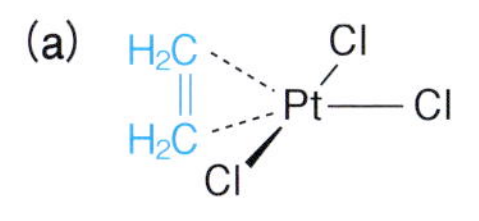

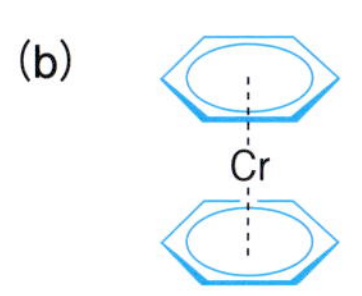

図 13.18　**有機金属化合物中の有機配位子の例**
(a) ツァイゼ塩の錯イオン部分（$[PtCl_3(C_2H_4)]^-$）の構造，(b) ジベンゼンクロム（$[Cr(C_6H_6)_2]$）の構造

ることができる。このような分子も18電子則に従う。例えば，ジベンゼンクロムにおいて（図13.18(b)），6個の価電子をもつCr(0)原子はそれぞれ6電子を供与する2つのベンゼン配位子と結合している。ジベンゼンクロムは，**サンドイッチ化合物**（sandwich compound）と呼ばれる有機金属化合物の一つである*54。これは低原子価金属が2つの平面型有機配位子の間に“サンドイッチ”された分子の総称である。加えて，これらの化合物は配位子のπ電子が結合に関与するため，**π錯体**（pi-complex）とも呼ばれる。このような特異な結合を表すのにギリシャ文字のη（イータ）を用いる*55。

*54　サンドイッチ化合物を構成する配位子には，他にもシクロペンタジエニル（Cp）などがある。Cpは化学式C_5H_5をもつ正五角形の平面型陰イオンである。Cpが配位した代表的な化合物であるフェロセン（$[FeCp_2]$）の構造を示す。

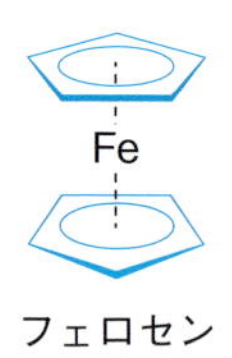

フェロセン

*55　ジベンゼンクロムを化学式で表すと$[Cr(\eta^6\text{-}C_6H_6)_2]$となる。上付き数字6は，結合に用いられる配位子上の炭素原子の数を表す。ηはハプト数，すなわち金属原子と形式的に結合する配位子の原子数と定義される。

Column　遷移金属錯体が関わる電子移動反応

電子移動は酸化還元反応に含まれる素反応である。遷移金属錯体は酸化還元活性であることが多いため，様々な形で電子移動反応に利用される。例えば，鉄を含むサンドイッチ化合物であるフェロセン（13.5.3項参照）は，非常に安定な酸化還元系（Fe^{3+}/Fe^{2+}）であることから，非水溶媒系の電位基準物質としてIUPAC（国際純正・応用化学連合）が推奨している。また，ピリジンが2分子結合した有機化合物2, 2′-ビピリジン（bpy）がルテニウムイオンと錯形成した$[Ru(bpy)_3]^{2+}$は，中心金属の酸化還元（Ru^{3+}/Ru^{2+}）に加え，配位子bpyも酸化還元に関与することで，結果的に多段階の電子移動反応が観測される。この錯体は可視領域に吸収帯を有するために多くの光電子移動反応に利用することが可能で，太陽電池における光増感色素やセンサーなどに応用できる。

一方，自然界での生体反応においても，金属錯体が関与する電子移動反応が数多く知られており，例えばポルフィリン骨格を配位子とする金属錯体を活性中心とするタンパク質や酵素がある（14.4節参照）。今後，これら生体分子の活性中心の構造と電子移動の関係を明らかにすることで，自然に学ぶ高効率な電子移動反応を創出することが可能になると期待される。

13.1　表 13.1 の配位子を，単座，二座，多座に分類し，それぞれの配位子名で答えよ。

13.2　表 13.1 を参考にして，以下の錯体の配位数を決定せよ。

(a) $[PtCl_2(en)_2]^{2+}$　(b) $[NiCl_4]^{2-}$　(c) $[Fe(CO)_5]$　(d) $[Cr(edta)]^-$

13.3　$CoBr(NH_3)_5SO_4$ で表される化合物がある。

(a) 可能な配位異性体の化学式を示せ。ただし，Co(III) の配位数は 6 である。

(b) この化合物の水溶液に Ba^{2+}(aq) を加えたところ，$BaSO_4$ の沈殿が生成した。(a) で答えた異性体のうち，実際に溶液中に存在していたのはどれか。

13.4　以下の錯体にはどのような異性体が存在するか。その異性体の種類および可能な構造を示せ。

(a) $[Pt(CN)_2(NH_3)_2]$ (平面四角形構造)　(b) $[CrCl_3(OH_2)_3]$

(c) $[Co(NH_3)_5(SCN)]^{2+}$　(d) $[CoCl_4(NH_3)_2]^+$　(e) $[Fe(ox)_3]^{3-}$

13.5　$[Cr(en)_2(NH_3)_2]^{3+}$ について，以下の問いに答えよ。

(a) 幾何異性体の構造を示せ。

(b) 光学活性な錯体の構造を示せ。

13.6　次の錯イオンにおける不対電子の数を予想せよ。

(a) $[FeF_6]^{3-}$　(b) $[Co(CN)_6]^{4-}$

13.7　実験室に錯イオン $[Cr(OH_2)_6]^{3+}$，$[Cr(NH_3)_6]^{3+}$，および $[CrCl_2(OH_2)_4]^+$ のいずれかの水溶液が入った 3 つの容器がある。緑色溶液には (A)，黄色溶液には (B)，紫色溶液には (C) のラベルが貼ってある。これら 3 つの容器に含まれる錯イオンを区別せよ。

13.8　コバルト(III) 錯体 ($Na_3[CoF_6]$) の有効磁気モーメントを測定したところ，その値は 3.59 であった。この錯体は高スピン型か，それとも低スピン型か説明せよ。

13.9　八面体幾何構造の金属イオンと配位子との間で，σ 結合を形成するのに用いられる金属イオンの d 軌道を答えよ。

13.10　配位子場理論の概念を用いて，水がアンモニアより弱い場の配位子となる理由を説明せよ。

13.11　ある金属錯体 ($[ML_5(OH_2)]^{3+}$：M は遷移金属，L は単座配位子) において，アクア配位子と種々の配位子との置換反応を行ったところ，その反応速度定数は進入してくる配位子が異なってもほぼ一定であった。この錯体の置換反応は解離的に進行すると解釈できる理由を説明せよ。

13.12　*trans*-$[PtCl_2(NH_3)_2]$ を合成するには，$[PtCl_4]^{2-}$ と $[Pt(NH_3)_4]^{2+}$ のどちらを原料に用いればよいか説明せよ。

13.13　以下の有機金属化合物が 18 電子則を満足することを示せ。

(a) $[Mn(CO)_6]^+$　(b) $[Mo(CO)_3(\eta^6\text{-}C_6H_6)]$　(c) $[Co(CO)_3(PPh_3)]^-$ (PPh_3 は 2 電子供与体)

13.14　金属クロムは，二種類の陰イオン性カルボニル化合物 ($[Cr(CO)_5]^{x-}$ および $[Cr(CO)_4]^{y-}$) を形成する。x および y の値を求めよ。

Inorganic Chemistry

第14章 生物無機化学

この章で学ぶこと

化学の分野では，生物は長きにわたり有機化合物として扱われてきた。生物の主要な構成成分を考えると当然のことではある。しかし，生体内の重要な反応には，金属イオンあるいは金属イオンを含む化合物（金属錯体）が関与したものも数多くある。生体内に微量に含まれる金属元素の役割を理解する学問分野が生物無機化学である[*1]。この章では，生体内での金属イオンあるいは金属イオンを含む化合物の役割について見ていこう。

14.1 生物無機化学とは

生命の誕生が海水中で起こり[*2]，進化を続けながら現代に至っていることを化学反応から考えると，金属イオンなどの無機化合物の関与が重要であったことがわかる。地殻の金属イオンのような無機化合物と H_2O, H_2S, NH_3, CH_4, CO などの反応により[*3]，アミノ酸，糖類など生体関連物質が生成した。これらが脱水反応などの縮合により**生体高分子**（biopolymer）となり，原始細胞ができあがったと考えられる。これらの反応において，金属イオンやその化合物は触媒として働いたに違いない。

生体は多量の水と有機物，無機物から構成されているが，タンパク質，アミノ酸，糖，核酸，ビタミン，コレステロールなどの有機物に比べ，無機物の占める割合は少ない。人体中の元素存在量による元素の分類を表 14.1 に示した。体内存在量が 1 %を超える元素は多量元素といい，全体の 98 %以上を占める。少量元素まで加えると 99 %以上にのぼる。残りの微量元素，超微量元素は，生体反応の触媒などとして働いている。生物無機化学は，これらの量的に少ない無機成分について生体内での役割を理解する学問分野であり，分析技術の発達に伴い学問として開けた。

*1 分光学や微量分析技術の発展と精密な構造・反応モデルに関する研究により進展している。

*2 生命の誕生については，海底火山熱水噴気孔と陸上温泉地域で起こったという 2 つの説がある。

*3 深海の熱水噴出口からこれらの成分が供給され，高温・高圧状態であったことが重要である。

表 14.1 人体中の元素†

	元 素
多量元素	**O**, **C**, **H**, **N**, **Ca**, **P**
少量元素	**S**, **K**, **Na**, **Cl**, **Mg**
微量元素	**Fe**, F, Si, **Zn**, Rb, **Cu**, Sr, **Mn**, Pb
超微量元素	Al, Cd, Sn, Ba, Hg, **Se**, **I**, **Mo**, Ni, **Cr**, As, **Co**, V

青色太字はヒトにおいて必須性が確認されている元素（**必須元素**）
少量元素：数 mg g^{-1}，微量元素：μg g^{-1}，超微量元素：ng g^{-1}
† 元素は体重 1 g あたりの量で分類されている。

14.2 金属元素の役割

生体内での金属元素の役割は様々で，量的に少ない元素も重要な役割を担っている。生体中の金属元素は陽イオンとして存在し，様々な化合物（配位子）が結合している。主な金属元素の役割と結合する配位子の数（配位数），配位子の種類を表 14.2 にまとめた。アルカリ金属元素は，主に電荷の中和，膜電位*4 の制御や構造の安定化，アルカリ土類金属元素は，情報伝達，酵素の活性化や構造制御，典型元素は，**生体物質**（biomaterial）の構成要素や立体配置の制御，遷移金属元素は，電子移動，酸化還元の酵素としての役割をもっている。

*4 細胞膜の内側と外側の電位差。

表 14.2　金属元素の役割

元素	役割	配位数	配位子
Ca	骨，歯や膜の構成，電荷の調節，筋肉の刺激，酵素の活性化	6～8	カルボン酸，カルボニル，リン酸
K	電荷の調節，膜電位の制御，酵素の活性化	6～8	エーテル，ヒドロキシ基，カルボン酸
Na	電荷の調節，膜電位の制御	6	エーテル，ヒドロキシ基，カルボン酸
Mg	酵素の活性化	6	カルボン酸，リン酸
Fe	酸素の運搬・貯蔵，電子の伝達，酸化還元反応の触媒（酵素）	4	チオラート
		6	カルボン酸，アルコキシド，酸化物，フェノラート，イミダゾール，ポルフィリン
Zn	酸塩基反応の触媒	4	カルボン酸，カルボニル，チオラート，イミダゾール
		5	カルボン酸，カルボニル，イミダゾール
Cu	酸素の運搬，電子の伝達，酸化還元反応の触媒（酵素）	4	カルボン酸，カルボニル，チオラート，チオエーテル，イミダゾール
		6	カルボン酸，イミダゾール

生体内にある金属イオンはアミノ酸などが配位した状態で存在している。この章で扱うアミノ酸の構造と略記号を表 14.3 にまとめた。金属イオンの生物（生理）活性は，大まかに以下のように分類できる。**金属酵素**（metalloenzyme）では，金属イオンの結合部位が酵素反応の活性中心となる。非酵素的**金属タンパク質**（metalloprotein）では，酸素運搬機能（ヘモグロビン，ミオグロビン，ヘモシアニン）や金属イオンの輸送，貯蔵（フェリチン，メタロチオネイン）などを行う。電子的効果に基づいて金属イオンが活性化され，求電子中心として作用する触媒機能，あるいは金属イオンの酸化還元能に基づく触媒機能，電子伝達や基質の酸化還元などが重要な役割である。生物無機化学では，これらの金属イオンの作用機構を理解するため，活性中心の構造，反応性やモデル金属錯体*5 を用いた研究を行う。

*5 分子量の大きな生体分子を直接扱うことが困難であるとき，反応機構の解明などに金属活性中心周りを模倣した金属錯体をモデルとする。

14.2.1 金属元素の摂取

体内での金属イオンの量はその種類により様々であり，生命維持には

*6　動物が体内で合成することができないため摂取することが必要な必須アミノ酸がある。ヒトの必須アミノ酸は，9 種類（トリプトファン，ロイシン，リシン，バリン，トレオニン，フェニルアラニン，メチオニン，イソロイシン，ヒスチジン）である。

表 14.3　本章で扱う主なアミノ酸*6

アミノ酸	構造
アスパラギン酸 Asp, D	$HOOC{-}CH_2CH(COO^-)(NH_3^+)$
グルタミン酸 Glu, E	$HOOC{-}CH_2{-}CH_2CH(COO^-)(NH_3^+)$
チロシン Tyr, Y	$HO{-}C_6H_4{-}CH_2{-}CH(COO^-)(NH_3^+)$
システイン Cys, C	$HS{-}CH_2{-}CH(COO^-)(NH_3^+)$
ヒスチジン His, H	(イミダゾリウム環)$-CH_2{-}CH(COO^-)(NH_3^+)$
アルギニン Arg, R	$(H_2N)(^+H_2N{=})C{-}HN{-}CH_2{-}CH_2{-}CH_2{-}CH(COO^-)(NH_3^+)$

最適な量がある。それぞれの金属イオンは，色々な機能があるとともに，欠乏症（deficiency），過剰症（overload）が報告されている*7。金属イオンの量を制御するために，細胞の内側と外側の間にある**細胞膜**（cell membrane）*8 が重要な役割をもっている（図 14.1）。O_2, N_2, CO_2 などの気体や電荷密度*9 が小さいイオンは，細胞膜を直接通過することができる。金属イオンは，特定のアミノ酸，ペプチド，タンパク質（配位子）に結合した形で細胞膜を通過する。

金属イオンを運ぶ極性の官能基をもつ配位子は**イオノホア**（ionophore；イオン透過担体）と呼ばれる*10。金属イオンを含まないイオノ

*7

	欠乏症	過剰症
Fe	貧血	肝毒性
Zn	発育症	発熱

*8　細胞膜：基本構造単位は両親媒性の脂質である。膜は親水性の極性基を水にさらし，疎水性部分を内側にして脂質二分子層となる。

*9　陰イオンは電荷密度が小さく，陽イオンより膜を通過しやすい。

*10　大環状エーテル，ペプチド，カルボン酸塩などがある。

大環状エーテルイオノホア（ノナクチン）

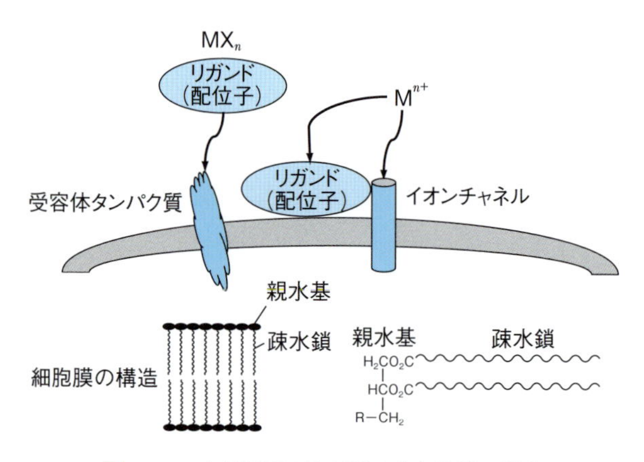

図 14.1　金属元素の取り込みと細胞膜の構造

ホアは水溶性で，金属イオンと結合することにより極性の官能基が内側になり疎水性の表面ができる。これにより脂質膜へ容易に溶け，膜を透過する。イオンを通す親水性の**チャネル**（channel）を通しても金属イオンは通過する。チャネルは，膜に結合するペプチド（peptide）やタンパク質により形成される。これらはイオン濃度勾配により移動する方向が決められ，**受動輸送**（passive transport）と呼ばれる。一方，イオンの濃度勾配に逆らって，ATP の加水分解のエネルギーなどを使って行われる**能動輸送**（active transport）（イオンポンプ）もある。

14.2.2　金属イオンの輸送

吸収した金属イオンなどの成分は，使用する場所や貯蔵する場所まで運ぶため，哺乳類では最終的に血流（血清）中に吸収される。多くの遷移金属イオンは，血流中で**担体タンパク質**（carrier protein）と結合して輸送される。一方，Na^{+}, K^{+}, Mg^{2+} や Ca^{2+} は，特別な担体タンパク質等と結合せず，遊離のイオンとして輸送されている。

鉄の輸送は**トランスフェリン**（transferrin；Tf H_3 *11）と呼ばれるタンパク質が関与した機構で，最もよく研究されている*12。遊離の鉄イオンが腸膜を通って血流中に入ると，プロトンの解離を伴ってトランスフェリンと結合する。炭酸イオンも Fe(III) もそれぞれ単独ではトランスフェリンに結合しないが，炭酸イオン存在下では，Fe(III) はトランスフェリンと強く結合する（式 14.1）*13。pH が約 5.5 となると，鉄が放出される。

$$\mathrm{Tf\,H_3 + Fe^{3+} + CO_3^{\,2-} \rightleftharpoons (Tf\text{-}Fe\text{-}O_2CO)^{2-} + 3\,H^+} \quad (14.1)$$

14.3　微量元素の遷移金属を含む生体分子

微量元素のなかの金属元素は，生体内で様々な反応に関与していると考えられる。その反応や機能が理解され，生命維持に不可欠な必須元素（essential element）がある。遷移金属元素*14 を含む生体分子は，金属タンパク質や金属酵素として基質の運搬・貯蔵，反応の触媒，反応性の制御・調節などを行っている。酵素*15 は，酸化還元反応，加水分解反応，転移反応，異性化反応などを触媒する。

14.3.1　鉄を含む生体分子

微量金属のなかで，鉄は量的に多い元素である。鉄を含むタンパク質や酵素の機能は，多岐にわたっている。中心となる金属元素に結合する配位子により二種類に分けられる（図 14.2）。一つは**ヘム鉄タンパク質**（heme iron protein）と呼ばれ，**ポルフィリン**（porphyrin）*16 を有する

*11　トランスフェリンは大きさ中程度の糖タンパク質（分子量約 80 kDa）で，構造的に若干異なる部位で 2 つの Fe(III) と結合する。

*12　ヒトのラクトフェリンとウサギのトランスフェリンは結晶学的構造が明らかになっている。His，Asp と 2 つの Tyr が鉄イオンに配位した構造である。

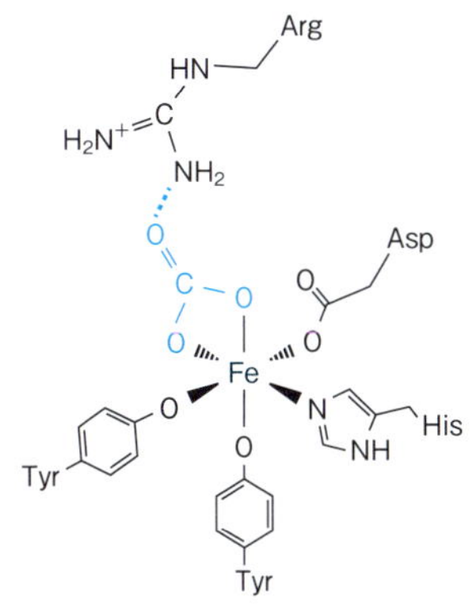

トランスフェリンの鉄の結合部位

*13　タンパク質の機能が他の化合物によって調節されることをアロステリック効果という。

*14　ヒト（体重 70 kg）では，おおよそ Fe は 3 ～ 5 g，Zn は～2 g，Cu は 100 ～ 300 mg，Mn は 20 ～ 100 mg が存在する。

*15　酸化還元酵素（oxidoreductase），加水分解酵素（hydrolase），転移酵素（transferase），異性化酵素（isomerase），リガーゼ（ligase），リアーゼ（lyase）

*16　4 つのピロール環が 2，5 位で連結した環状構造の有機化合物である。

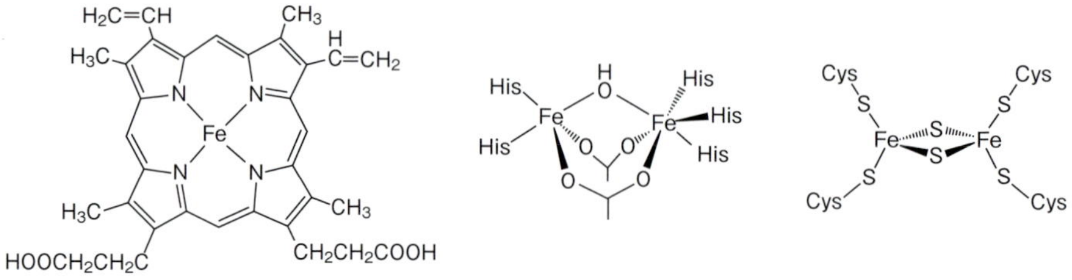

図 14.2　鉄を含む生体分子の金属中心の構造
左：ヘム，中央：ヘムエリスリン，右：二核型フェレドキシン

鉄タンパク質である（図 14.2 左）。もう一つは**非ヘム鉄タンパク質**（nonheme iron protein）で，ポルフィリンを配位子としてもたず，ヒスチジン残基のイミダゾール基，チロシン残基のフェノール基，システイン残基のチオール基，グルタミン酸やアスパラギン酸残基のカルボン酸基などが結合した鉄タンパク質である（図 14.2 中央，右）。ヘムエリスリンは海産無脊椎動物などで酸素運搬を行うタンパク質である。フェレドキシンは原核生物から動物までに存在して電子伝達を行う。

生物の多くは，酸素を用いた反応によって生命維持に必要なエネルギーや物質を獲得している。脊椎動物では，酸素の運搬と貯蔵を**ヘモグロビン**（hemoglobin；Hb）と**ミオグロビン**（myoglobin；Mb）が行っている[*17]。Hb と Mb は，ヘム鉄タンパク質で立体構造が最初に決定されたタンパク質である。これらは酸素 O_2 と可逆的に結合する。ヘム（鉄プロトポルフィリン[*18]）が酸素の結合サイトとなる。タンパク質一分子中に含まれるヘムの数は，Hb で 4 個，Mb で 1 個であり，それぞれ四分子と一分子の酸素と結合できる。ヘムはタンパク質中の疎水ポケットに埋め込まれているので，O_2 と結合しても溶媒分子と接触できない[*19]。酸素が結合していない状態を**デオキシ**（deoxy）状態（デオキシ体），結合した状態を**オキシ**（oxy）状態（オキシ体）と呼ぶ。デオキシ状態の鉄は 5 配位，酸化状態 ＋Ⅱ，高スピン状態である。オキシ状態では 6 配位，低スピン状態と考えられる。ヘムの鉄イオンが Fe(III) になっている状態を**メト**（met）体と呼ぶ。酸素の結合による構造的変化とスピン状態には関連がある。ポルフィリン環より約 60 pm 上方にあるデオキシ体の鉄イオンは，オキシ体ではポルフィリン環へ沈み込む（図 14.3）。これは，鉄イオンが高スピン状態から低スピン状態に変化することで，鉄イオンの半径が減少したことによると考えられる[*20]。O_2 はエンドオン型[*21]で結合し，遠位ヒスチジンのイミダゾール窒素との水素結合により安定化されている。共鳴ラマン散乱（$\nu(O_2)$）が $1107\ cm^{-1}$ に観測されることから，結合した酸素は超酸化物状態（O_2^-）であることが明ら

＊17　ヘモグロビン，Hb（分子量 65 kDa）：血液中で酸素 O_2 を輸送する。
ミオグロビン，Mb（分子量 17 kDa）：細胞組織中で酸素 O_2 を貯蔵する。

＊18　図 14.2（左）のように，ポルフィリン環にメチル基，ビニル基，プロピオン酸基が結合したものの総称である。

＊19　タンパク質の立体障害により O_2 還元の活性化エネルギーを高くしている。

＊20　6 配位状態の鉄イオンの半径/pm

	高スピン型	低スピン型
Fe(II)	92	75
Fe(III)	79	69

＊21　酸素の金属イオンへの配位様式には，1 つの酸素が配位するエンドオン型と 2 つの酸素が配位するサイドオン型がある。

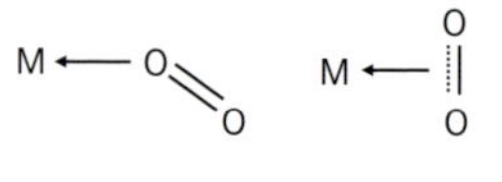

エンドオン　　サイドオン

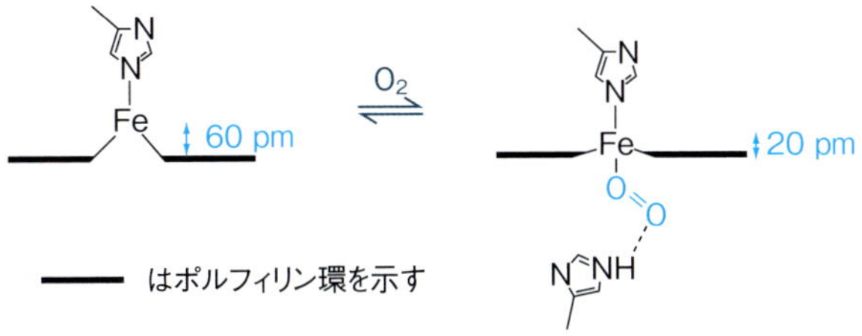

図 14.3　ヘム（鉄プロトポルフィリン）への酸素の結合

かになり，オキシ型では Fe(III) 状態と考えられる*22。Hb は血液中に，Mb は細胞組織中に存在する。酸素の運搬と貯蔵の機構は，各組織の酸素分圧および Hb と Mb の酸素結合力の差によって説明される*23。

海産無脊椎動物では，非ヘム鉄タンパク質の**ヘムエリスリン**（hemerythrin）Hr が酸素の運搬と貯蔵を行う*24。デオキシ状態では，2 個の高スピン Fe(II) がカルボン酸イオンと水酸化物イオンにより三重に架橋され，それぞれの鉄に配位したヒスチジンの個数が異なるため 5 配位と 6 配位の非対称的な構造である（図 14.4 左）。オキシ状態では，酸素が 5 配位の鉄イオンに配位して二核金属中心は 2 電子酸化され，酸素はペルオキシド（過酸化物）イオンに変化する*25。ペルオキソ中間体はヒドロキシド配位子を脱プロトン化してヒドロペルオキシドイオン（O_2H^-）となり，オキシド（オキソ）は 2 つの Fe(III) 間を架橋している（図 14.4 右）。ヒドロペルオキシドの水素は架橋オキシドとの水素結合によりオキシ体を安定化する。酸素分圧が低くなるとヒドロペルオキシドイオンが Fe(III) により酸化されて可逆的に酸素を放出する。

Hb や Mb と同じポルフィリン鉄を中心とするヘム鉄構造の酵素も様々な機能を有している。これらの機能はポルフィリン環やポルフィリン環の平面に垂直な軸方向に結合する配位子（軸配位子）の性質により調節されている。ポルフィリン鉄の構造的特徴により**シトクロム**（cytochrome）*a*, *b*, *c*, *d* と分類される。例えば，システイン由来のチオレート基を軸配位子とする酸素添加酵素にシトクロム P450 がある*26。これは，Fe(II) 状態に酸素が結合する反応を利用して，細胞膜に捕捉されたステロイド，薬物，汚染物をヒドロキシ化により水溶性にする。また，

図 14.4　ヘムエリスリンへの酸素の結合

*22　酸素化学種の伸縮振動（cm^{-1}）：O_2^+ 1865，O_2 1560，O_2^- 1110，O_2^{2-} 850

*23　一酸化炭素中毒は，Hb や Mb への結合が酸素より約 250 倍強いことによる。

*24　星口動物，鰓曳動物，腕足動物など。ヘムエリスリン，Hr（分子量 108 kDa，サブユニットの分子量 13.5 kDa）
甲殻類，節足動物ではヘモシアニン，Hc（二核銅錯体）が用いられる（14.3.2 項参照）。

*25　共鳴ラマン散乱が 846 cm^{-1} に観測される。

*26　P450 では，還元状態のヘム酵素に一酸化炭素を反応させると，450 nm に吸収帯が観測される。P は色素（pigment）の頭文字が由来である。

ヒスチジン由来のイミダゾール基が軸配位子であるヘム鉄酵素は**ペルオキシダーゼ**（peroxidase）と呼ばれ，過酸化水素を用いて有機・無機基質の酸化反応を行う。過酸化水素を酸素と水に分解する反応を触媒する**カタラーゼ**（catalase）は，軸配位子にチロシンが結合している。

非ヘム鉄では，単核，多核，クラスター*27 など様々な鉄錯体が活性中心となり，電子伝達，酸素運搬・貯蔵，酸化，酸素化，鉄運搬・貯蔵など様々な機能を有している。例えば，抗生物質（antibiotic）である**ブレオマイシン**（bleomycin）に結合した単核非ヘム鉄が酸素を活性化し，DNA の酸化的開裂を行う（図 14.5）。これは，抗ガン剤として利用される。ブレオマイシンは DNA 認識部位を有し，Fe(II) への酸素結合により Fe(III) ヒドロペルオキソ種（$[Fe^{III}–OOH]^{2+}$）を経由して反応が起こっていると考えられる。

*27　複数の中心金属を含む錯体を多核錯体と呼ぶ。クラスターは多核と同義語として用いられることもあるが，直接金属間に結合をもつものだけを指す場合もある。

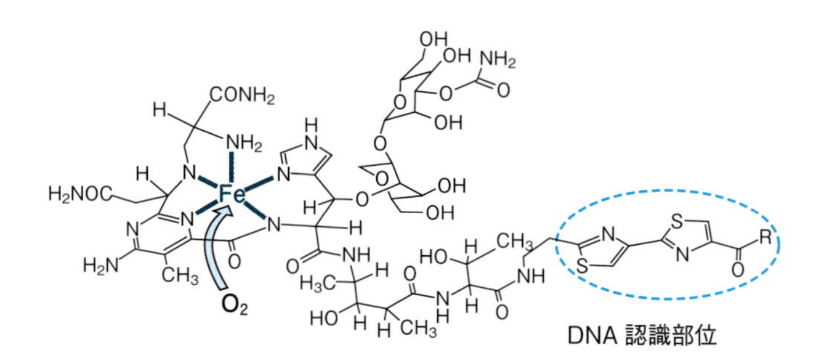

図 14.5　非ヘム鉄ブレオマイシンと酸素の結合

二核非ヘム鉄による酸素を用いた有機物の酸化反応を触媒する**メタンモノオキシゲナーゼ**（methane monooxygenase；MMO）は，メタンと酸素からメタノールを生成する（図 14.6 上）*28。類似の二核構造を有する**リボヌクレオチドレダクターゼ**（ribonucleotide reductase；RNR）はリボヌクレオチドをデオキシリボヌクレオチドへ変換するため，チロシン残基をチロシンラジカルへ酸化する（図 14.6 下）。これらの二核 Fe(II) 中心で酸素が還元され，二核 Fe(III) 架橋ペルオキソ種（$Fe^{III}_2(\mu–O_2^{2-})$）を経由し二核鉄高原子価オキソ種（$Fe^{IV}_2(\mu–O^{2-})_2$ あるいは $Fe^{III}Fe^{IV}(\mu–O^{2-})_2$）が生成する。これら二核鉄中心とメタンあるいはフェノールとの反応が起こる。

*28　有機物の酸化反応を触媒するシトクロム P450 とは大きく構造が異なる。酸化が困難なメタンを酸化するために 2 つの鉄中心が反応部位となることにより達成されると考えられている。

鉄を含むタンパク質として生体系で広く存在し，電子伝達を行う**鉄硫黄タンパク質**（iron–sulfur protein）がある*29。鉄，硫化物イオン（S^{2-}）およびシステイン残基のチオレート（RS^-）によりできるクラスターを含むタンパク質は，鉄イオンの数により分類される。基本的な構造は硫黄原子の架橋により，それぞれに特徴的な電子状態にある。単核鉄である**ルブレドキシン**（rubredoxin）*30，二～四核鉄構造である**フェレドキ**

*29　特徴的な EPR スペクトル（電子スピン共鳴：ESR）を示す。EPR については本章コラム参照。

*30　ルブレドキシン Rb：鉄中心は四面体型，高スピン型である。

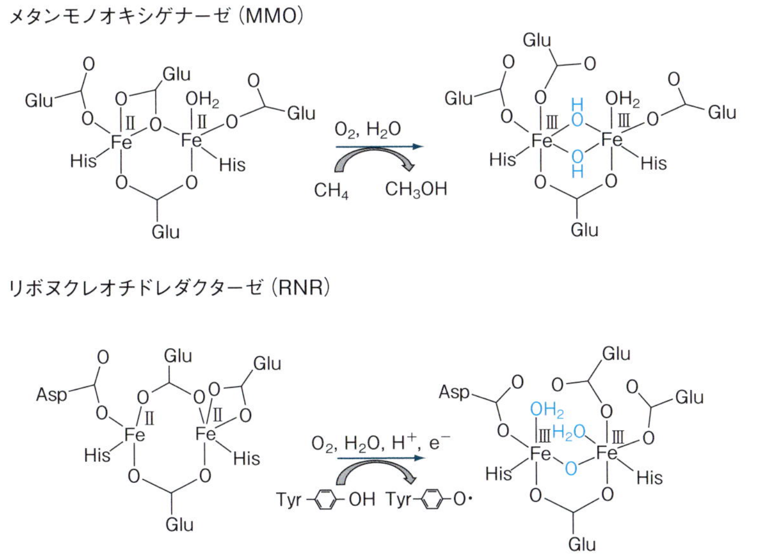

メタンモノオキシゲナーゼ (MMO)

リボヌクレオチドレダクターゼ (RNR)

図 14.6　二核非ヘム鉄による酸素の活性化

シン (ferredoxin)*31 がある。四核鉄フェレドキシン (Fe_4S_4)*32 構造のフェレドキシンは，その酸化状態により低電位と高電位のフェレドキシンに分けられる。

14.3.2　銅を含む生体分子

銅は電子配置 [Ar] $3d^{10}$ $4s^1$ である。1 価銅イオン (Cu(I)) では，d 軌道が満たされているため，反磁性で無色の化合物となる。銅イオンは Cu(II) 状態が安定で，常磁性で青色の化合物が多い。水溶液中の銅イオンはアンモニア水の添加による深青色の着色により確認される。Cu(I) や Cu(III) 状態も知られている。Cu(II) 状態では 4 配位平面四角形，4 配位四面体，6 配位八面体構造*33 をとり，Cu(I) 状態では 4 配位四面体，5 配位三方両錐，Cu(III) 状態では 4 配位平面四角形である。生体内では必須元素であり，鉄，亜鉛についで多く存在する遷移金属元素である*34。酸素運搬，電子伝達，基質の酸化などを行っている。銅イオンの配位環境と立体構造によってタイプ I，タイプ II，タイプ III 型に分類される (図 14.7)。

タイプ I 型はブルー銅タンパク質とも呼ばれ，強い青色を呈するひずんだ四面体構造である*35。直接的に触媒反応に関与することはない。複数の反応中心をもつ酸化還元酵素である**アズリン** (azurin)*36 や**プラストシアニン** (plastocyanin)*37 などでは，触媒部位へ電子を渡したり，あるいは受け取ったりする役割を果たしている。

タイプ II 型は，4 配位平面構造あるいは 5 配位正方錐構造をとり，銅

*31　二核鉄フェレドキシン Fe_2S_2：鉄中心は四面体型，高スピン型である。Fe(II, III) と Fe(III, III) 状態がある。

*32　四核鉄フェレドキシン Fe_4S_4：4 つの鉄と硫黄が交互に並んだ立方体構造である。Fe(II, II, II, III)，Fe(II, II, III, III)，Fe(II, III, III, III) 状態がある。

*33　Cu(II) の八面体型では，一軸方向に伸びたひずんだ構造となることによって安定になる (ヤーン-テラー効果)。

*34　側注 14 参照。

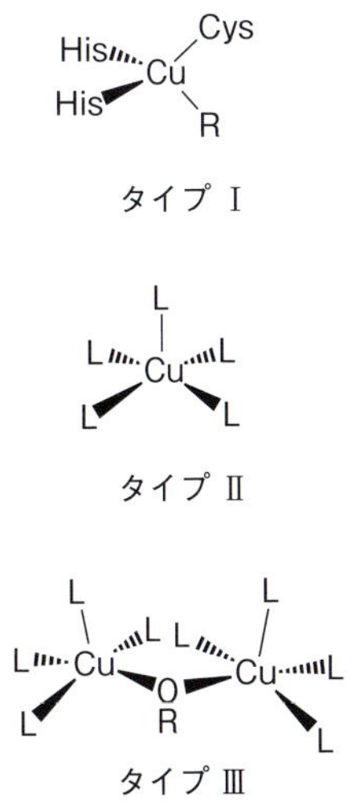

タイプ I

タイプ II

タイプ III

図 14.7　タイプ I，タイプ II，タイプ III 型銅イオンの配位環境

*35　620 nm 付近に観測される強い Cys-Cu(II) 間の LMCT (13.3.3 項参照) による。

*36　アズリンは細菌の呼吸鎖で電子を伝達する。

*37　プラストシアニンは光合成における光化学系 I (PS I) の P700 に電子を伝達する。

イオンに窒素あるいは酸素原子が配位している＊38。タイプ I 型に比べると，タイプ II 型の還元電位は正電位方向へシフト（還元されやすい）している。銅中心には空の配位座があり，基質分子の触媒的酸化に関与することが可能である。単独あるいはタイプ III 型の銅などと協働して触媒として働く。**スーパーオキシドジスムターゼ**（superoxide dismutase）は，タイプ II 型銅と亜鉛を含み＊39，超酸化物イオンを過酸化水素と酸素に不均化する反応を触媒する。

＊38　電子スペクトルは吸収強度が弱く，EPR スペクトルの超微細結合定数も大きく，典型的な正方錐構造である。

＊39　細菌類や陸上動植物などで見出される。鉄（好気性菌），マンガン，ニッケル（ともにシアノバクテリア（ラン藻類））を含むものも知られている。

タイプ III 型は，銅中心が架橋した構造である。銅イオンの数だけ電子を受容できる。酸化状態は Cu(II) であり，対となる 2 つの Cu(II) の間に反強磁性的相互作用があると考えられる＊40。タイプ III 型は I 型あるいは II 型の銅をもつタンパク質にもしばしば見出され，これらと協働で反応を行っている。タイプ III 型の多くは酸化酵素中で，O_2 を還元する部位として働いている。

＊40　2 つの銅のスピンを互いに打ち消し合い，ESR は観測されない。

甲殻類，節足動物において酸素運搬を行う**ヘモシアニン**（hemocyanin；Hc）＊41 は，2 つのタイプ III 型銅の二核中心をもつ構造である。2 つの Cu(I) は，それぞれに 3 つのヒスチジン残基のイミダゾールが結合した四面体構造である（図 14.8）。疎水性残基の並んでいるポケット内にある。オキシ体＊42 では対称的な並列橋かけ構造で，O_2 部位はペルオキソ種となっていると考えられる。酸素の結合は，ポケットの立体構造変化から説明される＊43。

＊41　ヘモシアニン，Hc（分子量 50 kDa ～ 8 MDa，サブユニットの分子量 75 kDa）

＊42　デオキシ体は無色，オキシ体は鮮やかな青色になる。

＊43　二核銅 (II) 架橋ペルオキソ種（$Cu^{II}_2(\mu\text{-}O_2^{2-})$）の銅イオン間の距離が短くなることは，銅イオン半径（Cu (I) 95 pm，Cu (II) 72 pm）の変化から説明できる。

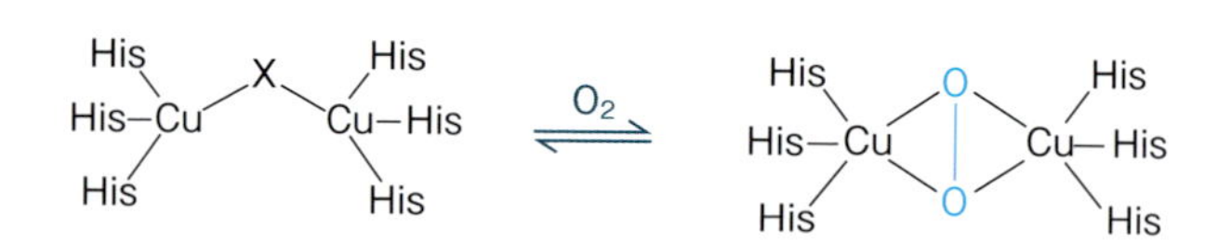

図 14.8　二核銅による酸素の結合

異なるタイプの銅中心を含んだタンパク質が多く，**亜酸化窒素還元酵素**（nitrous oxide reductase NOR），**亜硝酸還元酵素**（nitrite reductase NIR）＊44 や**ラッカーゼ**（laccase）などが知られている。これらはマルチ銅タンパク質と呼ばれる。複数の銅中心が適切な位置に配置されて，協働して機能をつくり出している。

＊44　NOR：
$N_2O + 2H^+ + 2e^- \rightarrow N_2 + H_2O$
NIR：
$NO_2^- + 2H^+ + e^- \rightarrow NO + H_2O$

14.3.3　亜鉛を含む生体分子

Zn(II) は電子配置が [Ar] $3d^{10}$ であることから，イオン結合性の相互作用が重要である。生体内での亜鉛の役割は，ルイス酸としての働きや，タンパク質へ結合することによる構造安定化効果などである。DNA から RNA を合成する段階で，DNA に結合する部位として**亜鉛フィンガー**（zinc finger）が知られている。亜鉛が亜鉛フィンガーに結合することにより DNA 結合タンパク質の構造を安定化している。加水分解反応を触媒する酵素などでは，Zn^{2+}やMg^{2+}がルイス酸として働いて，配位している水の解離を制御している（式 14.2）[*45]。

$$(ZnOH_2)^{2+} \rightleftharpoons (ZnOH)^{+} + H^{+} \qquad (14.2)$$

亜鉛を含む酵素として，**カルボキシペプチダーゼ A**（carboxypeptidase A；CPA）は，亜鉛イオン周りが四面体型の構造である。この酵素は，ポリペプチド鎖の C 末端に芳香族側鎖をもつアミノ酸の選択的脱離を触媒する（図 14.9）。活性中心には疎水性のポケットがあり，芳香族側鎖との結合が起こりやすい。Zn^{2+}の役割は，直接的にカルボニルへ結合して分極化させることではなく，加水分解の間に形成される負電荷をもつ中間体を安定化させることである[*46]。加水分解酵素では，亜鉛の水酸化物中間体（ZnOH）が生成する必要があることは，酵素の活性が pH に依存していることからも明らかである[*47]。

*45　$(ZnOH_2)^{2+}$（$pK_a = 9.0$）と$(MgOH_2)^{2+}$（$pK_a = 11.4$）では，Zn^{2+}が強いルイス酸である。

*46　カルボニル炭素に付加した水分子の脱プロトンにより生ずる中間体の負電荷を亜鉛イオンが中和する。

*47　アルカリ性ホスファターゼ：種々のリン酸エステルの加水分解を触媒する。至適 pH は 8 付近にある。

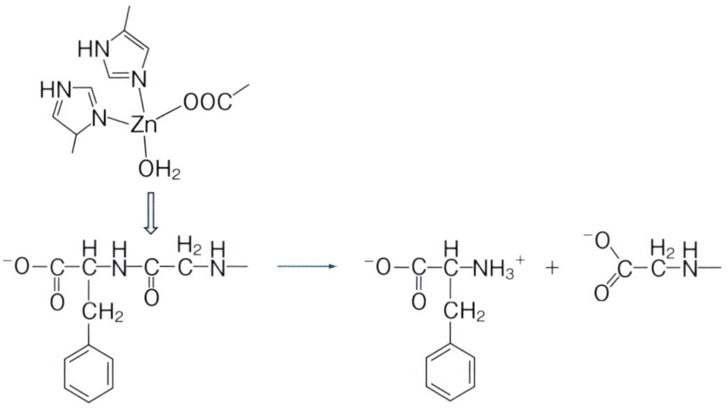

図 14.9　カルボキシペプチダーゼ A（CPA）の反応

14.4　生体分子の反応

微量の金属元素が重要な役割をもつ生体内反応は，化学工業や医療などへ利用される可能性を秘めている。生物無機化学は生体内の複雑な反応の理解や模倣を行い，新たなシステムの開発への基礎的知見を与える。

14.4.1　光合成

光合成（photosynthesis）は生命活動におけるエネルギー変換の最も重要なプロセスである。緑色植物やシアノバクテリア類では，太陽光エネルギーを用いて水と二酸化炭素からグルコースを合成することで，光エネルギーを化学エネルギーとして貯蔵している（式 14.3）[*48]。

$$6\,CO_2 + 6\,H_2O + 48\,h\nu \longrightarrow C_6H_{12}O_6 + 6\,O_2 \qquad (14.3)$$

緑色植物では，葉のなかの葉緑体で光合成が行われる。反応は光が関与

*48　嫌気性光合成細菌などはH_2Oの代わりにH_2SやH_2を用いており，この場合にはO_2は発生しない。

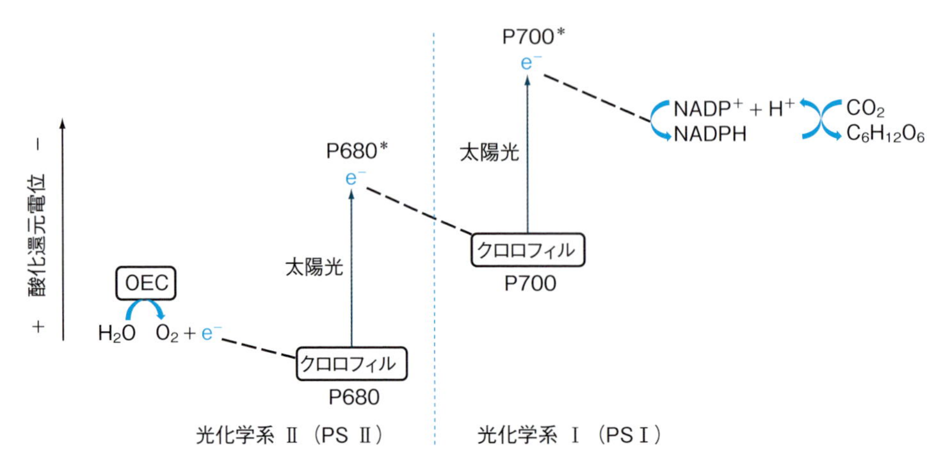

図 14.10　光合成における電子の流れ（Z-スキーム）

する**明反応**（light reaction）と，光がなくても反応が起こる**暗反応**（dark reaction）に分けられる。明反応における二段階の光化学的な過程により，励起された電子を $NADP^+$ オキシドレダクターゼに伝達し，**ニコチンアミドアデニンジヌクレオチドリン酸**（nicotinamide adenine dinucleotide phosphate；NADP）の還元で NADPH を生成する。さらに，**カルビン回路**（Calvin cycle）により二酸化炭素の還元で炭水化物を生成する。電子の光励起過程は，**光化学系 I**（photosystem I；PS I）と **II**（PS II）に分けられ，それぞれ吸収する光の波長が異なる（図 14.10）。

PS II にある**クロロフィル複合体**（chlorophyll complex，図 14.11（右））（P680）の励起により生じた**正孔**（4.8.1 項参照）により，マンガン 4 個とカルシウムを含んだ酵素（**酸素発生複合体** oxygen evolving complex；OEC，図 14.11（左））*49 の働きで水の酸化が進行する（式 14.4）。

$$2\,H_2O \longrightarrow O_2 + 4\,H^+ + 4\,e^- \tag{14.4}$$

PS II の励起で生じたクロロフィルから放出された電子は，電子伝達系を移動して PS I に達する。PS I の反応中心（P700）の光誘起電子移動反応によって生じた正孔を還元する*50。PS I の放出した電子はさらに $NADP^+$ オキシドレダクターゼに伝達され，NADPH を生成する。

*49　日本の研究グループにより，1.9 Å 分解能で構造が決められた。

*50　光励起状態における電子移動反応は光電荷分離と呼ばれる。

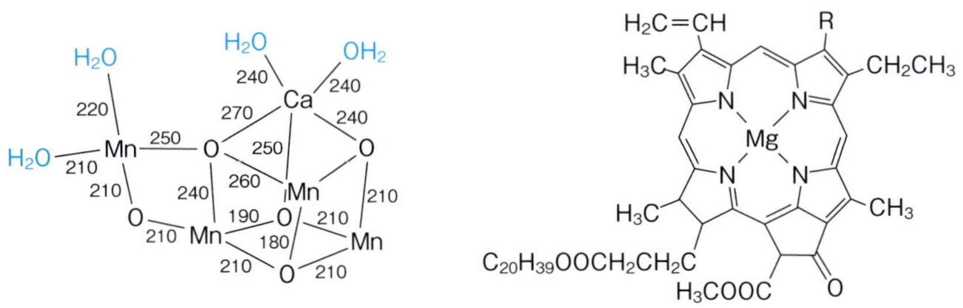

図 14.11　OEC（左）（図中の数字は結合距離/pm）とクロロフィル（右）の構造

NADPH は二酸化炭素を還元することによりデンプンなどの炭水化物をつくり出している。

光合成を模倣したエネルギー変換システムとして人工光合成システムを構築する研究が行われている*51。これにより太陽光エネルギーを高エネルギー小分子反応に導くことができる。

*51　人工光合成に関連する研究は，天然の光合成を模倣するだけでなく，様々な観点から行われている。最近では，太陽光や水から高エネルギー物質の生成に関連する研究なども含まれる。

14.4.2　生物活性物質

生体内反応において，微量金属元素の役割の重要性が明らかになっている。これらの反応や機能の化学的な理解が深まることによって，様々な利用に向かっている。金属元素が関連する反応や機能を利用した医薬品の開発が行われ，化学療法はその一つである。生体内において，特定の部位への相互作用や反応に関与する**生物活性物質**（biological active material）*52 の機能は重要である（表 14.4）。

*52　生理活性物質（bioactive material）という言葉もあるが，これらの用語の使用には注意が必要である。生物活性物質は薬や毒でも生体に作用がある物質で，生理活性物質はある生体内に本来存在して役立っている物質のことである。

表 14.4　病気の治療に用いられる金属元素*53

金属元素	病気
金	リウマチ性関節炎
鉄，コバルト，銅	貧血
白金	ガン
アルミニウム，亜鉛	皮膚の傷，胃炎，胃潰瘍
ビスマス，銅	胃炎，胃潰瘍
ビスマス	下痢
亜鉛	味覚障害，脱毛，成長障害
亜鉛，バナジウム	糖尿病
マグネシウム	便秘
チタン	日焼け
セレン	炎症（脳梗塞）

*53　金属錯体の医薬品
制ガン剤：Pt（シスプラチン），
　Fe，Co（ブレオマイシン）
リウマチ：Au（オーラノフィン）
抗潰瘍剤：Zn（ポラプレジンク）
貧血：Co（ビタミン B_{12}）

Column　金属を含む生体分子を調べる

生体内の微量元素や超微量元素の役割や作用機構に関する研究は，微量分析技術の向上とモデル化合物を用いた精密な解析によりますます発展している。本章で扱った金属イオンを含む生体分子の電子状態を明らかにするため，電子スピン磁気共鳴法や共鳴ラマン分光法が用いられる。

電子スピン磁気共鳴法は，電子のスピンに由来する磁気モーメントが，外部磁場中でマイクロ波やラジオ波と相互作用することに基づいた測定法である。電子スピン共鳴（electron spin resonance；ESR）や電子常磁性共鳴（electron paramagnetic resonance；EPR）と呼ぶ。対象とする試料形態，測定温度などは様々で，その応用分野も広範囲に及ぶ。

分子の構造や分子内・分子間の相互作用を知るため共鳴ラマン分光法が利用される。単色光を物質に入射した際に出てくる散乱光の中に，ある特有な値だけ波長が変化したラマン散乱光が含まれる。入射光の波長が分子の電子吸収帯付近にあると，ラマン散乱光が著しく増大する現象を利用して，ラマンスペクトルを測定する。これらの測定からラマン活性な分子やイオンの状態を明らかにすることにより，生体系試料の中にある金属化学種の酸化状態や構造・電子状態などが分かり，結合様式や機構の解明が可能となる。

＊54

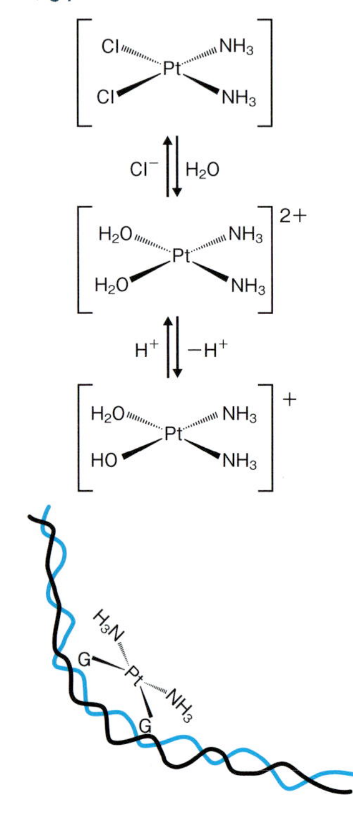

金属イオンの欠乏や過剰症では，金属イオンを含む化合物や金属イオンとの錯形成を利用した配位子による生体内の濃度調節を行う**キレート療法**（chelation therapy）がある。例えば，銅が肝臓に蓄積する金属イオンの過剰症（ウィルソン病）の治療に，**チオール基**（thiol group；R–SH）を有するジメルカプロールやペニシラミンを投与して，これが配位した金属錯体として排泄させる。

腫瘍に対する高い制ガン作用がある金属錯体として，**シスプラチン**（cisplatin；*cis*–ジアンミンジクロリド白金(II) *cis*–[$PtCl_2(NH_3)_2$]）が知られている。ガン細胞の DNA 鎖のグアニン部位に白金が結合していることが確認されている。薬としての効能は，白金錯体の *cis* 形の幾何構造とクロリド配位子を用いることが重要であると考えられている。シスプラチンの 2 つのクロリドがアクアとヒドロキシド配位子に置換した $[Pt(NH_3)_2(OH_2)(OH)]^+$ が DNA 鎖に結合し，屈曲させる＊54。副作用や投与方法などの問題を解決するために，新たな配位子の設計が行われている。

演習問題

14.1　表 14.2 にある配位子を配位原子により分類せよ。

14.2　次のイオンの電荷密度（q^2/r）を比較し，細胞膜への透過しやすさを比較せよ。
イオン半径　K^+：152 pm，Ca^{2+}：114 pm，Cl^-：167 pm

14.3　イオノホアの機能から考えられる構造や構成する官能基を示せ。

14.4　トランスフェリン中の鉄イオンは 6 配位である。鉄イオン周りの構造的な特徴を説明せよ。

14.5　ヘモグロビンの鉄中心のデオキシ体，オキシ体の電子状態を，d 軌道のエネルギー準位の高低が分かるように示せ。

14.6　ヘモグロビンとヘムエリスリンによる酸素の結合・放出における共通点をあげよ。

14.7　結合した酸素 O_2 と金属の電子状態を評価する方法を考えよ。

14.8　鉄と硫黄からなるタンパク質の鉄原子の数と構造についてまとめよ。

14.9　銅タンパク質のタイプ I ～ III 型について，銅イオン周りの配位数と構造について説明せよ。

14.10　ヘモシアニンに結合した酸素 O_2 の電荷や性質について記述せよ。

14.11　カルボキシペプチダーゼでは，水酸化物中間体の電子状態はどのように制御されていると考えられるか。

14.12　水と二酸化炭素を用いた光合成の重要性を地球上の物質循環の観点から説明せよ。

14.13　OEC が取り出した電子から二酸化炭素の還元を行うためのエネルギーを獲得する過程を説明せよ。

14.14　生体内での副作用や投与方法などを改良するために，治療薬として用いる金属錯体の重要な性質をあげよ。

付　録

1　無機化合物の命名法における主要な文法

命名は言語のように構成規則により配列されている。構成単位として「元素名」,「母体化合物を示す名称（語尾）」,「倍数接頭語」,「置換基，原子団を示す接頭語」,「電荷を表す接尾語」,「特定置換基を示す接尾語」,「挿入語」,「位置記号」,「句読記号」,「構造，幾何，立体を示す記述語」である。以下に主要な文法をまとめた。

1.1　括弧：丸括弧（　），波括弧｛　｝，角括弧［　］

表 1　括弧の主な使用法

	化学式		名称
（　）	原子団	$[Co(NH_3)_6]^{3+}$	置換基や配位子
	配位子の略記号	$[Fe(ox)_3]^{3-}$	酸化数，電荷，ラジカル
	不定比化合物の組成	$Fe_{3x}Li_{4-x}Ti_{2(1-x)}O_6$ $(x = 0.35)$	付加化合物の組成比
	化学種の状態	HCl (g)	立体化学記号
	立体記述記号	(*R*)-	
｛　｝	多重使用の階層順序に従って使用する		
［　］	錯体	$[CoF_6]^{3-}$	配位化合物中の有機配位子の命名
	同位体標識化合物	$[^{18}O, ^{32}P]\ H_3PO_4$	同位体標識化合物　$[^{15}N]$ ammonia
多重使用順序	[ ]，[( )]，[{( )}]，[({( )})]		( )，[( )]，{[( )]}，({[( )]})

1.2　ハイフン，符号，全角ダッシュ

化学式，名称中で使用される。前後にスペースはおかない。

1.3　スペース

化学式中ではスペースは用いない。英語の名称中で，塩のイオンや二元化合物の陽性・陰性成分を区分するのに用いられる。

1.4　母音省略

組成，付加命名法で倍数接頭語を用いるとき一般に母音省略は行わない。

1.5　数字：アラビア数字，ローマ数字

1.5.1　アラビア数字

(1) 右下付き：原子や原子団の個数，配位子の架橋多重度（μ）を示す。

(2) 右上付き：電荷数，配位子のハプト数（η）を示す。

(3) 化学式の前：付加化合物，不定比化合物の組成を示す。

1.5.2　ローマ数字

化学式中，右上付きで形式酸化数を示す。名称中では，丸括弧で原子名の直後に形式酸化数を示す。

1.6　イタリック体

幾何，構造接頭語（*cis*，*cyclo* など）を示す。配位化合物中で多座配位子の配位原子（NO_2^-；nitrito-κN, nitrito-κO）を示す。

1.7　ギリシャ文字

絶対配置記号（Δ, Λ），ハプト数（η），架橋多重度（μ），配位原子位置記号（κ）

1.8　倍数接頭語

単純な単位の場合：ジ（di-），トリ（tri-），テトラ（tetra-），ペンタ（penta-），ヘキサ（hexa-）

数を示す接頭語を含む場合や複合名称の場合：ビス（bis-），トリス（tris-），テトラキス（tetrakis-），ペンタキス（pentakis-），ヘキサキス（hexakis-）

1.9 順序規則

(1) アルファベット順

化学式中で，塩や複塩の陽イオン・陰イオンそれぞれの原子団の化学式，配位化合物の配位子の化学式・略記号のアルファベット順に配列する。

名称中で，形式上電気的陽性の成分群が前，陰性の成分群が後になり，各成分は名称のアルファベット順に配列する。配位化合物においては，配位子名称のアルファベット順に配列する。

(2) 他の順序規則

周期表に準拠する元素の順列や母体水素化物の順列などがある。

2 代表的な酸およびその共役塩基の解離指数（水溶液，25 ℃）

酸	pK_a	酸	pK_a
H_3O^+	(0)	HSO_3^-	7.19
H_2SO_3	1.86	$H_2PO_4^-$	7.20
H_3PO_4	2.15	HClO	7.53
HNO_2	3.15	HCN	9.21
HF	3.17	NH_4^+	9.24
HCOOH	3.55	HCO_3^-	10.33
CH_3COOH	4.56	HPO_4^{2-}	12.35
H_2CO_3	6.35	H_2O	(14.00)

3 水中での標準電極電位（25 ℃）

還元半反応	E°/V
$F_2 + 2\,e^- \longrightarrow 2\,F^-$	2.87
$O_3 + 2\,H^+ + 2\,e^- \longrightarrow O_2 + H_2O$	2.08
$H_2O_2 + 2\,H^+ + 2\,e^- \longrightarrow 2\,H_2O$	1.78
$MnO_4^- + 8\,H^+ + 5\,e^- \longrightarrow Mn^{2+} + 4\,H_2O$	1.51
$Au^{3+} + 3\,e^- \longrightarrow Au$	1.50
$Cl_2 + 2\,e^- \longrightarrow 2\,Cl^-$	1.36
$O_2 + 4\,H^+ + 4\,e^- \longrightarrow 2\,H_2O$	1.23
$Pt^{2+} + 2\,e^- \longrightarrow Pt$	1.20
$Br_2 + 2\,e^- \longrightarrow 2\,Br^-$	1.09
$Ag^+ + e^- \longrightarrow Ag$	0.80
$Hg_2^{2+} + 2\,e^- \longrightarrow 2\,Hg$	0.79
$O_2 + 2\,H^+ + 2\,e^- \longrightarrow H_2O_2$	0.70
$I_2 + 2\,e^- \longrightarrow 2\,I^-$	0.54
$Cu^{2+} + 2\,e^- \longrightarrow Cu$	0.34
$2\,H^+ + 2\,e^- \longrightarrow H_2$	0 †
$Pb^{2+} + 2\,e^- \longrightarrow Pb$	−0.13
$Sn^{2+} + 2\,e^- \longrightarrow Sn$	−0.14
$Ni^{2+} + 2\,e^- \longrightarrow Ni$	−0.23
$Fe^{2+} + 2\,e^- \longrightarrow Fe$	−0.44
$Zn^{2+} + 2\,e^- \longrightarrow Zn$	−0.76
$Al^{3+} + 3\,e^- \longrightarrow Al$	−1.66
$Mg^{2+} + 2\,e^- \longrightarrow Mg$	−2.37
$Na^+ + e^- \longrightarrow Na$	−2.71
$Ca^{2+} + 2\,e^- \longrightarrow Ca$	−2.87
$K^+ + e^- \longrightarrow K$	−2.92
$Li^+ + e^- \longrightarrow Li$	−3.05

† 定義により 0 V

演習問題解答

第1章　無機化学を学ぶために

1.1　イオン結合（4.2 節参照），共有結合（4.3 節参照），金属結合（4.8 節参照），配位結合（4.6 節参照），水素結合（8.5 節参照）。

1.2　周期表は，原子番号の順に元素を並べ，縦（同族）と横（同周期）に元素の物理的または化学的性質が類似したものが配置される（第 3 章参照）。元素の配置から，性質や電子配置などを大まかに理解することができる。

1.3　体積モル濃度：$\mathrm{mol\ dm^{-3}}$，$\mathrm{mol\ L^{-1}}$。質量モル濃度：$\mathrm{mol\ kg^{-1}}$。質量分率：$\mathrm{mg\ kg^{-1}}$（ppm），$\mathrm{\mu g\ kg^{-1}}$（ppb）。

1.4　化学物質は多かれ少なかれ有害である。環境や人体への影響を配慮し，化学物質の量や性質などを十分に理解する必要がある。法律により規制されている化学物質は規定を守って使用しなければならない。

1.5　「脱炭素」という言葉は，「炭素がない」，「炭素がなくなった」状態をめざすと印象づけられる。地球から炭素をなくすことは不可能である。求めているのは，二酸化炭素の排出と吸収のバランスがとれた状態であり，「炭素循環」が行われている状態である。

第2章　原子の構造

2.1　陽子数と原子番号は等しい。また，質量数は陽子数＋中性子数である。よって，

(a) $^{15}\mathrm{N}$　　(b) $^{37}\mathrm{Cl}$　　(c) $^{39}\mathrm{K}$　　(d) $^{56}\mathrm{Fe}$

2.2　$\nu = c/\lambda$ より，$\nu = (3.00 \times 10^{8}\ \mathrm{m\ s^{-1}})/(616 \times 10^{-9}\ \mathrm{m}) = 4.87 \times 10^{14}\ \mathrm{s^{-1}}$

2.3　$E = h\nu = hc/\lambda$ より，$E = (6.626 \times 10^{-34}\ \mathrm{J\ s}) \cdot (3.00 \times 10^{8}\ \mathrm{m\ s^{-1}})/656 \times 10^{-9}\ \mathrm{m}$

$= 3.03 \times 10^{-19}\ \mathrm{J}$

2.4　水素原子は電子を 1 個もつ。その電子と相互作用する電子は他になく，原子核中の陽子とのみ相互作用するため。

2.5　$\Delta E = E_3 - E_4 = -R_\infty hc\,(1/3^2 - 1/4^2)$

また，$E = hc/\lambda$ より，$\lambda = 1/(R_\infty\,(1/9 - 1/16)) = 1/(1.097 \times 10^{7}\ \mathrm{m^{-1}}\,(1/9 - 1/16))$

$= 1.875 \times 10^{-6}\ \mathrm{m} = 1875\ \mathrm{nm}$

2.6　$150\ \mathrm{km\ h^{-1}} = 41.7\ \mathrm{m\ s^{-1}}$

運動量は $mv = 0.150\ \mathrm{kg} \times 41.7\ \mathrm{m\ s^{-1}} = 6.26\ \mathrm{kg\ m\ s^{-1}}$

波長は $\lambda = h/mv = 6.626 \times 10^{-34}\ \mathrm{J\ s}/6.26\ \mathrm{kg\ m\ s^{-1}} = 1.06 \times 10^{-34}\ \mathrm{m}$

（$1\ \mathrm{J} = 1\ \mathrm{m^2\ kg\ s^{-2}}$ を用いる）

2.7　ボーアモデルでは電子を粒子として記述しており，電子が原子核の周囲を回る軌跡を軌道と考えるのに対し，量子力学モデルでは電子を見出す確率が高い空間領域を軌道という。

2.8　軌道を特定するのに必要な量子数は，主量子数，方位量子数，磁気量子数の三つである。

2.9　主量子数を n とすると，軌道の数は n^2 で表される。

(a) $1^2 = 1$　　(b) $3^2 = 9$　　(c) $5^2 = 25$

2.10　(a) p　　(b) d　　(c) f

2.11　軌道は，n, l, m_l の組合せで示される。ここでは m_l は問われていない。

(a) 2 s　　(b) 3 p　　(c) 4 d

2.12 (a) n が1のとき，$l=0$ のみ許容されるため，m_l も0しかとりえない。(b) 正しい。(c) m_s は $+1/2$ または $-1/2$ しかとらない。(d) n が3のとき，l は0, 1, 2しかとりえない。

2.13 (a) $2-1=1$ 個　(b) $4-1=3$ 個　(c) $3-1=2$ 個

第3章 電子配置と元素の周期性

3.1 (a) [Ar] $4s^2$　(b) [Ar] $3d^7\ 4s^2$

3.2 ネオンの電子配置は $1s^2\ 2s^2\ 2p^6$ である。これと同じ電子配置は，Na^+, Mg^{2+}, O^{2-}, F^- の各イオンである。

3.3 (a) Mn^0：[Ar] $3d^5\ 4s^2$　Mn^{3+}：[Ar] $3d^4$　Mn^{4+}：[Ar] $3d^3$
(b) Fe^0：[Ar] $3d^6\ 4s^2$　Fe^{2+}：[Ar] $3d^6$　Fe^{3+}：[Ar] $3d^5$

3.4 (a) f-ブロック元素　(b) p-ブロック元素　(c) d-ブロック元素　(d) s-ブロック元素

3.5 (a) OとSは16族元素であり，同族元素では高周期ほど大きくなるので $S>O$，SはPの右側にあり，同周期では右側ほど小さくなるので $P>S$ となる。よって，$P>S>O$ の順になる。
(b) 陽イオンは中性原子よりも小さいので $Na>Na^+$，同族では高周期ほど大きくなるので $K>Na$ となる。よって，$K>Na>Na^+$ の順になる。

3.6 第一イオン化エネルギーは同周期では右にいくほど増加し，また高周期になるほど減少する。
(a) いずれも同周期の元素なので，$Mg<P<Ar$ の順となる。
(b) Caは第4周期，Csは第6周期，Neは第2周期なので，$Cs<Ca<Ne$ の順となる。

3.7 遮蔽が大きくなることに加え価電子が原子核から遠ざかるため，イオン化しやすくなる。

3.8 それぞれの元素の電子配置は，
Li：[He] $2s^1$　Ne：[He] $2s^2\ 2p^6$　Cl：[Ne] $3s^2\ 3p^5$　Mo：[Kr] $4d^5\ 5s^1$　Au：[Xe] $4f^{14}\ 5d^{10}\ 6s^1$
(a) 電子配置より，Li, Mo, Au　(b) 陰イオンは対応する原子より大きいことから，Cl　(c) 電子配置より，Au　(d) 電子配置より，Mo　(e) 電子配置より，Ne, Cl

3.9 図3.1より，$4s<3d<5p<6s<4f$ の順となる。

3.10 15族元素の最外殻電子配置は $ns^2\ np^3$ であるが，構成原理より np軌道には同じスピンで1つずつ入る。16族元素は $ns^2\ np^4$ であり，np軌道のうち2つは不対電子となる。17族元素は np軌道のうち1つだけ不対電子となる。(a) は15族元素なので，不対電子は3つある。(b) は16族元素なので，不対電子は2つある。(c) は15族元素であるが，3価の陰イオンになっているため，3電子加わることにより，不対電子は0となる。(d) は17族元素なので，不対電子は1つある。

3.11 第二イオン化エネルギーにより除かれる4p電子の有効核電荷は，Krに比べてRbの方が大きいため，Rbの方が値が大きくなる。

3.12 (a) Sn^{2+}：[Kr] $4d^{10}\ 5s^2$　Sn^{4+}：[Kr] $4d^{10}$　Mg^{2+}：[He] $2s^2\ 2p^6$ または [Ne]
(b) Sn^{2+} の電子配置はCd，Sn^{4+} の電子配置はPdのそれと等しい。また，Mg^{2+} と等しいのはNeである。

3.13 (a) 式3.1を用いる。$Z_{\mathrm{eff}}(\mathrm{Ne}) = 10-4.24 = 5.76$，$Z_{\mathrm{eff}}(\mathrm{Ar}) = 18-11.24 = 6.76$
(b) Arの最外殻電子は3p電子で，これは $n=2$ (10電子) および $n=1$ (2電子) によりほとんど遮蔽されるのに対し，Neの最外殻電子は2p電子であり，これは $n=1$ (2電子) 中の電子によってのみ遮蔽されるため。

3.14 電子親和力は，1族原子については高周期ほど小さくなる。また，同周期では右にいくほど大きくなるが，15族は例外的に小さい。
(a) 1族元素の比較なので，$Na>Rb$ となる。　(b) 同周期での比較であるが，15族の窒素は傾向に従わないため，$C>N$ となる。　(c) 同周期での比較なので，$F>Li$ となる。

3.15　元素の金属性は，同周期では右にいくほど減少し，高周期であるほど増大する傾向にある。よって，同周期の元素（Si, Cl, Na）間での金属性は Cl＜Si＜Na となる。一方，Na と Rb では後者の方が高周期であることから，金属性は Na＜Rb となる。以上より，金属性が増大する順は Cl＜Si＜Na＜Rb となる。

第 4 章　化学結合の基礎概念

4.1　(a) :Xe:　8 個　　(b) :Cl·　7 個　　(c) Sr^{2+}　0 個　　(d) $[:Cl:]^-$　8 個

4.2　(a) 9 個　　(b) 9 個　　(c) 10 個　　(d) 9 個

4.3　(a) :F−F:　　(b) H−I:　　(c) $[:N\equiv O:]^+$　　(d) S=O

4.4　電気陰性度差（ΔEN）を用いる。ΔEN＞2.0 のときはイオン結合，ΔEN＜2.0 のときは共有結合と考えることができる。

4.5　(a) ΔEN＝0　(b) ΔEN＝1.6　(c) ΔEN＝0.8　(d) ΔEN＝2.4

よって，極性共有結合は (b) と (c)，イオン結合は (d) となる。

4.6　(a) 双極子モーメントは，$\mu = 1.60 \times 10^{-19}$ C $\times 127 \times 10^{-12}$ m $= 2.03 \times 10^{-29}$ C m。これをデバイ単位に変換すると，$(2.03 \times 10^{-29}$ C m$/3.34 \times 10^{-30}$ C m$) \times 1$ D $= 6.08$ D

(b) (1.08 D/6.08 D) × 100 % ＝ 17.8 %

4.7　$[O=C(-O)_2]^{2-}$ ⟷ $[O-C(=O)(-O)]^{2-}$ ⟷ $[O-C(-O)(=O)]^{2-}$

4.8　二硫化炭素のルイス構造は以下の二通りが考えられる。

C＝S＝S　　S＝C＝S

左側の構造において形式電荷を求めると，C が −2，中央の S が +2，右の S が 0 となるのに対し，右側の構造ではすべての原子が 0 となる。右側の構造の形式電荷の絶対値は 0 であり，左側のそれは 4 となる。よって，SCS の原子配列であると予想される。

4.9　$[:N\equiv C-O:]^-$ ⟷ $[N=C=O]^-$ ⟷ $[:N-C\equiv O:]^-$

（左側の構造）N：0，C：0，O：−1　形式電荷の絶対値 ＝ 1

（中央の構造）N：−1，C：0，O：0　形式電荷の絶対値 ＝ 1

（右側の構造）N：−2，C：0，O：+1　形式電荷の絶対値 ＝ 3

また，左側の構造では酸素原子上に −1 の形式電荷があるのに対し，中央の構造では窒素原子上に −1 の形式電荷がある。より陰性な元素上に負の形式電荷がある方が安定となることから，上記した三つの共鳴構造のうち，左側の寄与が最も大きいと予想される。

4.10　SF_4 分子では S 上のオクテットの拡張が可能である。しかし，O は第 2 周期元素なのでオクテットを越えることができない。よって，OF_4 分子は存在しない。

4.11　NOF_3（左）はすべて単結合であるが，POF_3（右）には二重結合が 1 本あるという違いがある。

:O:（N−O 単結合），:F−N−F:，:F:（N−F 単結合）　　　:O:（P=O 二重結合），:F−P−F:，:F:（P−F 単結合）

4.12　(a) 12 個　(b) 8 個　(c) 12 個　(d) 12 個

4.13　窒素−酸素間の結合は次の通り。NO_2^-：平均 1.5 重結合，NO^+：3 重結合，NO_3^-：平均 1.33 重結合

(a) 結合の多重性が大きいほど結合長は短い：$NO^+ < NO_2^- < NO_3^-$

(b) 結合の多重性が大きいほど結合エネルギーは大きい：$NO_3^- < NO_2^- < NO^+$

4.14 $1\ \mathrm{eV} = 1.60 \times 10^{-19}\ \mathrm{J} \times 6.02 \times 10^{23}\ \mathrm{mol^{-1}} = 96.3\ \mathrm{kJ\ mol^{-1}}$ となる。
ダイヤモンドのバンドギャップは 5.49 eV であるため，絶縁体である。
ケイ素のバンドギャップは 1.11 eV であるため，半導体である。

第5章　分子の形と結合理論

5.1 幾何学的に，三角形は 120°，四面体は 109.5°，八面体は 90°である。よって，(c) < (b) < (a) の順となる。

5.2 VSEPR により考える。(a) の S 原子は 5 電子対（うち非共有電子対 1），(b) の中央の O 原子は 4 電子対（うち非共有電子対 2），(c) の中央の N 原子は 5 電子対（うち非共有電子対 3），(d) の S 原子はそれぞれ 4 電子対である。したがって，(a) はシーソー形，(b) は折れ線形，(c) は直線形，(d) は四面体形と予測される。

5.3 (a) は直線，(b) は折れ線，(c) は直線構造である。よって，(a) と (c) が同じ幾何構造をとる。

5.4 (a) ホルムアルデヒドの炭素原子は 3 電子対構造である。よって，分子構造は三角形と予測される。
(b) 酸素原子上の非共有電子対と C–H 結合の間で反発があるため，理想的な 120°よりも狭くなると予想される。

5.5 (a) 中央の炭素原子は 4 電子対構造である。よって，結合角は 109.5°と予想される。
(b) 中央の炭素原子は 3 電子対構造である。よって，結合角は 120°と予想される。
(c) 中央の酸素原子は 4 電子対構造である。よって，結合角は 109.5°と予想される。

5.6 sp^3 混成した原子上には，π 結合を形成するための p 軌道が残っていないため。

5.7 (a) 中心原子 C の電子対幾何構造は直線であることから，sp 混成軌道である。
(b) 中心原子 N の電子対幾何構造は三角形であることから，sp^2 混成軌道である。
(c) 中心原子 O の電子対幾何構造は三角形であることから，sp^2 混成軌道である。
(d) 中心原子 Cl の電子対幾何構造は四面体であることから，sp^3 混成軌道である。

5.8 (a) 中心原子 P は sp^3d 混成軌道であり，非共有電子対はないことから，分子幾何は三方両錐である。
(b) 中心原子 Xe は sp^3d^2 混成軌道であり，非共有電子対を 2 つもつことから，分子幾何は平面四角形である。

5.9 エチレン炭素は sp^2 混成であり，エチレン炭素間の二重結合は 1 つの σ 結合と 1 つの π 結合からなる。また，2 つの炭素原子は sp^2 混成であることから，エチレンは結合角 120°をもつ平面構造となる。一方アセチレン炭素は sp 混成であり，アセチレン炭素間の三重結合は 1 つの σ 結合と 2 つの π 結合からなる。また，2 つの炭素原子は sp 混成であることから，アセチレンは結合角 180°をもつ直線構造となる。

5.10 (a) メチル炭素は sp^3 混成であり，カルボニル炭素は sp^2 混成である。(b) sp 混成である。

5.11 すべての炭素は sp^2 混成で 6 つの π 電子をもつが，π 電子は 6 つの炭素上に非局在化しており，結果的に C–C 結合は 1.5 重結合となっているため。

5.12 分子構造は，ルイス理論と原子軌道を組み合わせて説明することが可能であることから，より単純な VB 理論の方がよいと考えられる。

5.13 図 5.18 より，
(a) N_2^+：$(\sigma_{1s})^2(\sigma_{1s}^*)^2(\sigma_{2s})^2(\sigma_{2s}^*)^2(\pi_{2p})^2(\pi_{2p})^2(\sigma_{2p})^1$　よって，結合次数は $(9-4)/2 = 2.5$
(b) O_2^+：$(\sigma_{1s})^2(\sigma_{1s}^*)^2(\sigma_{2s})^2(\sigma_{2s}^*)^2(\sigma_{2p})^2(\pi_{2p})^2(\pi_{2p})^2(\pi_{2p}^*)^1$　よって，結合次数は $(10-5)/2 = 2.5$

(c) C_2^+：$(\sigma_{1s})^2(\sigma_{1s}^*)^2(\sigma_{2s})^2(\sigma_{2s}^*)^2(\pi_{2p})^2(\pi_{2p})^1$　よって，結合次数は $(7-4)/2=1.5$

(d) Cl_2^{2-}：これの電子配置は Ar_2 と同じである。よって，結合次数は 0

以上より，結合次数が正の値となる (a), (b), (c) は実在すると考えられる。

5.14　図 5.18 より，

(a) B_2^{2-}：$(\sigma_{1s})^2(\sigma_{1s}^*)^2(\sigma_{2s})^2(\sigma_{2s}^*)^2(\pi_{2p})^4$

(b) C_2^{2-}：$(\sigma_{1s})^2(\sigma_{1s}^*)^2(\sigma_{2s})^2(\sigma_{2s}^*)^2(\pi_{2p})^4(\sigma_{2p})^2$

(c) N_2^{2-}：$(\sigma_{1s})^2(\sigma_{1s}^*)^2(\sigma_{2s})^2(\sigma_{2s}^*)^2(\pi_{2p})^4(\sigma_{2p})^2(\pi_{2p}^*)^2$

(d) O_2^{2-}：$(\sigma_{1s})^2(\sigma_{1s}^*)^2(\sigma_{2s})^2(\sigma_{2s}^*)^2(\sigma_{2p})^2(\pi_{2p})^4(\pi_{2p}^*)^4$

よって，π^*軌道に電子をもつのは (c) と (d) である。

5.15

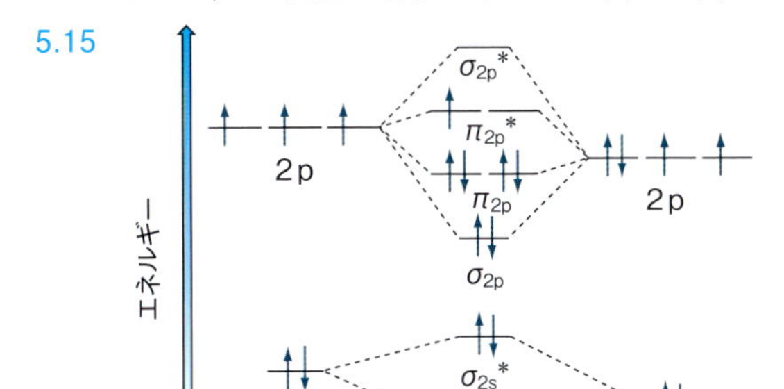

NO 分子の MO 図は左のようになる。π_{2p}^* 軌道に不対電子があることから，NO 分子は反応活性なフリーラジカルである。

第 6 章　無機化合物の反応

6.1　$CN^-(aq) + H_2O(l) \rightleftharpoons HCN(aq) + OH^-(aq)$

CN^- はプロトンを受け取っているのでブレンステッド塩基である。

6.2　酸：HNO_3，その共役塩基：NO_3^-　　塩基：NH_3，その共役酸：NH_4^+

6.3　$K_w = [H_3O^+][OH^-] = 1.00 \times 10^{-14}$ より，$pK_w = pH + pOH = 14.00$ となる。

6.4　$pOH = -\log(1.20 \times 10^{-3}) = 2.92$　　$pH = 14.00 - 2.92 = 11.08$

6.5　(a) モル濃度の変化を x とすると，平衡に達したときは $K_b = 3.6 \times 10^{-10} = [CH_3COOH][OH^-]/[CH_3COO^-] = x^2/(0.015 - x)$ と表される。$x \ll 0.015$ と仮定すると上式の分母は 0.015 となる。これより x を求めると，$x = [OH^-] = 2.3 \times 10^{-6}\ \mathrm{mol\ dm^{-3}}$ ($2.3 \times 10^{-6}/0.015 \times 100 = 0.015$ %となり，上の仮定を満足する)

(b) $[H_3O^+][OH^-] = K_w$ より，$[H_3O^+] = K_w/[OH^-] = 4.3 \times 10^{-9}\ \mathrm{mol\ dm^{-3}}$

よって，$pH = -\log(4.3 \times 10^{-9}) = 8.4$

6.6　(a) ルイス塩基　(b) ルイス酸　(c) ルイス塩基　(d) ルイス酸

6.7　この場合，ルイス酸の強さは X 原子の電気陰性度に依存する。X 原子の電子求引性が強いほど (電気陰性度が大きいほど)，ルイス酸性は強くなる。したがって，$SnF_4 > SnCl_4 > SnBr_4 > SnI_4$ の順となる。

6.8　(a) HSAB の分類では，Pt^{2+} イオンは軟らかい酸である。したがって，より軟らかい S 原子で結合すると予想される。

(b) N 原子は S 原子と比べて硬い塩基であることから，より硬い酸である Cu^{2+} の方が適切だと予想される。

6.9　(酸化) $Sn^{2+}(aq) \longrightarrow Sn^{4+}(aq) + 2e^-$　　(還元) $I_2(aq) + 2e^- \longrightarrow 2I^-(aq)$

6.10 ハロゲン分子それぞれの標準電極電位を比較する。この電位が高いほど酸化力は大きい。よって，$F_2 > Cl_2 > Br_2 > I_2$ の順になる。

6.11 銅，水素イオンおよび過酸化水素の標準電極電位を比較すると，$H_2O_2 > Cu^{2+} > H^+$ となる。したがって，銅は塩酸とは反応しないが，過酸化水素とは反応して銅イオンとなり溶解する。

6.12 求める反応は，$(Ce^{4+}/Ce^{3+}) + (Ce^{3+}/Ce)$ で表される。よって，

$\Delta G^\circ(Ce^{4+}/Ce) = \Delta G^\circ(Ce^{4+}/Ce^{3+}) + \Delta G^\circ(Ce^{3+}/Ce)$

$\Delta G^\circ = -nFE^\circ$ より，$-4\,FE^\circ(Ce^{4+}/Ce) = -FE^\circ(Ce^{4+}/Ce^{3+}) + \{-3\,FE^\circ(Ce^{3+}/Ce)\}$

ファラデー定数を消去して整理すると，

$E^\circ(Ce^{4+}/Ce) = \{1.71\ \mathrm{V} + 3 \times (-2.34\ \mathrm{V})\}/4 = -1.33\ \mathrm{V}$

6.13 それぞれの半電池反応は，

（カソード）$O_2(g) + 4\,H^+ + 4\,e^- \longrightarrow 2\,H_2O(l)$

（アノード）$4\,Ag(s) \longrightarrow 4\,Ag^+(aq) + 4\,e^-$

よって，$E^\circ_{cell} = E^\circ$(カソード)$- E^\circ$(アノード)$= 1.23\ \mathrm{V} - 0.80\ \mathrm{V} = 0.43\ \mathrm{V}$

$\Delta G^\circ = -nFE^\circ = -4 \times 96485\ \mathrm{C\ mol^{-1}} \times 0.43\ \mathrm{V} = -1.7 \times 10^5\ \mathrm{J\ mol^{-1}}$ （$\because \mathrm{V} = \mathrm{J\ C^{-1}}$）

$\Delta G^\circ = -RT\ln K$ より，$\ln K = (-1.7 \times 10^5\ \mathrm{J\ mol^{-1}})/\{-(8.314\ \mathrm{J\ K^{-1}\ mol^{-1}}) \times (298\ \mathrm{K})\} = 69$

よって，$K = 9.3 \times 10^{29}$

6.14 それぞれの半電池反応は，

（カソード）$Cu^{2+}(aq) + 2\,e^- \longrightarrow Cu(s)$

（アノード）$H_2(g) \longrightarrow 2\,H^+(aq) + 2\,e^-$

よって，正味の反応式は $Cu^{2+}(aq) + H_2(g) \longrightarrow Cu(s) + 2\,H^+(aq)$ となる。

$E^\circ_{cell} = E^\circ$(カソード)$- E^\circ$(アノード)$= 0.34\ \mathrm{V} - 0.00\ \mathrm{V} = 0.34\ \mathrm{V}$

水素イオン濃度を $[H^+]$ とすると，ネルンストの式から，

$0.490\ \mathrm{V} = 0.34\ \mathrm{V} + (RT/2F)\ln(1.0/[H^+]^2)$

$\ln[H^+]^2 = -12 \qquad [H^+] = 2.5 \times 10^{-3}\ \mathrm{mol\ dm^{-3}}$

したがって，$\mathrm{pH} = -\log(2.5 \times 10^{-3}) = 2.6$

6.15 ネルンストの式を用いる（K^+の反応電子数は 1）。

$|\Delta E| = (RT/nF)\ln 20 = \{(8.314\ \mathrm{J\ K^{-1}\ mol^{-1}} \times 310\ \mathrm{K})/96485\ \mathrm{C\ mol^{-1}}\} \times \ln 20$

$= 0.080\ \mathrm{V}$

よって，膜電位は約 80 mV となる。

6.16 (a) ${}^{226}Ra \longrightarrow {}^{222}Rn + {}^{4}He\ (=\alpha)$ (b) ${}^{90}Sr \longrightarrow {}^{90}Y + {}^{0}e^-\ (=\beta^-)$

第 7 章　分子の対称性と結晶構造

7.1 (1) E, C_3, σ_d (2) $E, C_2, C_3, C_4, i, \sigma_h, \sigma_d, S_4, S_6$ (3) $E, C_2, C_3, C_4, i, \sigma_h, \sigma_d, S_4, S_6$

7.2 (1) E, C_3, σ_v (2) E, C_2, σ_v (3) $E, C_2, C_3, \sigma_h, \sigma_v, S_3$

7.3 (1) $C_{\infty v}\ (E, C_\infty)$ (2) $C_2\ (E, C_2)$ (3) $D_{2h}\ (E, 3C_2, 2\sigma_v, \sigma_h, i)$

7.4 (1) H_2：無 (2) NH_3：有（$\mu = 1.47\ \mathrm{D}$） (3) BF_3：無

7.5 $\mu = (1.6022 \times 10^{-19}\ \mathrm{C}) \times (92 \times 10^{-12}\ \mathrm{m}) = 1.5 \times 10^{-29}\ \mathrm{C\ m} = 4.5\ \mathrm{D}$

7.6 $NH_3\ (C_{3v})$ では四種の基準振動の対称種は A_1（左から 1, 2 番目）と E（右から 1, 2 番目）に分類される。表 7.3 の基底より，全てラマンおよび赤外活性である。

7.7 (1) 1 (2) 2 (3) 4

7.8　四面体型：8　八面体型：1

7.9　$(4/3\pi r^3)/(2r)^3 \times 100\ \% = 52\ \%$

7.10　$(4r/\sqrt{2})^3 = [197\ \mathrm{g\ mol^{-1}} \times \{4/(6.02 \times 10^{23}\ \mathrm{mol^{-1}})\}]/(19.30\ \mathrm{g\ cm^{-3}})$

$r = 1.44 \times 10^{-8}\ \mathrm{cm} = 144\ \mathrm{pm}$

7.11　本文参照。

7.12　$d = \{(22.99\ \mathrm{g\ mol^{-1}} + 35.45\ \mathrm{g\ mol^{-1}}) \times 4/(6.02 \times 10^{23}\ \mathrm{mol^{-1}})\}/(282.7\ \mathrm{pm} \times 2)^3 = 2.15\ \mathrm{g\ cm^{-3}}$

7.13　(1) 八面体型 ($r^+/r^- = 0.637$)　　(2) 四面体型 ($r^+/r^- = 0.354$)

7.14　(格子エネルギー$/\mathrm{kJ\ mol^{-1}}$) $= 108 + 242/2 + 496 - 349 - (-411) = 787$

第8章　水素および酸素

8.1　$(2.0160 - 1.0079)/(2.0160 - 1.0078) = 0.999900$　　^{1}H；99.990 %　^{2}H；0.010 %

8.2　赤外分光，ラマン分光

8.3　$1\ \mathrm{L}/22.4\ \mathrm{L\ mol^{-1}} \times 18.02\ \mathrm{g\ mol^{-1}} \times 2 = 1.609\ \mathrm{g}$

$1\ \mathrm{L}/22.4\ \mathrm{L\ mol^{-1}} \times 96485\ \mathrm{C\ mol^{-1}} \times 2 = 8615\ \mathrm{C}$

8.4　8.2.2 項参照。p-ブロック元素の水素化物は共有結合性で電気陰性度により形式酸化数は割り当てられる。s-ブロック元素（Be と Mg を除く）の水素化物はイオン結合性で，形式酸化数は －I である。d- および f-ブロック元素では金属結合性の固体となり，形式酸化数は 0 である。

8.5　図 5.18 参照。基底状態では酸素－酸素間の結合次数は 2 であることから二重結合である。また，2 つの反結合性 π^* 軌道に同じスピン状態の 2 個の不対電子があるため常磁性となる。

8.6　表 8.3 参照。O_2^{2-}, O_2^-, O_2, O_2^+（結合次数の順）

8.7　酸性下：$O_3 + 2\,H^+ + 2\,e^- \longrightarrow O_2 + H_2O$，塩基性下：$O_3 + H_2O + 2\,e^- \longrightarrow O_2 + 2\,OH^-$

8.8　(1) 塩基性　　(2) 酸性　　(3) 両性　　(4) 酸性

8.9　(塩酸) $Al_2O_3 + 6\,HCl \longrightarrow 2\,AlCl_3 + 3\,H_2O$

(水酸化ナトリウム) $Al_2O_3 + 2\,NaOH + 3\,H_2O \longrightarrow 2\,Na[Al(OH)_4]$

8.10　オキソ酸の酸性度は中心原子に結合した電気陰性度の高い酸素の数に依存する。それぞれの一般式は，亜硫酸 $SO(OH)_2$，硫酸 $SO_2(OH)_2$ となることから，硫酸の方が強い酸である。

8.11　$4\,NH_3 + 5\,O_2 \longrightarrow 4\,NO + 6\,H_2O$，$2\,NO + O_2 \longrightarrow 2\,NO_2$，$2\,NO_2 + H_2O \longrightarrow 2\,HNO_3 + NO$

8.12　(1) ＋Ⅰ　　(2) ＋Ⅴ　　(3) ＋Ⅲ

8.13　(1) 還元剤　　(2) 酸化剤　　(3) 還元剤　　(4) 還元剤

8.14　H_2O の密度は約 4 ℃において最大となり，この温度では液体（水）である。

8.15　8.5 節参照。HF は水素結合により融点および沸点は高く，HCl，HBr，HI では分子量の増加とともに上昇する。

第9章　s-ブロック元素 －1，2 族元素－

9.1　$NaCl \longrightarrow Na + 1/2\,Cl_2$，$Na + KCl \longrightarrow NaCl + K$（高温）

9.2　アルカリ金属は体心立方構造である（金属元素のほとんどは最密構造）。高周期元素では原子半径が大きくなり，金属間結合が弱くなる。

9.3　標準電極電位からリチウムは還元能が最も高いと考えられるが，原子の反応性はアルカリ金属の中では最も低い。これは，イオン半径の小さなリチウムイオンが水溶液中では多数の水により強い水和を受けていることによる。

9.4 Na^+，K^+。r^+/r^-が 0.414 ～ 0.732 となる場合に NaCl 型構造となる（r^+/r^- Li^+；0.409，Na^+；0.527，K^+；0.691，Rb^+；0.755，Cs^+；0.823）。

9.5 生成するナトリウムメトキシド（$Na + CH_3OH \longrightarrow NaOCH_3 + 1/2\ H_2$）は，水との反応（$NaOCH_3 + H_2O \longrightarrow NaOH + CH_3OH$）で生ずる水酸化物を酸塩基滴定により定量する。

9.6 $2\,Na + S \longrightarrow Na_2S$，$2\,NaOH + H_2S \longrightarrow Na_2S + 2\,H_2O$

9.7 例えば　$MH + H_2O \longrightarrow MOH + H_2$

9.8 $Be + 2\,NaOH + 2\,H_2O \longrightarrow Na_2[Be(OH)_4] + H_2$，$Be + 2\,HCl \longrightarrow BeCl_2 + H_2$

9.9 融点，沸点はアルカリ金属元素と比較して高い。単体の空気や水に対する安定性はアルカリ金属元素より若干高い。

9.10 天然における炭酸塩は $MgCO_3$（リョウクド石），$CaCO_3$（大理石，石灰石など），$SrCO_3$（ストロンチアン石）などの石となる。石灰岩が水や CO_2 と接触することにより鍾乳洞や析出による鍾乳石の生成が起こる。

9.11 2632 kJ mol^{-1}（$-1220 - 178 - 1735 - (-501) = -2632$）

9.12 40.1 g（$Ca + 2\,H_2O \longrightarrow Ca(OH)_2 + H_2$）

9.13 塩化カルシウムが水に溶解する際に発熱し，溶解度が高い。

9.14 水酸化カルシウムの飽和溶液である石灰水に二酸化炭素を吹き込むと，炭酸カルシウムの沈殿が生成（$Ca(OH)_2 + CO_2 \longrightarrow Ca(CO_3) + H_2O$）する。さらに二酸化炭素を吹き込むと，炭酸水素カルシウムが生成（$Ca(CO_3) + CO_2 + H_2O \longrightarrow Ca(HCO_3)_2$）し，沈殿は溶解する。

第 10 章　p-ブロック元素（1）－13，14 族元素－

10.1 $B_2O_3 + 6\,Na \longrightarrow 2\,B + 3\,Na_2O$

10.2 p-ブロック元素の高周期の元素では，電子配置から考えられる酸化状態以外に，最外殻の s 軌道が貫入効果により安定な酸化状態が存在する。

10.3 電子配置（[He] $2s^2\,2p^1$）から，sp^2 混成軌道を形成する三角形構造（BX_3）の化合物では，共有結合を形成してもオクテット則を満足しない。このため，2 電子供与が可能なルイス塩基があると sp^3 混成軌道となり，四面体構造の安定な化合物となる。

10.4 $2\,H_3BO_3 \longrightarrow B_2O_3 + 3\,H_2O$

10.5 AlF_3 は Al を中心とする八面体型構造となりポリマーを形成し，イオン結合性化合物で融点が高い。$AlCl_3$ も八面体型構造のポリマーであり，共有結合性が高周期の元素ほど強くなる。$AlBr_3$ と AlI_3 は Al を中心とする四面体が二量体を形成している。

10.6 $LiAlH_4 + 4\,H_2O \longrightarrow Li^+ + Al(OH)_3 + OH^- + 4\,H_2$

10.7 高周期の元素は電気的に陽性が大きくなり，酸素との結合にイオン結合性が増すことによる。

10.8 $2\,PbS + 3\,O_2 \longrightarrow 2\,PbO + 2\,SO_2$，$PbO + C \longrightarrow Pb + CO$

10.9 酸素は電気陰性が高く，非共有電子対間の反発により結合の安定性が低い。

10.10 ダイヤモンドは sp^3 混成軌道の炭素（四面体型）が三次元的につながった巨大分子であり，融点，沸点が高く，熱伝導率や硬さは物質のなかで最大級で，電気伝導性がない。グラファイトは sp^2 混成軌道の炭素が平面的につながった二次元巨大分子が上下に積み重なった層状構造であり，へき開性があり，層間へ物質を取り込む。導電性や金属光沢がある。フラーレンは六員環と五員環や七員環が組み合わさると球状構造になり，硬く，密度が小さく，電気伝導性がある。

10.11 グラファイトの層間にリチウムが取り込まれ，炭素の六員環の中央に位置した構造である。

10.12 ケイ素の単体はダイヤモンド型の構造である。ダイヤモンドと比べてバンドギャップが小さいため，半導体の性質を示す。

10.13 ガラスは，可視光を透過するため透明である。塩基に溶け，HF 以外の酸には安定であるが，HF とは反応する。

10.14 分子内の共有結合性が低下し，Sn や Pb のイオンサイズが大きくなり配位数が増加するため（p-ブロック元素全般に同様な傾向がある）。

10.15

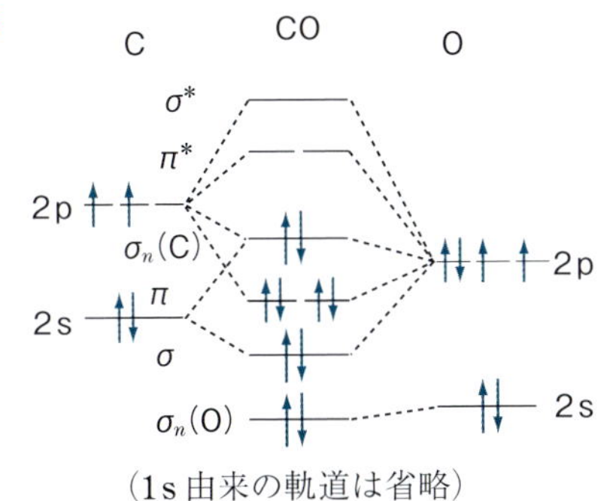

（1s 由来の軌道は省略）

酸素は電気陰性であることから 2s と 2p 軌道のエネルギー準位が低くなるため，炭素との結合に関与するのは 2p 軌道のみとして考える。

第 11 章　p-ブロック元素（2）―15 ～ 18 族元素―

11.1 $NH_4NO_2 \longrightarrow N_2 + 2H_2O$，$2NaN_3 \longrightarrow 3N_2 + 2Na$（高温）

11.2 15 族元素ではリンが，14 族元素では炭素やケイ素がカテネーションの傾向が強く，高周期の元素では弱くなる。

11.3 窒素分子の安定な結合を開裂させ，平衡反応をアンモニア生成に向かわせるためである。

11.4 周期が下がるにつれて X=O の π 結合が起こりにくくなる。X の配位数が増加するため，分子間で O を共有して構造単位が四面体から八面体になる。

11.5 （1）－Ⅱ　（2）＋Ⅳ　（3）0　（4）0　（5）＋Ⅵ

11.6 $H_2Te > H_2Se > H_2S > H_2O$　高周期の元素では，電子を引きつける力が弱く（H–X 結合が弱く）なるため酸性度が増す。

11.7

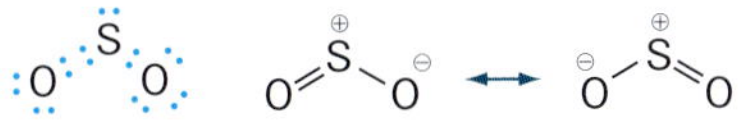

11.8 $SOCl_2 + ROH \longrightarrow SO_2 + RCl + HCl$

11.9 ハロゲンの単体では高周期の元素ほど色が濃くなり，融点や沸点が高くなる（F_2：黄色気体，Cl_2：淡緑色気体，Br_2：赤色液体，I_2：紫色固体）。

11.10 単体はいずれも酸化剤となり，高周期の元素ほど反応性は低下する。多くの元素と化合物の生成反応では，塩素と臭素の化合物は容易に生成するが，ヨウ素は反応性が低く，反応には加熱が必要である。

11.11 $X_2 + H_2 \longrightarrow 2HX$，　$KX + H_2SO_4 \longrightarrow HX + KHSO_4$　など

11.12 $HXO < HXO_2 < HXO_3 < HXO_4$　ハロゲンに結合した電気陰性な酸素の数が増えると酸性が増す（8.3.3 項）。

11.13 $I_3^- + 2S_2O_3^{2-} \longrightarrow 3I^- + S_4O_6^{2-}$

11.14 XeF_2：直線型，XeF_4：平面四角形型，XeF_6：八面体型

第 12 章　d-および f-ブロック元素 ―遷移元素―

12.1　(a) [Kr] $4d^6$　(b) [Xe] $4f^{14}\,5d^8$　(c) [Xe] $4f^{14}\,5d^8$

12.2　タンタル中 4 f 電子によるランタノイド収縮のため，タンタルの原子半径は上の周期にある同族元素ニオブとほぼ同じになる。

12.3　s 軌道および内殻の d 軌道中の電子がともに価電子となりうるため，複数の酸化状態をとりやすい。

12.4　Ti^{2+}には 3 d 軌道中に電子が 2 個残っている。Ti^{2+}はさらに電子を失って貴ガス配置になりやすい。一方，Ni^{2+}は原子核と d 電子との相互作用が強いため，d 電子を失いにくい。したがって，Ti^{2+}の方が酸化されやすいと予想される。

12.5　(a) Sc の最高酸化数は＋Ⅲである。よって，そのフッ化物は ScF_3

(b) V の最高酸化数は＋Ⅴである。よって，そのフッ化物は VF_5

(c) Zn の最高酸化数は＋Ⅱである。よって，そのフッ化物は ZnF_2

(d) Os の最高酸化数は＋Ⅷである。よって，そのフッ化物は OsF_8

12.6　V, Cr, Mn の安定な酸化状態は，図 12.4 より V(IV), V(V), Cr(III), Cr(VI), Mn(II), Mn(IV), Mn(VII) である。MO_3 となるには M(VI) であることが必要で，それを満足するのは Cr である。

12.7　d-ブロック元素は，高周期元素の高酸化状態の方が安定となる。それに対し，p-ブロック元素は不活性電子対効果のため，反対の傾向を示す。

12.8　強磁性体は，原子上の電子スピンは同一方向に配列される。フェリ磁性体は，隣接した原子上の電子スピンは反対方向を示すが，磁気モーメントは相殺されない。反強磁性体も隣接した原子上の電子スピンは反対方向を示すが，完全に磁気モーメントが相殺される。したがって，永久磁石として適切でないものは反強磁性体である。

12.9　身の回りにある合金の例としては，青銅，真鍮，ステンレス，アマルガム，スターリングシルバー，ジュラルミンなどがある。このうち，ジュラルミンについて以下にまとめる。

(a) Al, Cu, Mg, Mn

(b) Al：94～96 %，Cu：3.5～4.5 %，Mg：0.4～0.8 %，Mn：0.3～0.9 %

(c) 軽くて高強度なので，航空機や電車の車両に使われている。

12.10　Mg (式 12.1)，Al (式 12.2 など)，C (式 12.3 など)，H_2 (式 12.9)

12.11　(a) $V_2O_5 + 2\,H_3O^+ \longrightarrow 2\,VO_2{}^+ + 3\,H_2O$　　(b) $V_2O_5 + 6\,OH^- \longrightarrow 2\,VO_4{}^{3-} + 3\,H_2O$

12.12　(アノード) $Cu^+ \longrightarrow Cu^{2+} + e^-$　$E^\circ = 0.16\,V$　　(カソード) $Cu^+ + e^- \longrightarrow Cu$　$E^\circ = 0.52\,V$

$E^\circ_{cell} = E^\circ(\text{カソード}) - E^\circ(\text{アノード}) = 0.52\,V - 0.16\,V = 0.36\,V$

$\ln K = nFE^\circ/RT$ において，反応電子数は 1 であるから，

$\ln K = (1 \times 96485\,C\,mol^{-1} \times 0.36\,V)/(8.314\,J\,K^{-1}\,mol^{-1} \times 298\,K) = 14$　　$K = 1.2 \times 10^6$

第 13 章　金属錯体化学

13.1　単座：アンミン，アクア，カルボニル，ニトリト (ニトロ)，クロリド，シアニド

二座：オキサラト，エチレンジアミン

多座：エチレンジアミンテトラアセタト

13.2　(a) 6　(b) 4　(c) 5　(d) 6

13.3　(a) $[CoBr(NH_3)_5]SO_4$，$[Co(NH_3)_5(SO_4)]Br$

(b) $BaSO_4$ の沈殿が生じたということは，$SO_4{}^{2-}$が対イオンとなっていることを示す。したがって，溶液中に存在しているのは $[CoBr(NH_3)_5]SO_4$ である。

13.4 (a) *cis–trans* 異性：

(b) *fac–mer* 異性：

(c) 結合異性：

(d) *cis–trans* 異性：

(e) 光学異性：

O　O = ox

13.5 (a) *cis–trans* 異性体が存在する：

N　N = en

(b) *cis* 異性体にのみ光学異性がある：

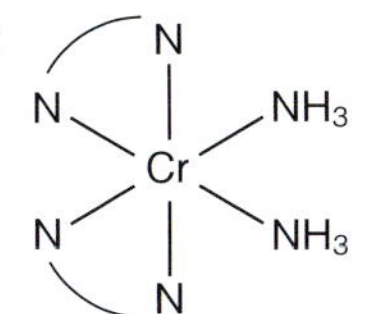

13.6 (a) F^- は弱い場の配位子であるため，結晶場分裂は小さい。よって，Fe(III) の 5 個の d 電子配置は $t_{2g}{}^3\,e_g{}^2$，つまり不対電子数は 5 となる。

(b) CN^- は強い場の配位子であるため，結晶場分裂は大きい。よって，Co(II) の 7 個の d 電子配置は

$t_{2g}{}^6 e_g{}^1$，つまり不対電子数は 1 となる。

13.7 分光化学系列は，$NH_3 > H_2O > Cl$ なので，結晶場分裂の大きさの順は，$[Cr(NH_3)_6]^{3+} > [Cr(OH_2)_6]^{3+} > [CrCl_2(OH_2)_4]^+$ となる。溶液の色は可視光吸収に伴う d–d 遷移であると考えられ，分裂が大きいほど高エネルギー領域の光を吸収する。3 つの溶液のうち最も高エネルギーの波長は紫色で，その補色である黄色を示す。中間エネルギーの波長は黄色で，その補色は紫色である。最も低エネルギーの波長は赤色で，その補色は緑色である。以上より，緑色溶液 (A) は $[CrCl_2(OH_2)_4]^+$，黄色溶液 (B) は $[Cr(NH_3)_6]^{3+}$，紫色溶液 (C) は $[Cr(OH_2)_6]^{3+}$と考えられる。

13.8 Co(III) は d 電子を 6 個有する。高スピン型の場合，電子配置は $t_{2g}{}^4 e_g{}^2$ (不対電子数 4)，低スピン型の場合，電子配置は $t_{2g}{}^6$ (不対電子なし) となる。これらの値を用いて有効磁気モーメントを計算すると，前者は $\mu_s = 4.90$，後者は $\mu_s = 0$ となる。不対電子 4 個の方が実測値に近いことから，$Na_3[CoF_6]$ は高スピン型であると予想される。(F^- 配位子は弱い場の配位子であり，この予想を支持している。)

13.9 配位子と σ 結合するためには，それぞれ x，y，z 軸上に軌道が広がっているものがよい。したがって，この条件を満足する $d_{x^2-y^2}$ および d_{z^2} 軌道が該当する。

13.10 水分子 (アクア配位子) は 2 組の非共有電子対をもつ。それらの 1 組が金属イオンと σ 結合するのに用いられ，残りは π 結合するのに用いられる。この結合により，t_{2g} 軌道のエネルギーが上昇し，Δ_o が小さくなる。一方，アンモニア分子 (アンミン配位子) は σ 結合する非共有電子対しかもたないので，π 供与性配位子として機能しないことから Δ_o は変化しない。よって，水はアンモニアより弱い場を形成する。

13.11 解離的な機構は配位子の脱離が律速であり，進入してくる配位子の種類は反応速度に影響しないため。

13.12 トランス効果より，$Cl^- > NH_3$ であることから，$[PtCl_4]^{2-}$を原料とすると *cis* 異性体が，$[Pt(NH_3)_4]^{2+}$ を原料とすると *trans* 異性体が生成すると予想される。よって，$[Pt(NH_3)_4]^{2+}$を原料に用いればよい。

13.13 (a) Mn(I)：6 電子，CO：2 電子 × 6 = 12 電子をそれぞれ提供する。よって，6＋12 = 18 となり 18 電子則を満たす。

(b) Mo(0)：6 電子，CO：2 電子 × 3 = 6 電子，C_6H_6：6 電子をそれぞれ提供する。よって，6＋6＋6 = 18 となり 18 電子則を満たす。

(c) Co(−I)：10 電子，CO：2 電子 × 3 = 6 電子，PPh_3：2 電子をそれぞれ提供する。よって，10＋6＋2 = 18 となり 18 電子則を満たす。

13.14 Cr(0) は価電子を 6 個もつ。CO は 2 電子供与体なので，18 電子則を満足するには $[Cr(CO)_5]^{x-}$では Cr(−II) となり $x = 2$，$[Cr(CO)_4]^{y-}$ では Cr(−IV) となり $y = 4$ となる。

第 14 章　生物無機化学

14.1 炭素：カルボニル　　窒素：イミダゾール，ポルフィリン　　酸素：カルボン酸，リン酸，エーテル，ヒドロキシ基，アルコキシド，酸化物，フェノラート　　硫黄：チオエーテル，チオラート

14.2 電荷密度 q^2/r は，K^+：6.58×10^{-3} pm^{-1}，Ca^{2+}：3.51×10^{-2} pm^{-1}，Cl^-：5.99×10^{-3} pm^{-1} である。よって，K^+，Cl^- は Ca^{2+}より透過しやすい。

14.3 金属イオンに結合するため，配位可能な大環状エーテル，ペプチド，カルボン酸塩を含む。

14.4 Asp のカルボン酸酸素，His のイミダゾール窒素，2 つの Tyr のフェノレート酸素および炭酸イオンの 2 つの酸素が配位した 6 配位八面体型である。

14.5

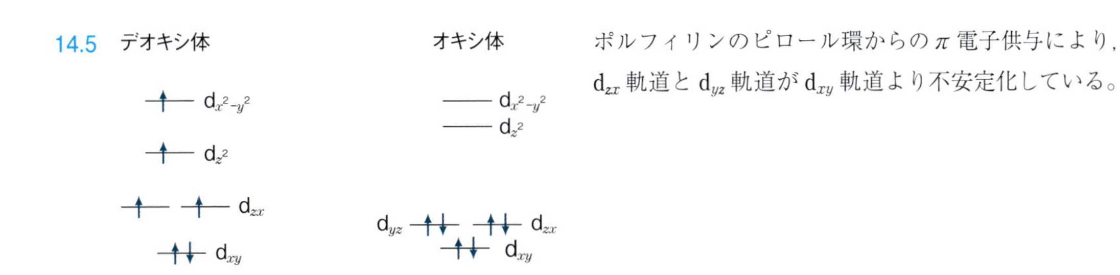

ポルフィリンのピロール環からの π 電子供与により，d_{zx} 軌道と d_{yz} 軌道が d_{xy} 軌道より不安定化している。

14.6 オキシ状態の安定化には，タンパク質中の疎水ポケットに埋め込まれている，タンパク質内のヒスチジンや活性中心の配位子との水素結合が重要である。Fe 中心と O_2 間の電子移動により安定化している。

14.7 共鳴ラマンスペクトルにより，結合した酸素化学種の伸縮振動を観測する。

14.8 単核鉄であるルブレドキシンの鉄中心は四面体型である。二核鉄フェレドキシン Fe_2S_2 の鉄中心は四面体型，四核鉄フェレドキシン Fe_4S_4 では 4 つの鉄と硫黄が交互に並んだ立方体構造である。

14.9 タイプ I 型はひずんだ四面体構造である。タイプ II 型は 4 配位平面構造あるいは 5 配位正方錐構造をとる。タイプ III 型は 5 配位三方両錐型の銅中心が架橋した二核構造である。

14.10 2 つのタイプ III 型銅の二核中心をもつ Cu(I) 二核構造であり，オキシ状態では対称的な並列橋かけ構造で，ペルオキソ種となっている。

14.11 カルボキシ基が配位していることにより，カルボニル基への求核攻撃をしやすくしている。

14.12 生物に必要なエネルギー生産と関連した炭素循環において，地球上に豊富に存在する水を水素および電子源として，炭素の最も酸化された二酸化炭素から高エネルギー化合物へ戻す過程である。

14.13 PS II のクロロフィルから放出された電子は，電子伝達系を移動して PS I の反応中心（P700）での光誘起電子移動反応によって生じた正孔を還元する。PS I の放出した電子はさらに $NADP^+$ オキシドレダクターゼに伝達され，NADPH を生成する。NADPH は二酸化炭素を還元して糖に変換している。

14.14 生体の重要成分である水に対する溶解性や，配位子の組合せにより反応サイトの性質を制御することが重要である。

索　引

著 者 略 歴

長尾 宏隆（ながお ひろたか）

1962 年　岐阜県生まれ
1985 年　上智大学理工学部卒業
1990 年　上智大学大学院理工学研究科博士課程修了
岡崎国立共同研究機構分子科学研究所助手等を経て
現在　上智大学理工学部教授　理学博士
専門分野：錯体化学，電気化学，生物無機化学

大山　大（おおやま だい）

1968 年　岩手県生まれ
1992 年　上智大学理工学部卒業
1997 年　上智大学大学院理工学研究科博士課程修了
マサチューセッツ工科大学客員研究員，自然科学研究機構分子科学研究所
客員准教授等を経て
現在　福島大学共生システム理工学類教授　博士（理学）
専門分野：無機化学，錯体化学

無機化学 ― 基礎から学ぶ元素の世界 ―（改訂版）

2013 年 10 月 10 日　第 1 版 1 刷発行
2022 年　2 月 10 日　第 2 版 4 刷発行
2024 年 11 月 25 日　［改訂］第 1 版 1 刷発行

検印省略

定価はカバーに表示してあります．

著作者　長尾宏隆
　　　　大山　大
発行者　吉野和浩
発行所　東京都千代田区四番町 8-1
　　　　電話　03-3262-9166（代）
　　　　郵便番号　102-0081
　　　　株式会社　裳華房
印刷所　三報社印刷株式会社
製本所　牧製本印刷株式会社

一般社団法人
自然科学書協会会員

ISBN 978-4-7853-3530-4

SI 基本単位と物理量（詳細は本文の表 1.3（p. 6）参照）

物理量	量の記号	SI 単位の名称		記号
時　間	t	秒	second	s
長　さ	l	メートル	metre	m
質　量	m	キログラム	kilogram	kg
電　流	I	アンペア	ampere	A
熱力学温度	T	ケルビン	kelvin	K
物 質 量	n	モル	mole	mol
光　度	I_v	カンデラ	candela	cd

固有の名称と記号をもつ SI 組立単位の例

物理量	SI 単位の名称		記号	SI 基本単位による表現
周波数・振動数	ヘルツ	hertz	Hz	s^{-1}
力	ニュートン	newton	N	$kg\ m\ s^{-2}$
圧力，応力	パスカル	pascal	Pa	$kg\ m^{-1}\ s^{-2}\ (= N\ m^{-2})$
エネルギー，仕事，熱量	ジュール	joule	J	$kg\ m^2\ s^{-2}\ (= N\ m = Pa\ m^3)$
電荷・電気量	クーロン	coulomb	C	A s
電位差（電圧）・起電力	ボルト	volt	V	$kg\ m^2\ s^{-3}\ A^{-1}\ (= J\ C^{-1})$
セルシウス温度	セルシウス度	degree Celsius	℃	K
平面角	ラジアン	radian	rad	$1\ (= m\ m^{-1})$

SI 以外の単位

SI と併用される単位

物理量	単位の名称		記号	SI 単位による表現
平面角	度	degree	°	$(\pi/180)$ rad
体積	リットル	litre，liter	l，L	$10^{-3}\ m^3$
長さ	オングストローム	ångström	Å	10^{-10} m
圧力	バール	bar	bar	10^5 Pa
エネルギー	電子ボルト	electronvolt	eV	$1.602\ 18 \times 10^{-19}$ J
質量	ダルトン	dalton	Da	$1.660\ 54 \times 10^{-27}$ kg
	統一原子質量単位	unified atomic mass unit	u	1 u = 1 Da

そのほかの単位

以下にあげる単位は，従来の文献でよく使われたものである。この表は，それらの単位の身元を明らかにし，SI 単位への換算を示すためのものである。

物理量	単位の名称		記号	SI 単位による表現
圧力 [a]	標準大気圧（気圧）	standard atmosphere	atm	101 325 Pa
圧力	トル（mmHg）	torr（mmHg）	Torr	≈ 133.322 Pa
エネルギー [a]	熱化学カロリー	thermochemical calorie	cal_{th}	4.184 J
電気双極子モーメント	デバイ	debye	D	$\approx 3.335\ 641 \times 10^{-30}$ C m

a）定義された正確な値である。

化学でよく使われる基礎物理定数の値

カッコの中の数値は最後の桁につく標準不確かさを示す。

物理量	記号	数値	単位
真空中の光速度 a)	c, c_0	$2.997\,924\,58 \times 10^{8}$ (定義値)	$\mathrm{m\,s^{-1}}$
電気素量 a)	e	$1.602\,176\,634 \times 10^{-19}$ (定義値)	C
プランク定数 a)	h	$6.626\,070\,15 \times 10^{-34}$ (定義値)	J s
アボガドロ定数 a)	N_A, L	$6.022\,140\,76 \times 10^{23}$ (定義値)	$\mathrm{mol^{-1}}$
電子の質量 a)	m_e	$9.109\,383\,701\,5(28) \times 10^{-31}$	kg
陽子の質量	m_p	$1.672\,621\,923\,69(51) \times 10^{-27}$	kg
中性子の質量	m_n	$1.674\,927\,498\,04(95) \times 10^{-27}$	kg
原子質量定数（統一原子質量単位）	$m_\mathrm{u} = 1\,\mathrm{u}$	$1.660\,539\,066\,60(50) \times 10^{-27}$	kg
ファラデー定数 b)	F	$9.648\,533\,212 \cdots \times 10^{4}$ (定義値から)	$\mathrm{C\,mol^{-1}}$
ボーア半径	a_0	$5.291\,772\,109\,03(80) \times 10^{-11}$	m
ボーア磁子	μ_B	$9.274\,010\,078\,3(28) \times 10^{-24}$	$\mathrm{J\,T^{-1}}$
リュードベリ定数	R_∞	$1.097\,373\,156\,816\,0(21) \times 10^{7}$	$\mathrm{m^{-1}}$
気体定数 b)	R	$8.314\,462\,618 \cdots$ (定義値から)	$\mathrm{J\,K^{-1}\,mol^{-1}}$
ボルツマン定数 a)	k, k_B	$1.\,380\,649 \times 10^{-23}$ (定義値)	$\mathrm{J\,K^{-1}}$
標準大気圧 a)	atm	101 325 (定義値)	Pa

a) 定義された正確な値である。　b) 定義値から計算した値である。

ギリシャ文字

アルファ	$\alpha\ A$	イータ	$\eta\ H$	ニュー	$\nu\ N$	タウ	$\tau\ T$
ベータ	$\beta\ B$	シータ	$\theta\ \Theta$	グザイ	$\xi\ \Xi$	ウプシロン	$\upsilon\ Y$
ガンマ	$\gamma\ \Gamma$	イオタ	$\iota\ I$	オミクロン	$o\ O$	ファイ	$\phi\varphi\ \Phi$
デルタ	$\delta\ \Delta$	カッパ	$\kappa\ K$	パイ	$\pi\ \Pi$	カイ	$\chi\ X$
イプシロン	$\varepsilon\ E$	ラムダ	$\lambda\ \Lambda$	ロー	$\rho\ P$	プサイ	$\psi\ \Psi$
ゼータ	$\zeta\ Z$	ミュー	$\mu\ M$	シグマ	$\sigma\ \Sigma$	オメガ	$\omega\ \Omega$

エネルギー単位換算表

単位	J	eV	cal	$\mathrm{cm^{-1}}$
1 J	1	$6.241\,509\,074 \times 10^{18}$	$2.390\,057\,361 \times 10^{-1}$	$5.034\,116\,568 \times 10^{22}$
1 eV	$1.602\,176\,634 \times 10^{-19}$	1	$3.829\,294\,058 \times 10^{-20}$	$8.065\,543\,938 \times 10^{3}$
1 cal	4.184	$2.611\,447\,397 \times 10^{19}$	1	$2.106\,274\,372 \times 10^{23}$
$1\ \mathrm{cm^{-1}}$	$1.986\,445\,857 \times 10^{-23}$	$1.239\,841\,984 \times 10^{-4}$	$4.747\,719\,543 \times 10^{-24}$	1